昆虫の図鑑

路傍の基本1000種

福田晴夫・山下秋厚・福田輝彦・江平憲治
二町一成・大坪修一・中峯浩司・塚田　拓

南方新社

昆虫の図鑑

－路傍の基本1000種－

CONTENTS

目　次

はじめに　3
凡例　4
昆虫の基礎知識　6
用語解説　11

昆虫図鑑

チョウ　14
ガ　31
トンボ　51
バッタ・コオロギ　67
カマキリ・ナナフシ　72
コウチュウ　73
コウチュウ（ゲンゴロウなど）　95
カメムシ（水生）　96
カメムシ（セミ）　97
カメムシ　98
ハチ　99

採集と標本の作り方

1 昆虫を探そう　102
2 昆虫を採集しよう　107
3 昆虫標本の作り方　108
4 昆虫を飼ってみよう　116

参考文献　121
和名索引　122

前頁の写真
キリシマミドリシジミ

はじめに

よい図鑑とは, たくさんの種類がのっていて, 名前(種名)が調べやすいものでしょう. でも, のっている種類が多いと, 似たものもたくさんいて, 調べにくくなります. 私たちはこの図鑑の親図鑑「昆虫の図鑑　採集と標本の作り方」に出ている2542種から, 珍しい虫や少ない虫を除いて, 身近にいる“普通の虫”を 1000種ほど選び出しました.

でも, これで種名が調べやすくなったでしょうか.「どうもこれらしいけど, 似た種類がいるかもしれない」という不安を感じることが多くなるかも知れません. その時はもちろん“もっと詳しい図鑑”を見ればよいのですが, 地球上で断トツ種類数が多くて, 小さいながら実に多様な環境で生活している昆虫全体を見るには, この図鑑はきっと役立ちます.

むしろ, こんなのも身近にいるのかと思われるでしょう. そうです. 手当たり次第に虫を採集し, 標本にしてから図鑑で調べるのもよいですが, 図鑑で虫の種類をきめて, その“疑問種”を野外に探しに出てください. これはまた別な楽しみを生み, 新しい自然が見えてきます.

見つかった種類には, 図鑑に○印をつけるとよいです. 家庭や教室での楽しみが増えると思います. その中には, 標本にしたい虫, 標本にしなくては分からない虫もいるでしょう. この本にあるように, ちゃんとした標本も必要です. しかし, コンクール用でなく, 自分の勉強のために, 自分流に工夫して作ってみましょう. 虫たちを殺すことに抵抗を感じるなら, 飼育して死んでしまった虫や, 害虫の標本作りから始めるとよいです. 標本にした虫たちの命をむだにしないためには, “いのち”について深く考え, よく自然が見える人になって, 虫だけでなく, いろいろな動物や草や木たちと, どのように共存の生活が出来るかを考えてください.

図鑑は自然界に名前を知っている友達を増やしてくれます. これで君たちの生活は何倍も豊かになります. でも, 野生動物は, 虫といえども, けっしてペットではありませんし, そうしてはいけません. なぜかって？　それはこの図鑑を上手に使うと答えがみつかるでしょう.

福田晴夫

凡 例

[全体に関わる事項]

1. 対象地域は鹿児島県を中心に九州～南西諸島(琉球列島)であるが,昆虫群により少し異なる.地名は近年の合併後の新名に改めた.
2. プレートの配列すなわち目および各頁の種の配列は,系統分類順よりも同定の便宜を優先させた.科名は各頁の上に記してある.
3. 種の解説は,分布,生息環境,成虫の出現期,周年経過,個体数,食餌植物(食草・食樹)などを略記した. 種名の後の数値(mm)は虫の長さを示すが,測定部位については各目の凡例に記してある.

   出現期:広分布種では鹿児島県本土の平地を標準とする.

   個体数:「多い,普通,少ない,まれ」を標準とし,各目で多少の差異がある.
4. 略号

分布:北(北海道),本(本州),四(四国),九(九州),全土(日本全土).南西諸島では,三(三島),種(種子島),屋(屋久島),ト(トカラ列島),沖永(沖永良部島),沖縄(沖縄本島)などを使う場合もある.(裏見返しの地図参照)

生態:♪(鳴き声)

[チョウ目チョウ類]

1. 種名の後の( )内は平均的な個体の前翅長を示す.ただし同定のしやすさを優先したため,頁内頁間で写真のサイズは不揃いであるので注意されたい.
2. 科名は近年の新分類体系に従い,前のテングチョウ科,ジャノメチョウ科,マダラチョウ科を,それぞれ亜科としてタテハチョウ科に含めた.他のタテハチョウ類もイチモンジチョウ亜科,コムラサキ亜科など数亜科に整理されたが,本版ではテング,ジャノメ,マダラの3亜科のみ頁上に標記し,その他のタテハチョウ類は亜科を記さずタテハチョウ科のままにしてある.これはまだ分類体系が定まっていないことと,種の同定への関わりが薄いと判断したからである.

[チョウ目ガ類]

1. 科名とその配列.和名.学名は.神保宇嗣, 2004-2008. List-MJ日本産蛾類総目録を基本にした.
2. 種の解説は,和名,およその前翅長,分布,出現期,食餌植物,個体数を示すが,現時点でよく分かっていないことは,?または不詳とした.
3. 採集されるが定着が確認されていない種は,飛来種または偶産蛾としてある.
4. 食餌植物は代表的なものを少数示したが,未確認の種類も多い.
5. 個体数は主として鹿児島県,沖縄県における出現状況に基づいて「普通,やや少ない,少ない,まれ」とした.
6. 雌雄で色彩,斑紋が著しく異なるものはできるだけ両性を示した.

［トンボ目］

1. 成虫はなるべく生きているときの体色が残るように撮影した(一部は乾燥標本を撮影). しかし未熟時と成熟時では体色が異なるものが多いので注意を要する.
2. 種名の後の数値は, ♂のおおよその腹長を示す.
3. 個体数は「やや少ない, 少ない, まれ, 局地的」のみ記載し, 普通に見られるものは省略した.
4. 幼虫は主に終齢幼虫, または羽化殻を用いて掲載した.

［バッタ目・カマキリ目・ナナフシ目］

1. 種の解説には, 分布, 成虫の出現期, 活動場所, 体色, 特徴などを略記した.
2. 種名の後の数値は, 虫の頭頂から腹端(羽の長いものは翅端)までの長さをおおまかに示した. 雌雄で体長が異なる種は, ♂, ♀の別に記してある.
3. 掲載した虫は, 標本のほか, 生態写真で生きた虫の色を示したものがある.

［コウチュウ目］

1. 鹿児島県で記録された種を中心に, 普通に見られるもの, 形や斑紋に特徴があって同定しやすいものを掲載した.
2. 種名の後に平均的な体長を示した. ただし, 種によっては変異が大きいので注意が必要である. なお, クワガタムシ類については, 大あごを含めた長さを示してある.
3. 雌雄で形態に大差のない種はどちらかの性のみを, 性差のあるものはできるだけ両方を示した.
4. 同定のしやすさを優先させたため, 頁間でまた同一頁内でも, 掲載種の写真サイズはまちまちなので注意されたい.

［その他の昆虫類］

1. 鹿児島県産を主にいくらかの代表種を掲載した.
2. セミ類(P. 97～98)の種名の後の数値は平均的全長(木に止まっている時の頭の先から羽の先までの長さ)を示す.

昆虫の基礎知識

［昆虫という動物］

1. 節足動物の1 グループで，多足類に最も近縁である*．クモ類とは縁が遠い．
   ＊最近の分子系統樹では，甲殻類の鰓脚類（ミジンコなど）が最も近いとされる．
2. 体は頭・胸・腹部に分かれ，腹部だけに先祖由来の体節らしいものが残る．頭部や胸部は体節が融合している．
3. 胸部は運動器官が発達し，羽がふつう4枚，足が6本あるが，はじめは羽のない虫であった．
4. 小型で，いろいろな環境に住みつき，種類数が多い．
   体長は最小0. 5mm 前後，最大20cm 程度で，多くは1cm 以下．種類数は全動物の80%（80万～100万種），研究が進めば500万種にも達すると予想される．

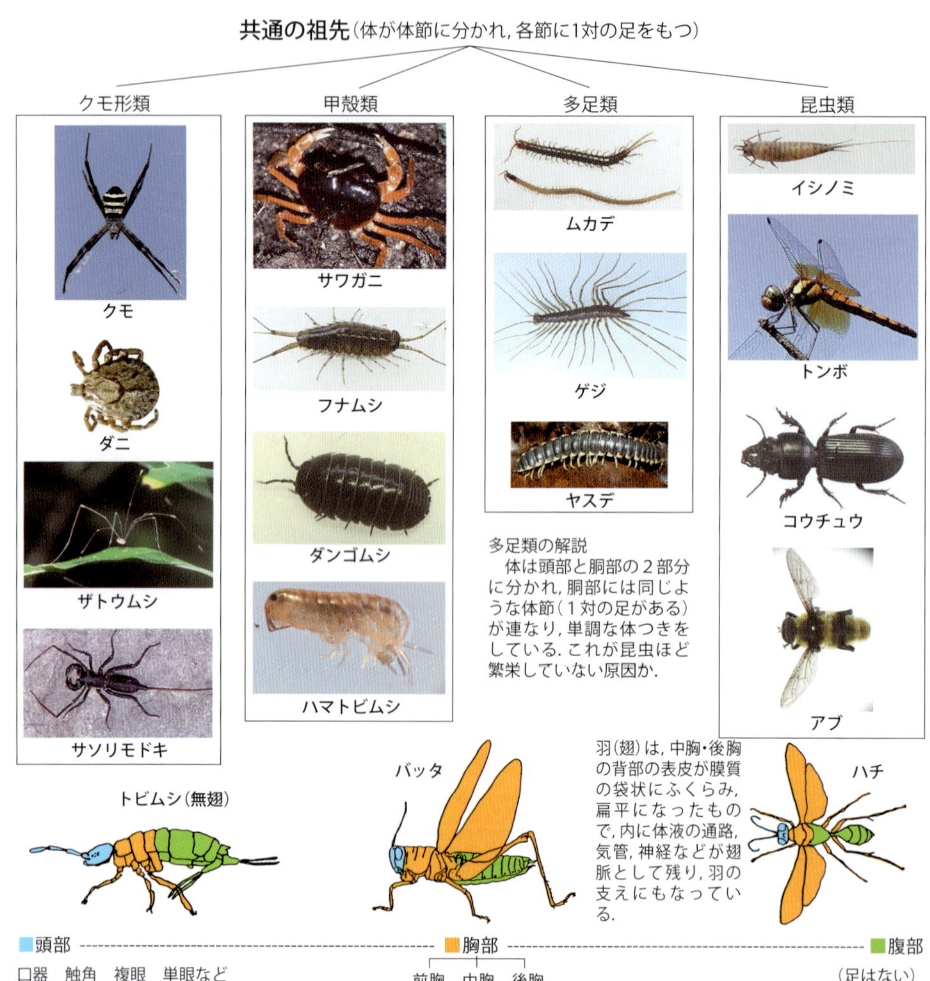

［チョウ目の形態］

例としてアゲハ（ナミアゲハ）の幼虫，蛹，成虫を示す．
共通点は，頭，胸，腹部に分かれていること．
蛹は幼虫より，成虫によく似ていること，すでにチョウになっている？
幼虫は孵化したときが１齢，脱皮して２齢，――4回目の脱皮で終齢（５齢）になる．

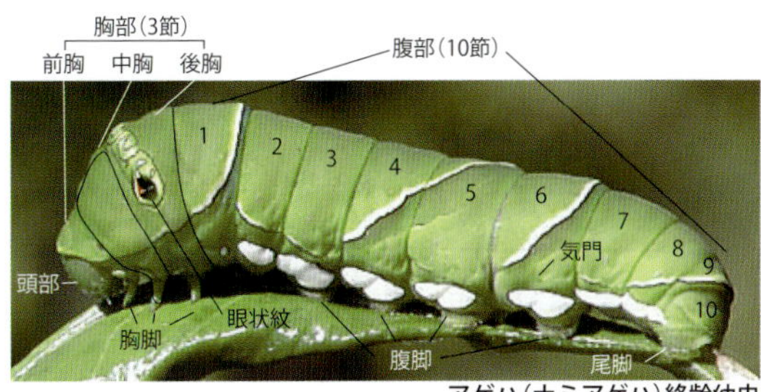

アゲハ（ナミアゲハ）終齢幼虫

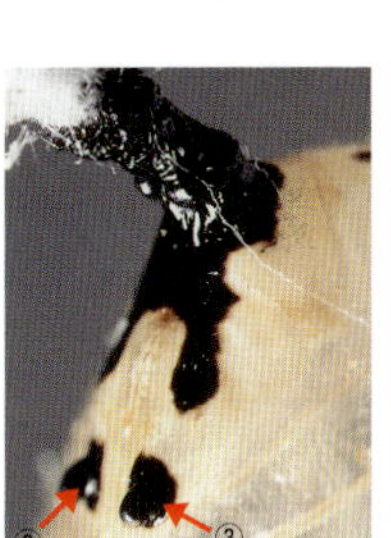

ウスコモンマダラ蛹

カラスアゲハ蛹
（腹面・腹端）

①．尾突起の先にあるフック（かぎ爪）．
これで糸のマットに引っかかり，蛹の腹端が固定される．
②③．蛹化突起（矢印）
蛹化時，幼虫が皮を脱ぎ捨てるとき，虫体が落下しないように瞬間的にここで支える．

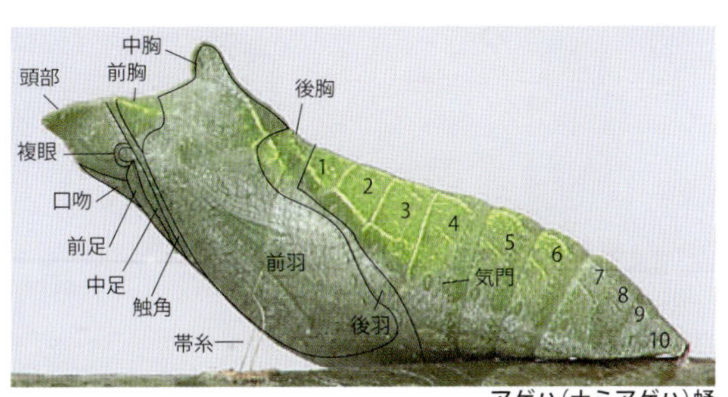

アゲハ（ナミアゲハ）蛹

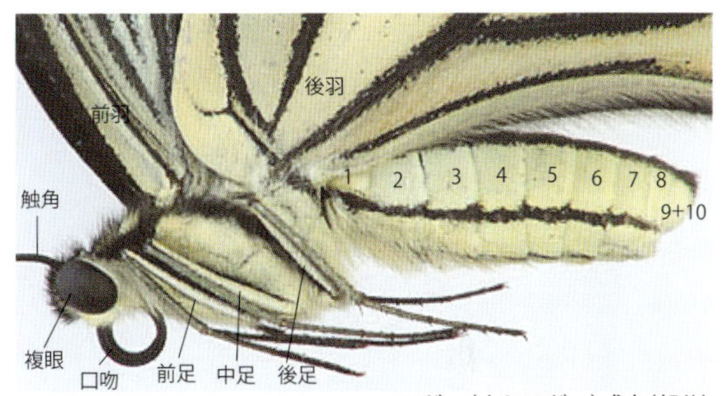

アゲハ（ナミアゲハ）成虫（部分）

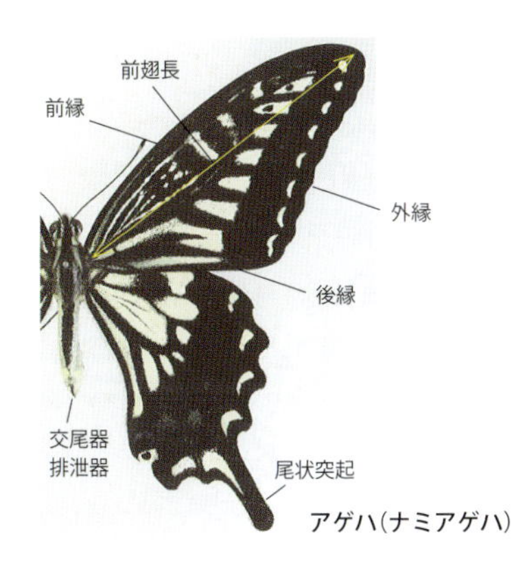

アゲハ（ナミアゲハ）

飼育時に拾った幼虫の頭殻
白い厚紙に木工ボンドで貼りつける．脱皮した幼虫は古い皮は食べてしまうが頭殻は残す．終齢（５齢）は蛹になって食べられないので残る．

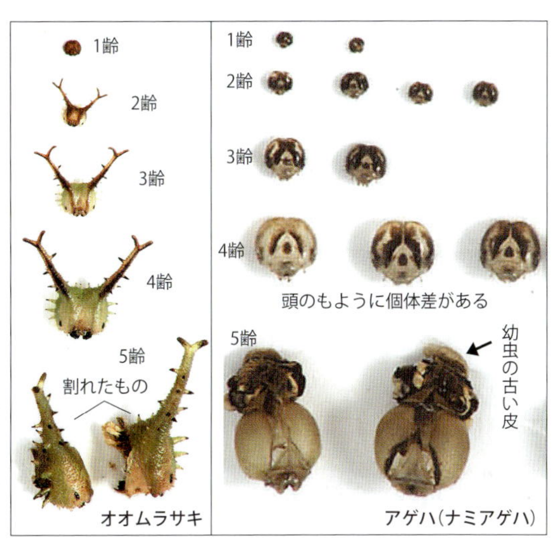

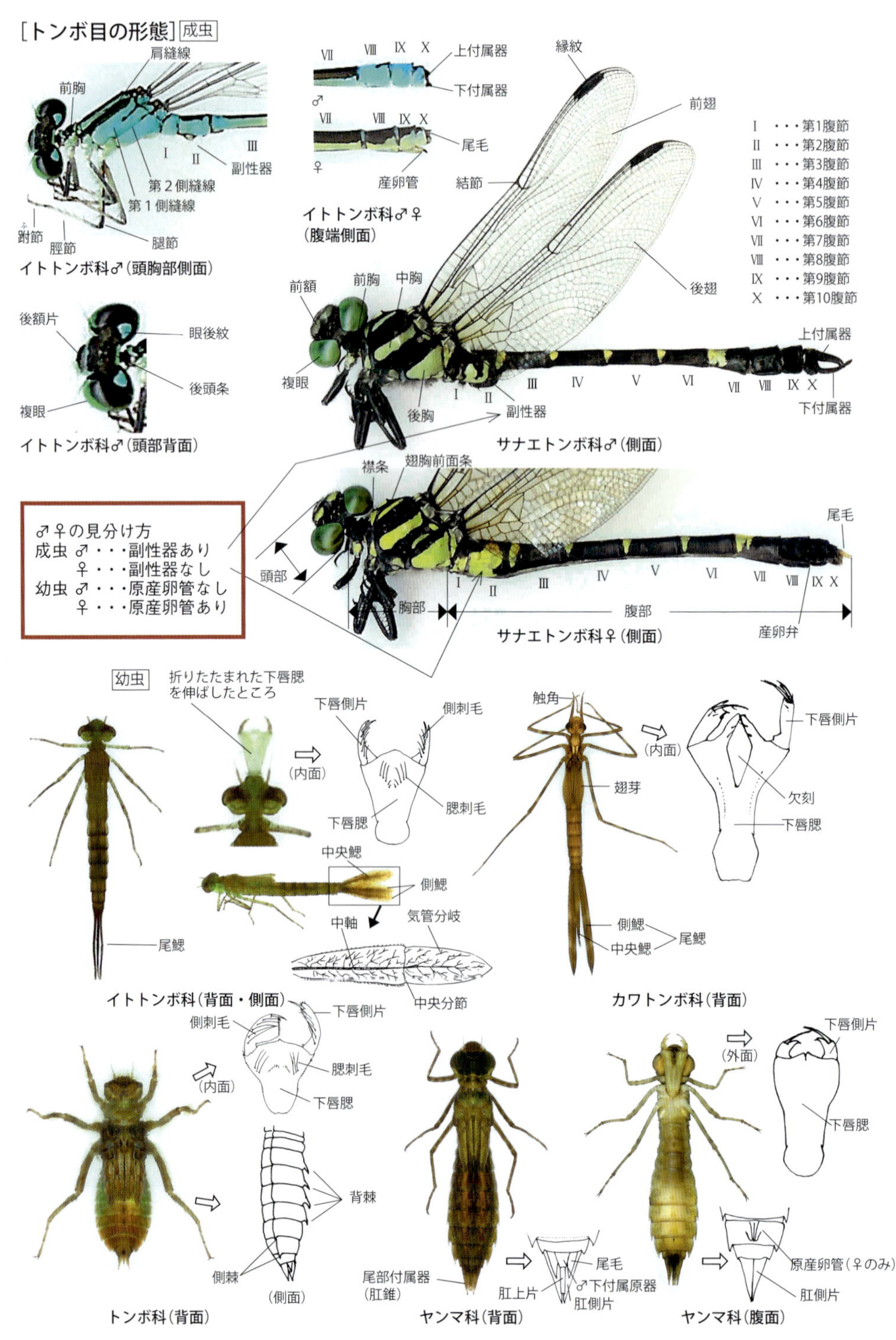
[トンボ目の形態]
成虫
肩縫線
前胸
第２側縫線
第１側縫線
副性器
Ⅰ
Ⅱ
Ⅲ
ふ
跗節
脛節
腿節
イトトンボ科♂(頭胸部側面)
Ⅶ
Ⅷ
Ⅸ
Ⅹ
上付属器
下付属器
♂
尾毛
産卵管
♀
イトトンボ科♂♀
(腹端側面)
縁紋
前翅
結節
後翅
Ⅰ ・・・第1腹節
Ⅱ ・・・第2腹節
Ⅲ ・・・第3腹節
Ⅳ ・・・第4腹節
Ⅴ ・・・第5腹節
Ⅵ ・・・第6腹節
Ⅶ ・・・第7腹節
Ⅷ ・・・第8腹節
Ⅸ ・・・第9腹節
Ⅹ ・・・第10腹節
後額片
眼後紋
後頭条
複眼
イトトンボ科♂(頭部背面)
前額
前胸
中胸
複眼
後胸
副性器
上付属器
下付属器
サナエトンボ科♂(側面)
♂♀の見分け方
成虫 ♂・・・副性器あり
♀・・・副性器なし
幼虫 ♂・・・原産卵管なし
♀・・・原産卵管あり
襟条
翅胸前面条
尾毛
頭部
胸部
腹部
産卵弁
サナエトンボ科♀(側面)
幼虫
折りたたまれた下唇腮
を伸ばしたところ
下唇側片
側刺毛
(内面)
腮刺毛
下唇腮
中央鰓
側鰓
中軸
気管分岐
中央分節
尾鰓
イトトンボ科(背面・側面)
触角
(内面)
下唇側片
翅芽
欠刻
下唇腮
側鰓
中央鰓
尾鰓
カワトンボ科(背面)
下唇側片
側刺毛
(内面)
腮刺毛
下唇腮
背棘
側棘
(側面)
トンボ科(背面)
(外面)
下唇側片
下唇腮
尾毛
尾部付属器
(肛錐)
肛上片
♂下付属原器
肛側片
ヤンマ科(背面)
原産卵管(♀のみ)
肛側片
ヤンマ科(腹面)

[バッタ目・カマキリ目・ナナフシ目の形態]

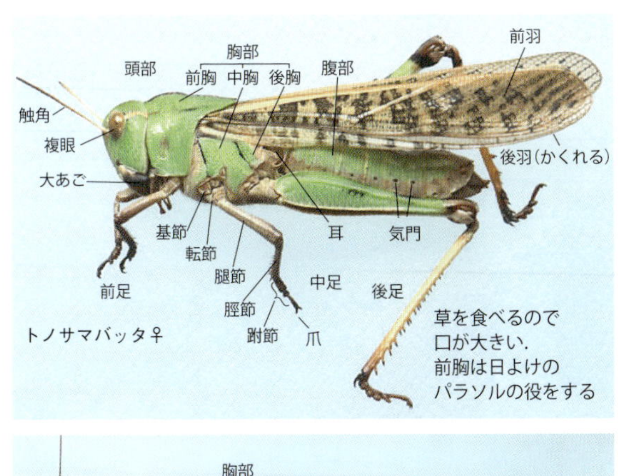

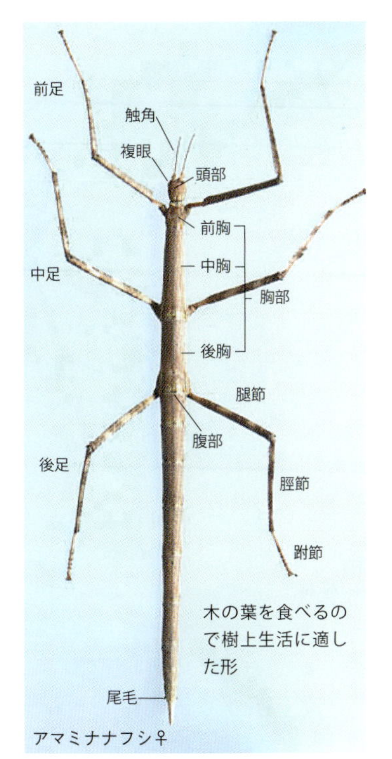

[コウチュウ目の形態]

［その他の昆虫の形態］

ハチ目ハチ・アリ類

ハチ目の最大の特徴は，前翅に小さな後翅が連結して，前後翅が1枚になって動く．巣を作り，一部の種は社会生活を営む．食物を空中運搬する．

ハエ目アブ・ハエ類

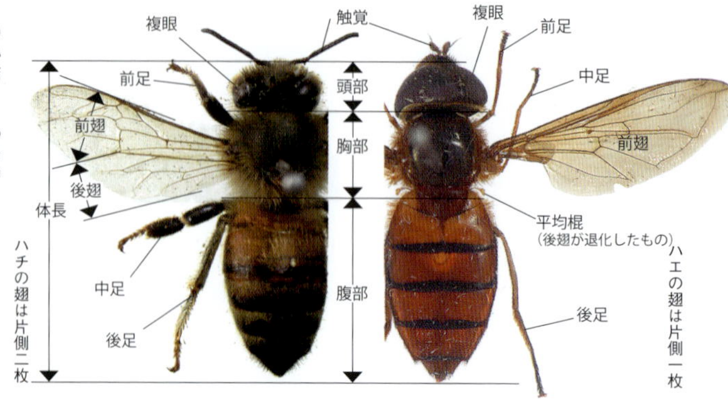

カやハエ，アブなどを含むハエ目は形態の特殊化が最も著しい．特に口器は，カやブユなどは針状になり，キンバエなどは舐め取るのに適したスポンジ状になっている．

カメムシ目セミ類（同翅亜目）

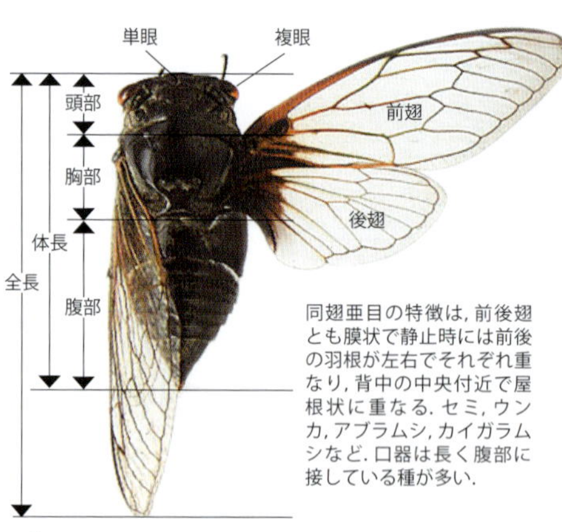

同翅亜目の特徴は，前後翅とも膜状で静止時には前後の羽根が左右でそれぞれ重なり，背中の中央付近で屋根状に重なる．セミ，ウンカ，アブラムシ，カイガラムシなど．口器は長く腹部に接している種が多い．

カメムシ目カメムシ類（異翅亜目）

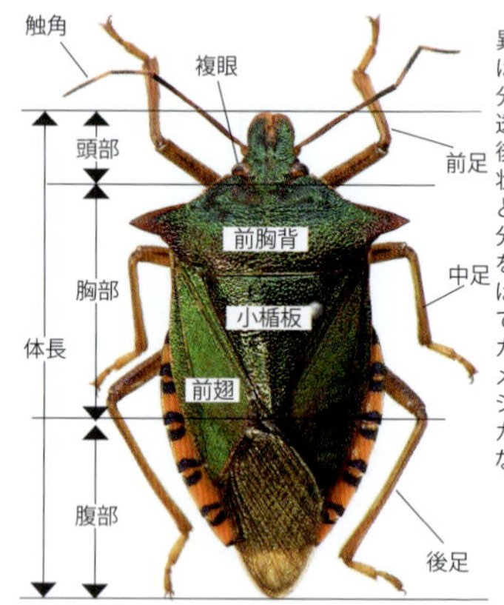

異翅亜目の特徴は，前翅の根元半分が厚くなり不透明なのに対し，後翅は大きく，膜状．上から見ると，前翅の根元半分が左右の背面を覆い，先半分は互いに重なって背中側を覆う．カメムシ，サシガメ，グンバイムシ，アメンボ，タガメ，タイコウチなど．

ゴキブリ類

触角（細く長い）
頭部
前胸背
前足
胸部
体長
前翅
中足
腹部
後足
尾突起
後翅

体は扁平で狭い隙間に入り込む

脚には棘が多い

頭部は前胸背に覆われ隠れている

ハサミムシ類

触角
前脚
頭部
前翅
後翅
胸部
中脚
後脚
腹部
尾鋏

その名の通り腹端に大きな鋏（ハサミ）を持つ．尾鋏はハサミムシの武器で手で捕まえたりすると腹を背中側に曲げて挟もうとする．大型種の尾鋏は強力で挟まれるとかなり痛い．体は細長く，背腹に平たく，口器は咀嚼型．前翅は硬化した短い翅鞘になり，後翅は薄い膜質で半円形だが，複雑に畳まれ，前翅の下に収められる．

用語解説

亜種(あしゅ):分類学上の種の小区分.種とは「何代でも交配して増えていける集団」のことで,違う種の間では通常交配はできない.同じ種でも生息する地域や環境によって色や形などに違いが現れる場合,種をさらに亜種というランクで分類する.

営巣(えいそう):ハチやアリなど集団生活をする昆虫が,ねぐらや幼虫の飼育場となる巣を作り維持すること.毛虫などが葉を巻いて巣を作る行動は造巣という.

越冬態(えっとうたい):冬(低温期)おもに12月～2月を過ごすときの生育状態.昆虫たちの寒さ対策のようすを示している.卵・幼虫・蛹・成虫のどれかに限定される場合と,定まっていない場合がある.南西諸島では最寒冷期(1月)の過ごし方に注目しよう.いわゆる「冬眠」の状態にもいろいろある.< →休眠>

寄生蜂・寄生蝿(きせいばち〈きせいほう〉・きせいばえ):他の昆虫の卵,幼虫,蛹,成虫などに潜入または付着して栄養分をとり,幼生期を過ごすハチやハエ類.卵に潜入する卵寄生蜂は微小種である.生態系の中で天敵として重要な役割をもつ.

季節型(きせつがた):季節(時期)によってチョウやガの斑紋や形が異なる場合の表現.幼虫や蛹で越冬して春に羽化すれば春型,その子孫が夏に羽化すれば夏型,さらに秋に羽化する子孫は秋型というが,冬型はない.秋型は成虫で越冬する種に見られ,通常「枯葉状」(保護色)になって長寿である.

擬態(ぎたい):他の物に似た形や色,模様などを表したり,行動をとることをいう.ガの羽が樹皮に似た色彩をとるのは,隠ぺい的擬態で,シャクトリムシ,コノハチョウ,ナナフシなども隠ぺい擬態である.トラカミキリやハナアブ類がハチ類に似た色と形態を持つのは標識的擬態である.ナナフシ類には,色や形だけでなく,体の向きや姿勢まで周りの様子に合わせている種が多い.

休眠(きゅうみん):卵,幼虫,蛹のいずれかの時期に,発育を停止(休止)している状態.幼虫は摂食も脱皮もせず,蛹は羽化までの期間が長い.日長や気温などの要因で休眠し,条件の変化で目覚めて羽化に至るが,種によって対応は異なる.成虫休眠は完全に活動を停止する場合(冬眠に多い)と,不活発になるが時々摂食をする場合(夏眠に多い)がある.休眠中は卵巣・精巣の発育も抑制され,配偶行動や産卵をしない.

再生(さいせい):昆虫類の幼虫は,一般に体の一部が傷つくと,傷口から体液が出て死ぬ.ところがナナフシ類の幼虫では,足や触角が取れても脱皮のたびに,その足や触角は次第に伸びてもとのようになる.これを再生という.他に,顕著な再生が行われる動物としてイモリ・トカゲ・カニ・エビなどが知られる.

山頂占有性(さんちょうせんゆうせい):丘や山の頂上に雄が飛来して示すなわばり行動.雌との出会いを確実にするための習性でもある.< →配偶行動>

集団生活(しゅうだんせいかつ):シロアリ目やハチ目(ミツバチやアリ類など)には,集団で生活する種が多い.これらは単に多数が集まっているのではなく,いくらかの分業(階級)があって社会生活を営んでいる.このような複雑な集団生活の起源や進化については,多様な生活史を比較して解明が進んでいる.

周年経過(しゅうねんけいか):卵・幼虫・蛹・成虫という一生を,1年すなわち春夏秋冬の季節に合わせて過ごしている状態.年に1回成虫が羽化すれば年1化,2回羽化は2化,3回は3化…数回以上なら多化という. セミのように幼虫期が長い昆虫は，３年に１化とか数年１化と表現できる.

性斑(せいはん)・**性標**(せいひょう)：チョウ類の雄にみられるもので, 羽の一部に発香鱗などが集まってできる特別な臭いを出す斑紋, 模様. なお昆虫の雌雄は内部生殖器(卵巣, 精巣)が違うのは当然であるが, 外部形態で区別できる種とほとんど色や形が同じ種がいるので, 雌雄の判定方法は種によって異なる.

世代(せだい)：卵, 幼虫, 蛹のいずれかで越冬して成虫が羽化したものを越冬世代という. その成虫からの卵, 幼虫, 蛹を経て羽化した新世代(子)成虫 は第１世代, 孫は第２世代…などと表現する.

単為生殖(たんいせいしょく)：昆虫類は, 一般に雌と雄が交尾してから産卵して子(次世代)を生じるが(両性生殖), 卵が受精することなく単独で発生し, 新成虫になることがある. これを単為生殖(単為発生, 処女生殖)という. ミツバチの雄が未受精卵から生まれたり, アブラムシの雌が夏卵から生まれたりする. ナナフシ類では, トゲナナフシ, トビナナフシの仲間は単為生殖をする.

聴覚器官(ちょうかくきかん)：昆虫は, 音, 匂い, 気流などを触角(アンテナ)の感覚細胞で感じているが, コオロギやキリギリス類は, 前肢脛節(ぜんしけいせつ＝前足のすね)に, バッタ類は, 腹部の側面に, 耳の役目をする聴覚器官があり, 仲間の出す音を聞き分けている.

配偶行動(はいぐうこうどう)：繁殖(生殖)行動は, 雌雄の出会い, 交尾, 産卵に大別されるが, その最初の過程で, 通常は雄が雌を探して交尾にいたる. その際の占有行動(山頂, 樹冠でのなわばり行動など), 巡視行動(蝶道パトロール), 追飛, 羽ばたきなどで示される種特有の行動をいう.

発音昆虫(はつおんこんちゅう)：発音する昆虫のことで, 鳴く虫と言われることが多い. 発音は, 羽や体の一部にある発音器官によって行われる. スズムシ, コオロギ, キリギリスの仲間の羽には, 一方の裏側にやすり板, 他方の表側にマサツ片があって, 両者をすり合わせて発音している. セミでは, 腹側にある鼓膜が発音筋の働きで振動し, この振動が共鳴器である鼓室で拡大される.

発生回数(はっせいかいすう)：１年に卵, 幼虫などを経て成虫が羽化する回数. < →周年経過>

変態(へんたい)：昆虫が卵から新成虫になるまでの間に, 幼虫(→蛹)という形や習性が著しく異なる世代を経過すること. 幼虫があまり成虫と差異がなければ無変態, 卵→幼虫→成虫なら不完全変態, 卵→幼虫→蛹→成虫は完全変態という.

放蝶(ほうちょう)・**放虫**(ほうちゅう)：人が飼育したり採集した昆虫を意識的に野外に放す行為. 絶滅に瀕した種の個体数増加を目的に, その場所の個体を飼育して放す場合もある(ホタル, チョウなど). 一方, 国内の遠隔地の個体や外国産を放す例もあり, 遺伝子の混入, 多様性の復活などの面でいろいろな議論がある. また「かわいそう」と放す例もあり, これは生命教育面からの賛否両論がある.

迷蝶(めいちょう)：ある地域で確認されても定着はしていないチョウ. これらはおもに南方からの飛来によるが, これにはチョウ自体の性質と移動を助ける気流(季節風と台風)が関係している. 飛来個体はそのまま死に絶える場合と夏から秋に子孫を生じる場合がある. 数年間定着して姿を消す例もあって, 迷蝶と土着種の区別は人為的なものである. トンボ類は迷トンボという. ガ類は「メイガ科─螟蛾科」というのがあり, 迷蛾では混乱するので, 偶産蛾ということが多い.

昆虫の図鑑

ツヤアオカメムシ

エンマコオロギ

オオテントウ

ナミハンミョウ

カブトムシ

オニヤンマ

ツクツクボウシ

タマムシ

ゴマダラカミキリ

ツマグロヒョウモン

オオミズアオ

ミヤマクワガタ

▲巣から出て摂食中に驚いて静止した終齢幼虫

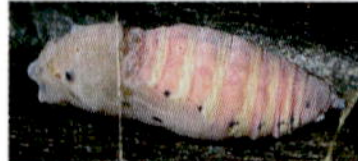

▲蛹(巣中にある)

1. アオバセセリ

25mm. 本州以南. 樹林や人里に普通.4～10月に2～3化(4化?). 越冬は蛹, 暖地では時に幼虫. 食樹はアワブキ科のヤマビワ, ヤンバルアワブキ, ナンバンアワブキ, アワブキ

♂　♀

2. オキナワビロードセセリ

22mm. 奄美大島以南. 喜界島の定着は未確認. 迷蝶記録は長崎県, 大分県, 鹿児島市などに散在. 成虫越冬. 食樹クロヨナ(マメ科)の自生する海岸樹林に普通.

3. キバネセセリ

21mm. 北～九, 対馬. 九州では温帯林に生息する. 南限は霧島山で個体数は普通.7～8月, 年1化. 九州での越冬態は未詳? 食樹はウコギ科ハリギリ

4. ミヤマセセリ

18mm. 北～九, 対馬. 食樹でもある古いコナラ林のほかクヌギ・カシワ林などに生息するが, 薩摩・大隅半島には消えた産地が多い. 年1化,3～4月

5. イチモンジセセリ

17mm. 全土. 各地に普通.4～11月, 幼虫越冬. 食草はイネ科チガヤほかで昔はイネの害虫. 秋には多いが, 九州以南での季節移動性は未詳

6. チャバネセセリ

16mm. 本州以南. やや乾燥した草地, 人里に普通.4～11月, 秋に多いが, 詳細な経過は未詳. ススキ, チガヤなどで幼虫越冬

7. オオチャバネセセリ

17mm. 北～九, 屋久島(要確認).5～11月に3化, ササ群落に生息するが近年減少傾向か. 食草はササ類, ススキほか

8. ミヤマチャバネセセリ

17mm. 本～九. 林縁, 林間の草地に生息. 局地的で近年減少傾向か.3～10月に2～3化. 食草はススキほか

9. クロボシセセリ

17mm.1970年代に沖縄県に侵入し北上, 2000年に奄美大島まで達し, 2006年は薩摩半島で発見されて, 現在は大隅半島, 宮崎までも分布拡大中. ただしトカラ, 屋久島では未発見. 食樹ヤシ類の搬入も一因か.

10. ホソバセセリ

17mm. 本～九. 林間, 林縁の草地. やや局地的で, 減少傾向? 6～9月に2化. 食草ススキ, チガヤなど

11. コチャバネセセリ

14mm. 北～九. 平地～山地のタケ, ササ群落に普通.4～9月に2～3化. 食草はゴキダケ, メダケなど. 1976年9月西表島で1♂の偶産記録がある

▲亜終齢幼虫

1. ギンイチモンジセセリ

14mm. 北〜九. 南限は鹿児島市と錦江町田代.4〜9月に3化. 河原など荒地のススキ原に生息するが局地的

2. ヒメキマダラセセリ

13mm. 北〜九. 林間の草地に生息, やや局地的.5〜9月に1〜2化. 食草はイネ科のチヂミザサ, ヤマカモジグサなど

3. キマダラセセリ

14mm. 北(道南に希)〜九〜トカラ中之島. 林縁や人里の草地に普通. ただし中之島は近年の記録なし.5〜10月に2〜3化. 食草はススキなど

4. ダイミョウセセリ

18mm. 北〜九. 南限は薩摩・大隅半島南部. 食草ヤマノイモ科の多い林間, 林縁に普通.4〜10月に3化

▲上から終齢幼虫, 蛹

幼虫の頭部▶

5. クロセセリ

20mm. 九, 南西諸島. 近年本州(近畿), 四国(愛媛県)まで北上.4〜10月に3〜4化. 食草ショウガ科

▲上から終齢幼虫, 蛹

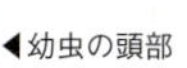
◀幼虫の頭部

6. オオシロモンセセリ

23mm. 奄美大島と加計・請・与路島が北限, 喜界島, 徳之島, 与論島でも記録あり. 沖永良部島は未記録. 沖縄本島, 宮古, 石垣, 西表, 与那国島にも産する. 食草はショウガ科

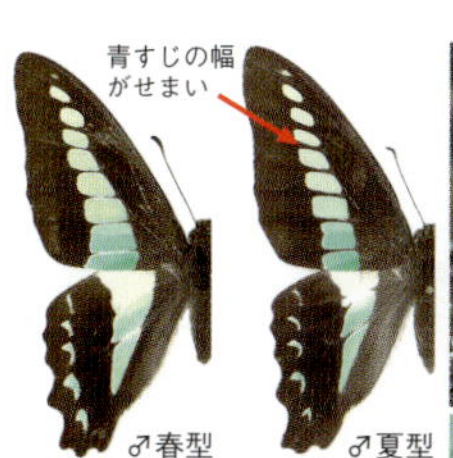

▲湿った地面で吸水する♂

◀終齢幼虫

7. アオスジアゲハ

45mm. 本州以南. 照葉樹林に普通, 街路樹などでも発生.4〜11月に2〜3化らしいが自然状態での蛹期は不詳. 食樹はクスノキ, タブノキなどクス科. 幼虫は若葉を食う

♂にはこの内側に長毛がある

♀　ウラ

8. ミカドアゲハ

45mm. 本州(愛知県・三重県以南)〜九. 対馬, 種子, 屋久, 奄美大島, 徳, 沖縄本島, 石垣, 西表に分布. 食樹はモクレン科. 南西諸島では多化性傾向, 屋久島以北では年1化(春〜初夏)に一部夏・秋発生がまじる

▲蛹

9. キアゲハ

50mm. 北〜九〜屋久島. 海岸付近〜平地の人里・耕作地〜山地草原.3〜10月に3〜4化か. 食草はニンジンやパセリなどのセリ科(野生種, 栽培種)

10. アゲハ(ナミアゲハ)

50mm.全土.林縁や人里に普通.食樹幼木の多い伐採地では増える.3〜11月に多化.食樹はミカン科

11. ナガサキアゲハ

62-80mm. 本州(関東地方を北進中)以南. 食樹の栽培ミカン類のある人里に普通. まれに有尾型♀がいる.4〜11月,3〜4化. 野生種の食樹として少数のサンショウ類の記録がある. ごく稀に有尾型も採集される

12. ジャコウアゲハ

60mm. 本州以南. トカラ列島は食草なく分布空白地帯. 食草ウマノスズクサ類のある林縁, 草地に普通.3〜9月に1〜3化. 屋久島, 奄美・沖縄, 宮古, 八重山諸島は別亜種

1. ベニモンアゲハ

49mm. 1968年から南西諸島に侵入し北上, 2002年には奄美大島で多発し定着. 記録のなかった徳之島は2008年1頭目撃. トカラには食草ウマノスズクサ類がないので, さらなる北上は至難. 迷蝶としては上甑島(1967年, 頭数不明), 福岡市(1974年1♀)の記録がある

2. シロオビアゲハ

49mm. トカラ列島中之島以南. 樹林周辺や人里に普通. 多化性. 以北の迷蝶記録は仙台, 東京, 長野, 静岡県などに達する. 鹿児島県本土でも時に発見されるが発生例はない. 食樹は野生のサルカケミカン, 栽培ミカン類. ベニモンアゲハの分布北上に伴い, 八重山諸島や沖縄本島では♀Ⅱ型が増えてきている

3. モンキアゲハ

65㎜, 本州～南西諸島, ただし八重山諸島では希種. 樹林や人里に普通. 食樹はミカン科でカラスザンショウなど野生種を好むが, ミカンにもつく. 蛹で越冬し, 4～10月に3回程度発生. 南西諸島では3～11月に出現. 蛹の期間にはバラツキがある

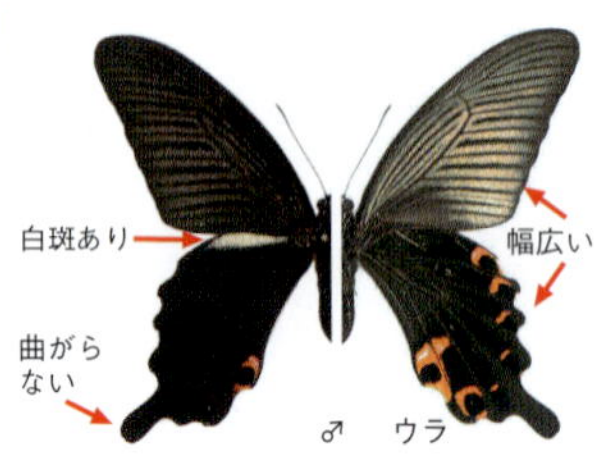

4. クロアゲハ

60㎜. 本州～南西諸島. 樹林や人里にやや普通であるが, なぜか奄美大島では少ない. 食樹は栽培ミカン類や野生のサンショウ類, ハマセンダン, ミヤマシキミなど. 4～10月に3～4回発生. 蛹越冬. まれに無尾型が発見される

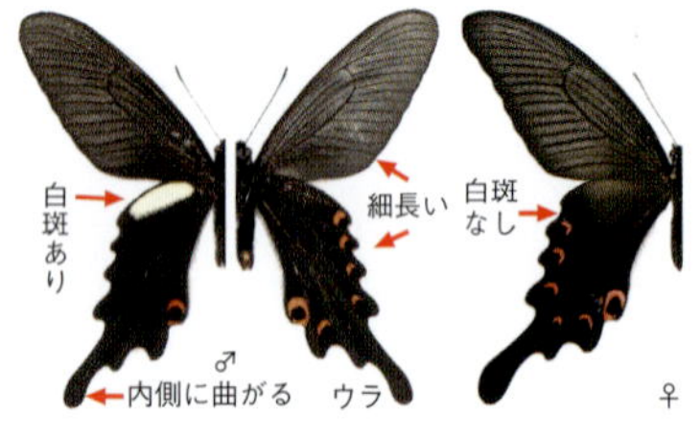

5. オナガアゲハ

60mm. 北～九. 南限は鹿児島市と鹿屋市. 食樹コクサギのある樹林に生息するが少ない. カラタチについた記録もある.4～10月に2 ～3化

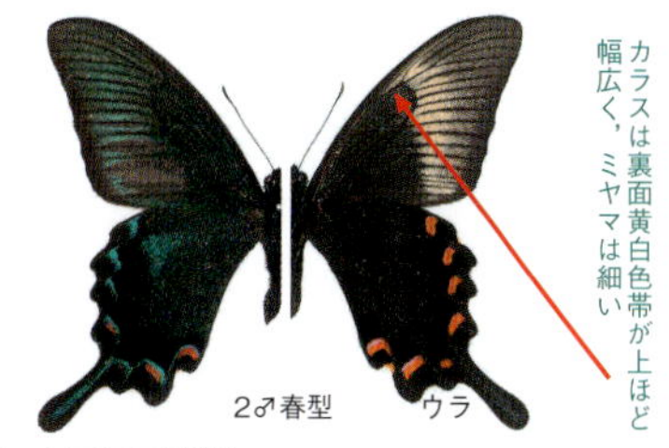

1. カラスアゲハ

53mm. 北～九, 対馬. ただし種子島, 屋久島, 口永良部島には産しない. 4～9月に3化. 食樹はミカン科. トカラ列島は別亜種トカラカラスアゲハ. 2001年9月沖縄島名護市で大陸からの飛来と思われる1♂の記録がある.

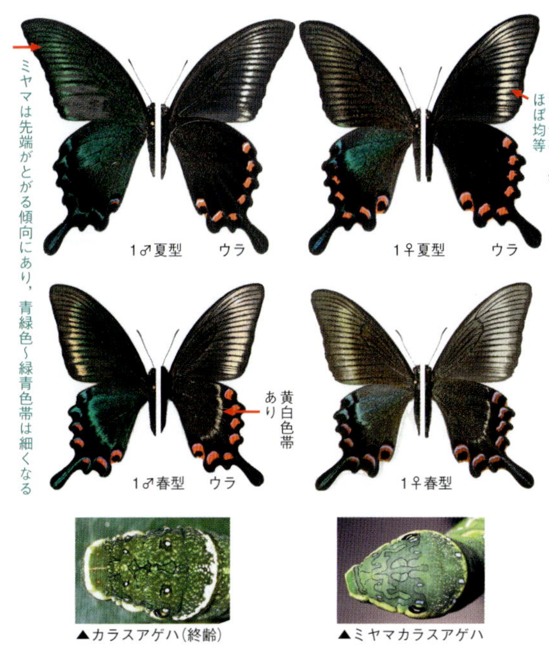

▲カラスアゲハ（終齢）

▲ミヤマカラスアゲハ

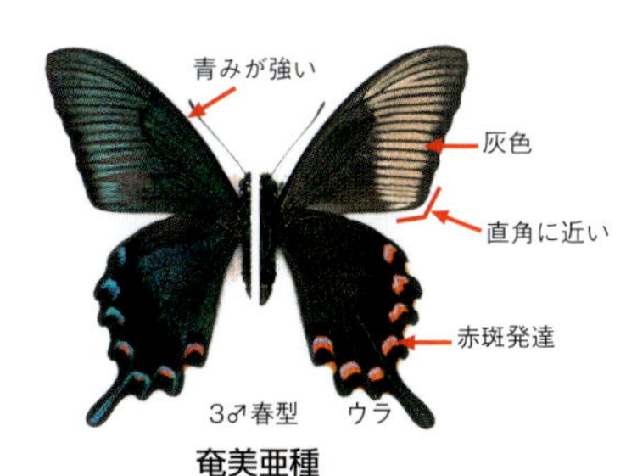

奄美亜種

2. オキナワカラスアゲハ

53mm. 奄美亜種（奄美大島, 加計呂麻島, 請島, 与路島, 徳之島）と沖縄亜種（沖縄島, 渡嘉敷島, 座間味島, 久米島, 阿嘉島）. 各島に普通, 奄美諸島の喜界島, 沖永良部島, 与論島には産しない

3. ミヤマカラスアゲハ

55mm. 北～九, 対馬. 種子島, 屋久島, 口永良部島. 長崎県五島列島でも記録有. 九州本土ではカラスアゲハより少なく, 発生期（3～10月）は少し早い. 食樹はカラスザンショウ, ハマセンダンなど. 鹿県本土ではミヤマカラスアゲハと区別困難な個体が希に発見されるが, これは本種とカラスアゲハの交雑による可能性がある

♂ 春型　♀ 春型　♂ 夏型　♀ 夏型

♂ ウラ　♀ ウラ

4. モンシロチョウ

28mm. 日本全土. 沖縄本島は1958年に侵入. 九州, 琉球には定着個体の他に, 大陸などからの迷蝶が混じる可能性がある. 食草アブラナ科, 野生種の利用状況は不詳

5. チョウセンシロチョウ

22mm. 大陸系の迷蝶. 北～九州, 鹿児島県は鹿児島市, 日置市と種子島で記録. 食草はアブラナ科スカシタゴボウ. 写真の♂は日置市日吉町産

3♂春型　3♀春型

3♂夏型　3♀夏型

6. スジグロシロチョウ

30mm. 北～九～屋久島, トカラ列島（不詳）. 林縁, 耕作地, 人里に多い. 3～11月に多化. 食草はアブラナ科. 斑紋や大きさがエゾスジグロシロチョウに酷似した個体がいる（鱗粉などによる同定が必要）

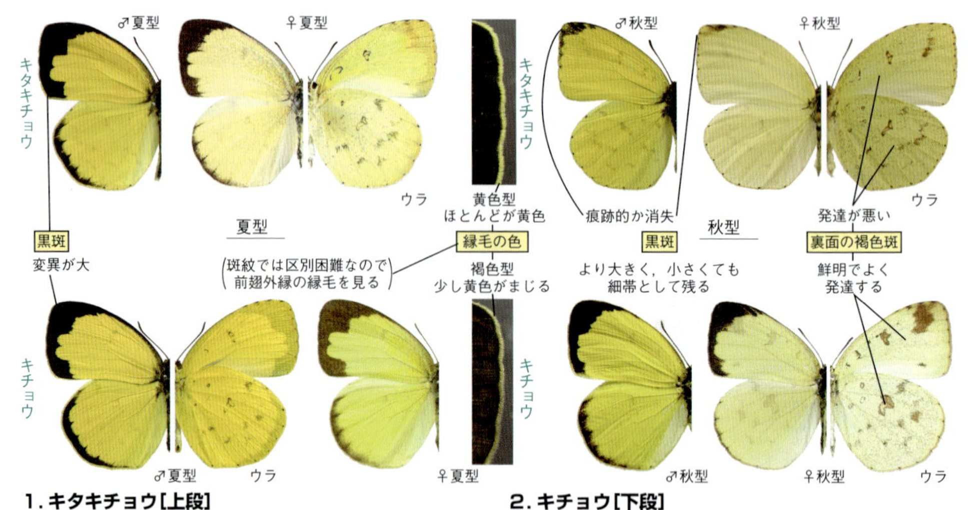

1. キタキチョウ[上段]

23mm. 本州以南に普通. 成虫越冬で年数回発生. 食草はマメ科(ネムノキ, メドハギなど), クロウメモドキ科(クロイゲ, ヒメクマヤナギ, リュウキュウクロウメモドキなど)

2. キチョウ[下段]

23mm. 奄美大島以南の南西諸島(キタキチョウと混生する島が多い?). 食 樹はマメ科ハマセンナ, モクセンナなど. 上の標本は奄美大島産

3. ツマグロキチョウ

20mm. 本～屋久島. 鹿児島県では局地的ながら食草カワラケツメイ群落に普通. 成虫越冬で年4化. トカラ以南は秋に南下？あるいは中国大陸からの迷蝶

4. ウスキシロチョウ

34mm. 奄美諸島以南. トカラ列島以北では迷蝶(最北は新潟県).6月以降の飛来が多く, 一時的な発生もある. 食樹はマメ科ナンバンサイカチなど. 移動個体はギンモン型が多い

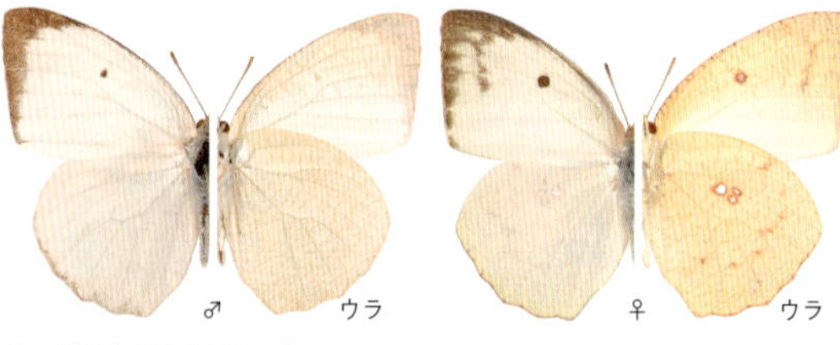

5. ウラナミシロチョウ

33mm. 宮古・八重山諸島は定着. 沖縄諸島以北は迷蝶. 近年の九州での発見例は少ない. 食草は草本が主でエビスグサ, ハブソウを好む. 樹木では幼木や下枝の若葉につく

6. モンキチョウ

27mm. 日本全土. 食草マメ科(クローバー類, レンゲソウなど)の生える明るい草地に普通. 多化性. 移動性が大きいらしいが未詳

1. ナミエシロチョウ

32mm.1970年代から南西諸島を北上，現在トカラ列島悪石島が定着北限．食樹ツゲモドキ（トウダイグサ科）もここが北限．迷蝶記録は宮崎県門川町（1995年1♂），鹿児島県日置市日吉町（1999年1♂），種子島(03年1♀．04年1♀)，屋久島（04年2頭，05年1♂）

2. ツマキチョウ

26mm. 北～屋久島. 林縁の耕作地や人里に普通.3～4月に通常1化（蛹期が2～3年の例あり）. 食草は野生・栽培アブラナ科のつぼみ・花・幼果

3. ツマベニチョウ

50mm. 九州南部（薩摩・大隅半島南部，日南海岸）以南. 樹林に普通. 幼虫，蛹越冬で多化性. 近年は食樹ギョボク（フウチョウソウ科）の植栽も多く，生息圏が少し北上した. 成虫の記録は九州（福岡，熊本，宮崎，鹿児島県）に散在するが，自然飛来，放蝶，飼育個体の逃亡など由来は分かりにくい. 沖縄県大東諸島には記録がない

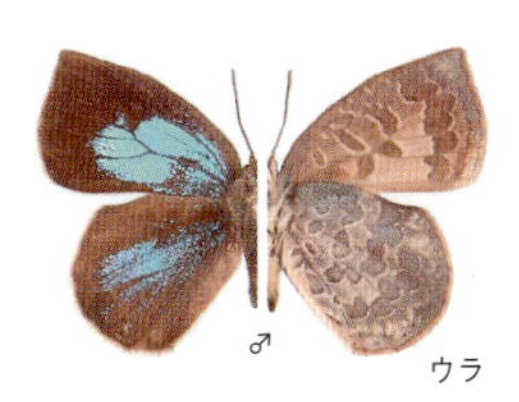

4. ルーミスシジミ

16mm. 本～屋久島. 食樹イチイガシの多い古い照葉樹林に生息. 年1化（6月羽化で成虫越冬）. 鹿児島県本土ではほぼ消滅

5. ムラサキシジミ

18mm. 本～屋久島. 以南ではトカラ中之島，奄美大島，徳之島，沖縄本島，久米島，石垣島，西表島，波照間島（2002年1♀のみ）に定着あるいは迷蝶らしい記録があり，無記録の島が多い. 食樹はアラカシ，クヌギなどブナ科

6. ムラサキツバメ

19mm. 本州（関東地方を北上中）～南西諸島（トカラ以南は秋のみの記録地が多く，定着は未確認）. 秋に南方や低地へ移動するが実態は未詳. 越冬成虫はよく集団を形成. 食樹はマテバシイなど

▲中齢幼虫

7. ミズイロオナガシジミ

17mm. 北～九. 南限は南大隅町. 鹿児島県本土西半部には産しない.5～7月. 食樹のクヌギ林に生息するが南九州では多くない

8. ウスイロオナガシジミ

17mm. 北，本，九. 四国には産せず，九州では霧島山栗野岳中麓（湧水町栗野）の，食樹カシワ林のみに生息.6～8月に出現. この特異な分布成因は未詳.1955年の発見当時から1970年代までは普通，その後環境は激変し現在はほぼ消滅

9. アカシジミ

18㎜. 北海道～九州. 分布南限の霧島山では，山麓から中腹部の樹林で，5月中旬から6月に出現するが，極めて少ない. 食樹はブナ科の落葉樹のコナラなどと常緑樹のアラカシなど. ただし鹿児島県内では未確認

▲終齢幼虫

▲蛹

1. キリシマミドリシジミ

22mm. 本～屋久島. 九州では全県の照葉樹林アカガシ帯に生息. 南限は大隅半島南大隅町. 薩摩半島薩摩川内市入来町八重山. 南薩では発見されない. 屋久島産は尾状突起が短い別亜種(ヤクシマミドリシジミ).6～7月羽化,8～9月休眠芽に産卵. 食樹はアカガシなど

2. ヒサマツミドリシジミ

21mm. 本～九. 宮崎県, 熊本県南部, 霧島山が南限. 標高300～600m の古い照葉樹林. 大隅半島, 屋久島は未記録. 6～10月(産卵は秋). 食樹はウラジロガシ, イチイガシなど

3. エゾミドリシジミ

21mm. 北～九.6～8月. 南限霧島山のミズナラ林では, ほぼ安定した生息を続けている. 福岡県(添田町, 豊前市)では, 食樹林の伐採で絶滅危惧Ⅰ類指定

4. フジミドリシジミ

18mm. 北～九(霧島山, 紫尾山が南限). 食樹ブナ群落に生息するが, 大隅半島高隈山(ブナ群落の南限)では未発見. 紫尾山の個体群は鹿県絶滅危惧Ⅰ類(消滅か?)

5. カラスシジミ

18mm. 北～九. 南限は薩摩半島(南九州市知覧), 大隅半島(南大隅町根占). 食樹ハルニレで卵越冬し2月に孵化, 5～6月出現するが, 近年は減少傾向か?

6. ウラナミシジミ

16mm. 本州以南. 人里や耕作地にマメ科の花穂を求めて出現. 暖地のマメ栽培地では冬の害虫にもなる. 食草はマメ科のほかベンケイソウ科, バラ科, ツバキ科など

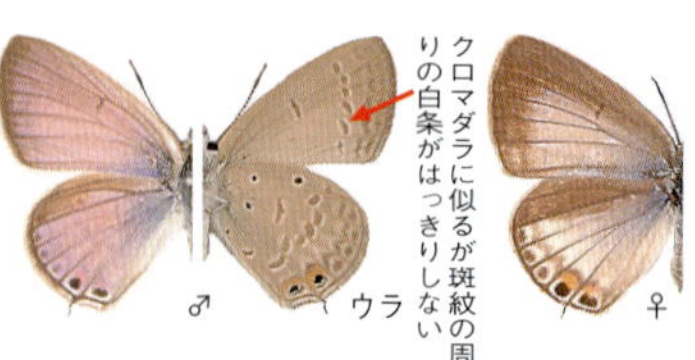

7. オジロシジミ

15mm. 奄美大島以南. 迷蝶としてまれに九州, 四国, 本州(静岡県,2003年初記録8♂6♀)で発生する. 食草はマメ科で, 前種と混生することもある. 夏～秋のマメ畑で注意

8. アマミウラナミシジミ

15mm. トカラ列島以南, 年によっては屋久島, 種子島が越冬北限になる. 樹林周辺に多く, 迷蝶として九州各地, 四国でも発生. 食樹はヤブコウジ科モクタチバナなど

1. ルリウラナミシジミ

15mm. 八重山諸島(石垣島, 西表島)が定着北限. 食草はマメ科. 迷蝶として九州(西は対馬, 長崎県本土, 甑島, 東は日南市)まで飛来しクズ群落などで発生

2. クロマダラソテツシジミ

斑紋は季節的変異がある

15mm. 迷蝶.1992～93年沖縄島で発生, 2001年与那国島で多発. 2007年と2008年には南西諸島～九州で大発生. 近畿地方などでも発生. 幼虫が食樹ソテツの若葉を食う害虫として話題となる. 国外ではインドから中国南部, インドシナ半島, フィリピンからジャワに分布, 台湾では1970年代に発見されて現在まで生息している

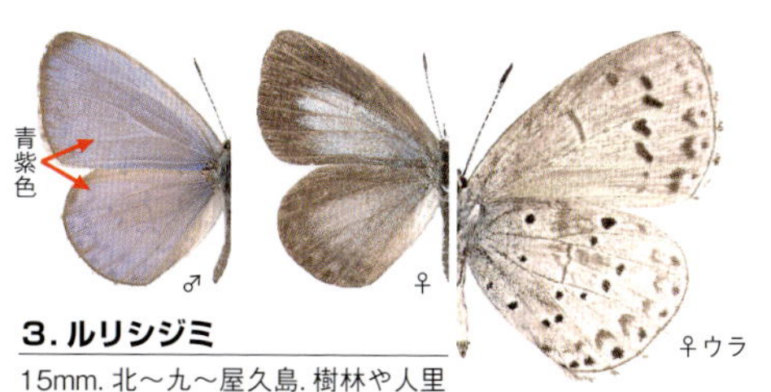

3. ルリシジミ

15mm. 北～九～屋久島. 樹林や人里に普通.3～11月. 食餌植物はマメ科, バラ科, ブナ科, ミズキ科, ミカン科など. トカラ宝島と奄美大島の記録は食草の持ち込みによる? 現在は定着?

4. スギタニルリシジミ

16mm. 北～九. 南限は大隅半島南部, 西部では紫尾山麓. 薩摩半島は未発見. 渓流沿いの古い照葉樹林に生息.3～4月に出現, 年1化. 食樹はキハダ, まれにミズキ. 本州で記録の多いトチノキは九州では未確認

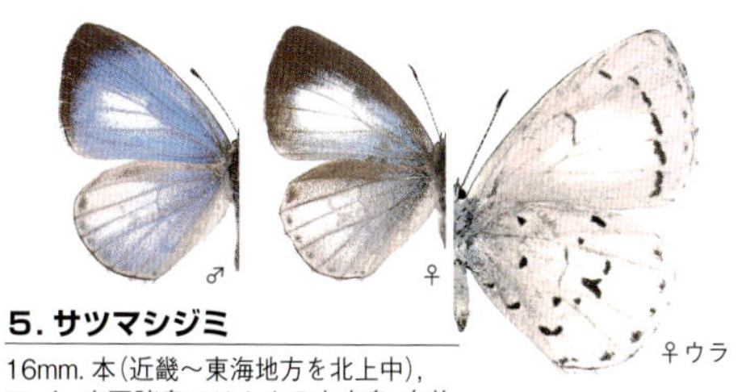

5. サツマシジミ

16mm. 本(近畿～東海地方を北上中), 四, 九. 南西諸島ではトカラ中之島, 奄美大島, 沖縄島. 石垣島. 西表島, 与那国島に記録.3～11月に多化. 食樹スイカズラ, ミズキ, モチノキ, ハイノキ, ツツジ, バラ科など

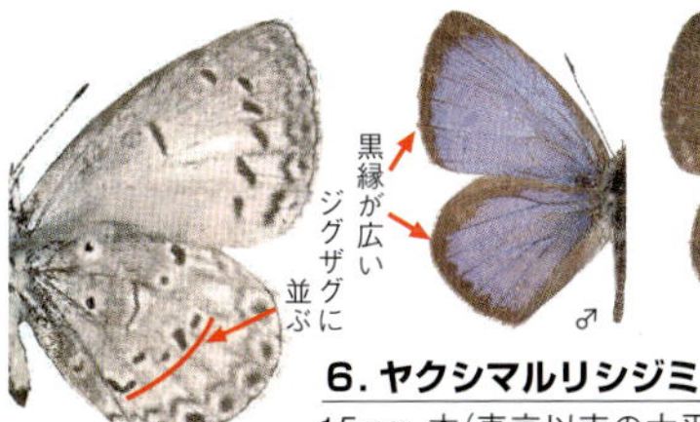

6. ヤクシマルリシジミ

15mm. 本(東京以南の太平洋岸), 四, 九で分布拡大中. 南西諸島(トカラ, 宮古諸島は未記録). 多化性で樹林～人里に普通. 食餌植物はヤマモモ, ブナ, ニレ, ユキノシタ, マンサク, バラ, マメ科など多種

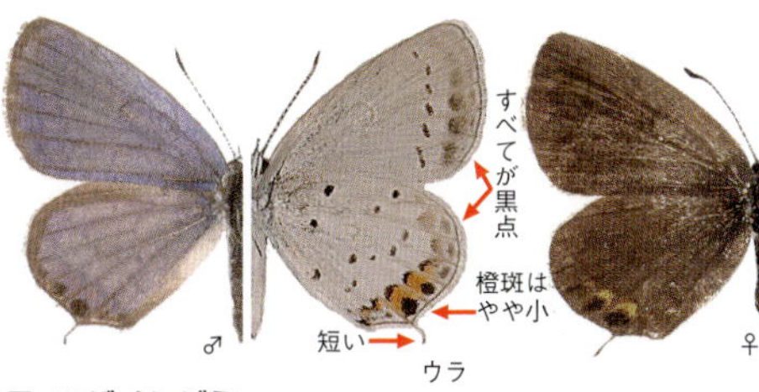

7. ツバメシジミ

13mm. 北～九～屋久島. 草地に普通.3～11月に多化. 食草はマメ科. トカラ中之島, 奄美大島, 喜界島, 沖縄本島, 石垣島, 西表島, 与那国島, 波照間島に少数例

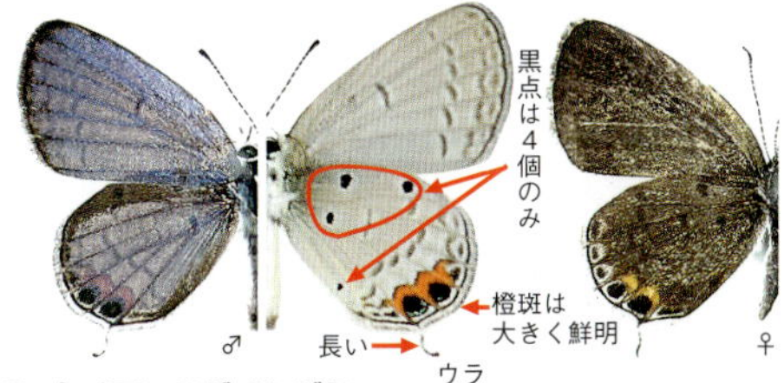

8. タイワンツバメシジミ

12mm. 本(紀伊半島), 四, 九～沖縄本島北部.1980年代に各地で激減, 消滅. 食草シバハギの生える草地に少数が生息.9～10月に1化. 大隅半島南部には6～10月に2～3化の地域がある. 沖縄本島でも4～10月. 越冬・越夏の幼虫は枯れススキなどの隙間に潜み, 摂食しない.

1. タイワンクロボシシジミ

12mm.1970～80年代に八重山諸島からトカラ列島まで北上, さらに1992年三島村黒島,1990年屋久島,2001年薩摩半島に達し, 南薩では2003年も発生. ただし定着北限は未詳. 食樹はアカメガシワ類とヒイラギズイナ(ユキノシタ科)

▲産卵(食草ツメレンゲ)

2. クロツバメシジミ

12mm. 本～九. 九州では大分県に瀬戸内個体群, 福岡県～鹿児島県西部に西日本個体群が生息. 南限は下甑島. 鹿県本土での記録はない. 岩場の食草ベンケイソウ科群落に生息.4～11月, 多化

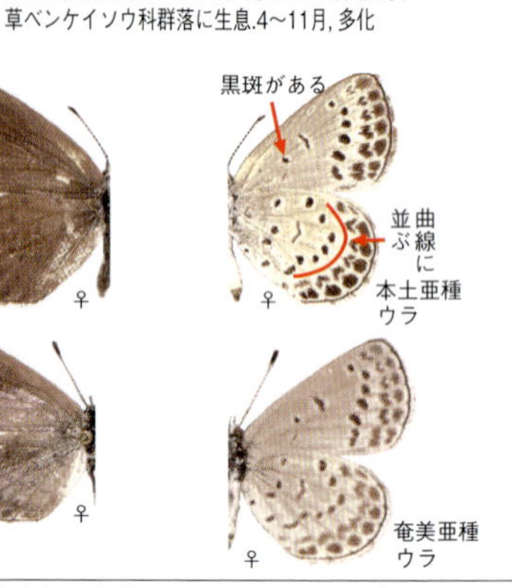

3. ヤマトシジミ

13mm. 本州以南. 小さな島々にも産地があり, 分散力の大きさを示す. トカラ列島南部は奄美亜種的傾向が強まる. 食草カタバミ群落に多い.3～11月に多化

4. シルビアシジミ

11mm. 本～九, 対馬, 種子島(消滅?). 1970 ～80年代に各地で激減, 九州での生息地は局限される. 食草はマメ科ミヤコグサ, まれにヤハズソウ. 本州ではシロツメクサなどでの発生地がある

5. ヒメシルビアシジミ

11mm. トカラ列島宝島以南の南西諸島に分布していたが, 平島(2007年), 口之島(1999年, ただし2000年には発見出来ず), に続いて08年, 09年に屋久島でも発見され, 食草はヤハズソウ, コメツブウマゴヤシのほかマルバダケハギにも多い

6. ベニシジミ

16mm. 北～九～種子島(1972年からほぼ毎年), 屋久島(2006年から定着). 明るい草地に多い.3～12月, 多化. 食草タデ科スイバ, ギシギシなど

▲卵(アセビのつぼみ)

7. コツバメ

14mm. 北～九. 南限は大隅半島錦江町田代, 薩摩半島南さつま市. 食樹はアセビ, ツツジ類. 本来の生息地は低山地の野生アセビ群落か. 現在は食樹のある人里～山地に生息. 蛹越冬,3～5月に出現

1. トラフシジミ

17mm. 北～九. 南限は鹿児島市と錦江町大根占（大隅半島）. 林縁や人里に生息するがやや局地的.3～8月に1～2化. 食樹はユキノシタ科ウツギなど多科にわたる

2. イワカワシジミ

18mm. 奄美大島以南（喜界島，与論島は未記録）. に分布していたが，2006年7月屋久島で発見され，その後継続発生中. 食樹クチナシのある樹林や人里が生息地. 多化性

3. クロシジミ

20mm. 本・四・九. 鹿児では湧水町，鹿屋市，垂水市，南大隅町（南限）のみで，県西半部は未発見.1～2齢幼虫はアブラムシ，キジラミ類の甘露を舐め，2齢後期以降はクロオオアリ巣中で，アリから口移しに給餌される. 産卵はクロオオアリが訪れるアブラムシなどの多い樹木や草本.6～8月,1化

4. ゴイシシジミ

13mm. 北～九，種子島（定着?），屋久島（1973年1♀のみ）. 幼虫はアブラムシ類を食い，食餌の多い竹やぶ，草地に発生する.4～11月，多化性

5. ウラギンシジミ

21mm. 本州以南. 南西諸島では種子・屋久・口永・中之・（小宝・喜界）・奄美大・加計・請・与路・徳・（沖永・多良間）・石垣・西表・与那国島のみ. （）は定着不詳. 沖永・与論・沖縄諸島・宮古諸島は分布空白地帯. 成虫越冬. 食樹は花穂の大きなマメ科

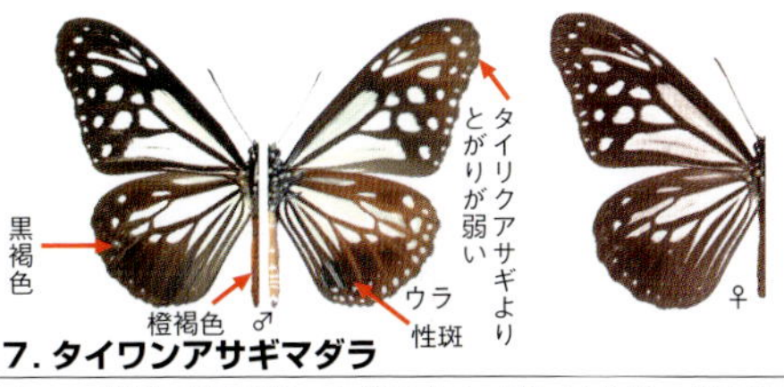

6. アサギマダラ

58mm. 日本列島～台湾，中国東南部の範囲で季節的移動をする. 春・初夏に越冬世代や第1世代が北上，これらの子孫が秋に南下. 越冬北限は関東山地. 越冬態は寒冷地では幼虫，暖地では幼虫，蛹，少数の成虫，卵. 夏は高標高地に多い. 食草はガガイモ科常緑性キジョランほか，落葉性イケマなど

7. タイワンアサギマダラ

50mm. 迷蝶. 南西諸島～九州には4～7月，アサギマダラに交じって飛来する. 記録の北限は石川県（2001年1♂）. 夏～秋にも記録はあるが発生は未確認. 台湾での食草はガガイモ科ソメモノカズラなど

金色の蛹・光の当たり方により，目立ったり隠れたりする

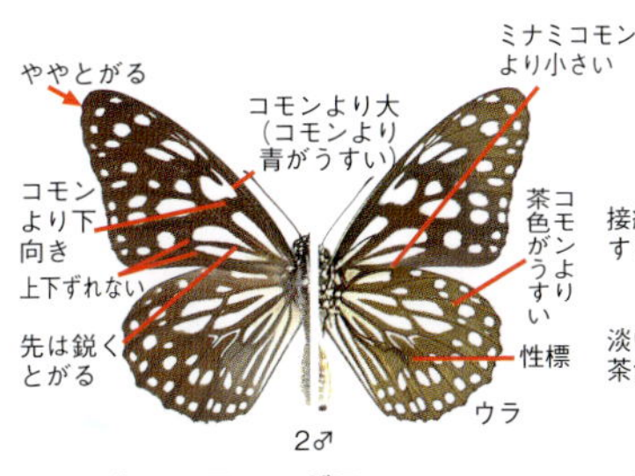

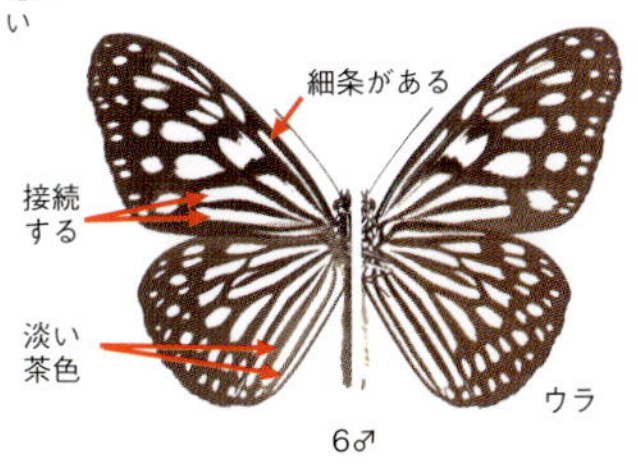

8. オオゴマダラ

73mm. 奄美諸島（喜界島，与論島），沖縄諸島以南. 食草はキョウチクトウ科ホウライカガミのみ. 食草群落のある山地や海岸に多い. 迷蝶として鹿県本土にも希に飛来するが，近年は飼育個体の逸出がある. 発生回数は不詳.

9. ウスコモンマダラ

44mm. 台湾・フィリピンからの迷蝶. 飛来個体は台湾亜種が多い. 台湾では越冬態不定，新成虫が初夏から南西諸島～本州（静岡，三重，大阪，岡山，島根）まで北上. 南九州ではアサギマダラに交じって毎年飛来するが，食草がなく発生しない. 台湾での食草はガガイモ科タシロカズラ

10. リュウキュウアサギマダラ

47mm. トカラ列島（中之島）以南に定着. 九州では北は長崎・佐賀県，五島福江島，福岡県で記録. 高知県，岡山県でも各1♂が採集された. 薩摩半島では幼虫の発見例もある. 食草はガガイモ科ツルモウリンカ. 成虫の越冬集団は有名であるが，盛夏時の睡眠・休止時にも集団を作る傾向が強い

◀蛹

1. ツマムラサキマダラ

49mm.1970年代に八重山諸島で記録が出始め,90年代に北上を開始,92年以降に沖縄諸島, 奄美諸島(1999年発生確認)を経て,97年からは薩摩半島でも記録が増えたが幼生期は未発見. 北は四国の室戸岬(1998年2♀)と千葉県白浜町(2004年1♂, 05年1♂未発表)の記録. 食餌植物はキョウチクトウ科(テイカカズラ, キョウチクトウなど), クワ科(オオイタビ, ガジュマルなど)

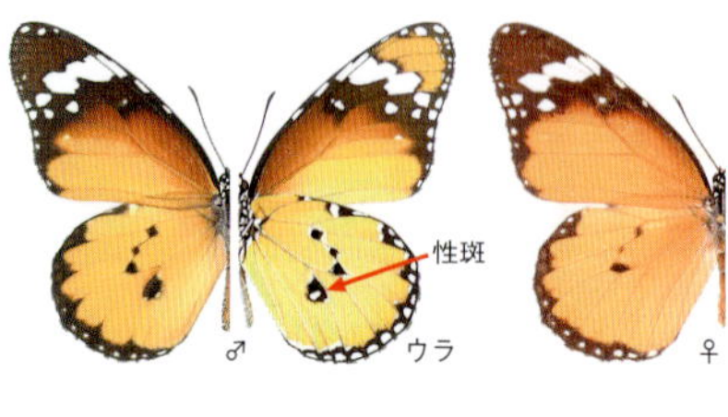

2. カバマダラ

38mm. 定着北限は九州南端部~熊毛諸島. 迷蝶記録の北限は山形県, 岩手県. 各地で一時的な発生も多い. 鹿児島市で年5~7回の発生. 食草トウワタ, フウセントウワタ, 野生種ガガイモなど. 時に採集されるアルキポイデス型はマレー半島やスマトラなどで増加傾向?

3. スジグロカバマダラ

42mm. 宮古~八重山諸島は定着. 以北では迷蝶として本州(石川, 千葉, 東京)まで記録がある. 食草はガガイモ科リュウキュウガシワ, アマミイケマなど. ガガイモでも飼育可能で, 一時発生したこともある

4. テングチョウ

24mm. 北海道(少数例), 本州以南. 近年各地で増加傾向? 5~6月に羽化, 越夏, 越冬して翌春に産卵という年1化のほか, 食樹の新芽が増えると産卵し世代を重ねるという経過を含む. 食樹ニレ科エノキ, クワノハエノキなど, バラ科サクラ類の記録もある

5. サカハチチョウ

21mm. 北~九. 南限は薩摩半島(鹿児島市), 大隅半島(肝付町内之浦). 古い樹林の渓流沿いに生息. 蛹越冬で4~9月に3化. 食草はイラクサ科コアカソ

6. イチモンジチョウ

29mm. 北~九. 南限は薩摩・大隅半島南部. 林縁, 路傍の薮に生息. 暖地では近年減少? 4~10月に2~3化. 食草はスイカズラ科スイカズラなど

7. コミスジ

24mm. 北~九~屋久島. 林縁, 人里に普通. 幼虫越冬,4~11月3~4化. 食樹はフジ, ニセアカシア, クズ, ミヤマハギなどのマメ科

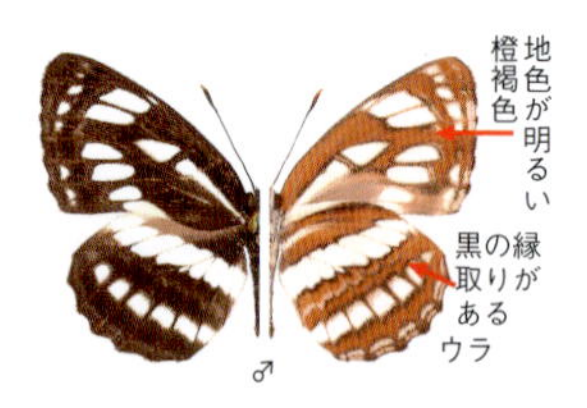

8. リュウキュウミスジ

24mm. 奄美諸島以南, ただしトカラ小宝島(1993年)の記録あり. 林縁, 里に普通.3~12月, 多化性. 食樹はマメ科草本と低木, ニレ科クワノハエノキ

暗色型

1. ウラギンスジヒョウモン

29㎜. 北～九. 南限は薩摩・大隅半島の中南部. 千貫平の草原は多産地であったが, 2000年代から激減し, 2012年を最後として消滅した. 他の産地も同様で, 現在は鹿児島県内ではほとんど見ることが出来ない

終齢幼虫

2. オオウラギンスジヒョウモン

33mm. 北～九. 山地の林間, 林縁の草地に生息するが少ない. 鹿県では霧島山などの高地に生息するが, 秋には低地にもおりてくる. ただし安定した生息地は消滅? 食草, 生態は未詳

終齢幼虫

3. メスグロヒョウモン

35mm. 北～九. 南限は薩摩・大隅半島南部. 樹林に囲まれた湿原や休耕田周辺に生息するが局地的. 食草はスミレ, ツボスミレ(南九州市知覧町). 与那国島でも2001年10月に記録

終齢幼虫

4. クモガタヒョウモン

38mm. 北～九. 南限は紫尾山, 霧島山, 国見山(湧水町)の林縁や草地に生息. 低地では薩摩半島北部に少数の記録, 大隅半島では未発見. 鹿児島県の食草は未知

終齢幼虫

5. ミドリヒョウモン

37mm. 北～九. 南限は薩摩・大隅半島南部. 樹林周辺, 人里に, 少数ながらやや広く生息. 食草はスミレ(湧水町). ♀の斑紋の暗色化傾向が各地に見られるが地域毎の比率などは未詳

終齢幼虫

ヒョウモンチョウ類

P.25-26には, いわゆる大型ヒョウモンチョウ(豹紋蝶)類9種を示した. スミレ科を食草とすることは共通. このうちツマグロヒョウモンだけが, 多化性で熱帯にまで進出した特異な種であるが, 他の7種は年1化のいわば北方系で, 南九州に分布南限をもつ. これらは卵(幼虫化している)または孵化幼虫で越冬し, 初夏(5～6月)に羽化, 盛夏は休眠状態(夏眠: 吸蜜活動は行う)に入り, 秋(9～10月)に産卵する. 生息地は, 安定した夏眠場所と食草と蜜源植物の豊富な草地, 草原, 疎林であるが, 近年は激減している種が多く, その原因の究明が課題となっている

1. ヤマウラギンヒョウモン(雄)
サトウラギンヒョウモン(雌)

29mm.「ウラギンヒョウモン」は2019年にサトウラギンヒョウモンとヤマウラギンヒョウモンの2種に分けられた. ヤマは高地に, サトは低地にも高地にも見られるが, 近年は両種とくにサトが激減している. 両種はハネの形や雄の発香鱗などで区別できる(本図鑑新版参照).

2. オオウラギンヒョウモン

33~39mm. 北~九. 昔の記録地は多いが1980年代から激減, 現在は鹿児島県では湧水町沢原高原が唯一の安定した産地. 湧水町での食草はフモトスミレ, ツボスミレ. 減少の原因は草原の多様性の喪失らしい

3. ツマグロヒョウモン

36mm. 本州(関東を北上中)以南. 林縁, 人里などの明るい草地に多い.3~11月に多化. 食草は野生, 栽培のスミレ科多数種

4. キタテハ

26mm. 北海道は近年消滅?, 本~九. 食草カナムグラの生える荒地に普通. 成虫越冬で3~4化. 南西諸島で秋に見られるのは北西季節風(9月中旬以降)による大陸からの南下個体らしい. 食草が分布する種子島~奄美大島などでは,4~6月の記録もあるが幼虫は未発見

5. シータテハ

26mm. 北~九(中央山地). 南限は志布志市, 霧島市国分. 鹿児島県本土の西半域では未発見. 食樹ハルニレ群落に生息するが少ない. 成虫越冬で年2~3化. 八重山諸島竹富島(1992年1頭)は迷蝶

6. タテハモドキ

29mm. 南西諸島では普通. 九州では1958年頃に南部で激増(稲の早期栽培も一因), 徐々に北上して(休耕田も一因), 現在は福岡県まで生息. 記録北限は千葉県(1965年·2002年). 東京都, 静岡, 愛知, 三重, 和歌山, 山口県, 四国では徳島, 高知, 愛媛県(宇和島市で2006-07年多発)で記録. 食草はクマツヅラ科, キツネノマゴ科, ゴマノハグサ科

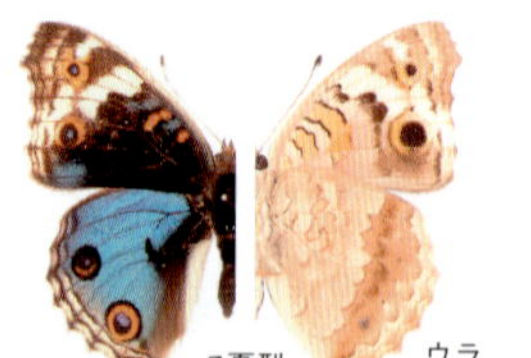

7. アオタテハモドキ

25mm. 八重山諸島には定着. 沖縄諸島や奄美群島で最近複数年の記録があるが定着は微妙. 九州でも記録が多く, 牧場, 河川堤防など明るい草地に発生. 最北記録は新潟県佐渡. 食草はキツネノマゴ, オオバコ, ムシクサ, キンギョソウ, イワダレソウなど

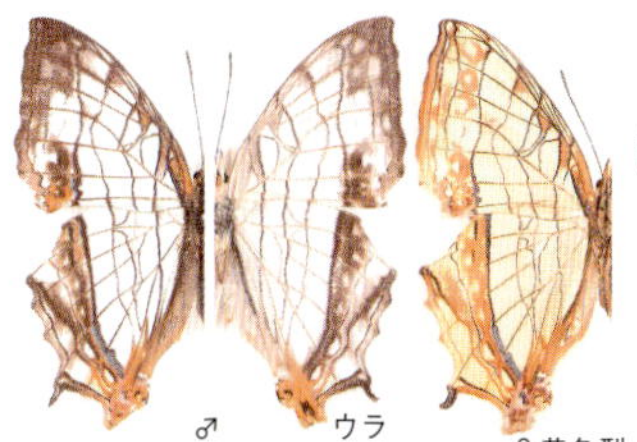

♂　ウラ　♀黄色型

1. イシガケチョウ

白色型♀が普通

33mm. 本州(近畿, 東海地方を北上中?)以南. 成虫越冬で多化. 食樹はクワ科イヌビワ, ガジュマル, オオイタビなどの若葉. クロウメモドキ科ヤエヤマネコノチチの記録もある

♂　ウラ

2. コノハチョウ

47mm. 沖縄県天然記念物. 沖永良部島(1982年から定着).2008年徳之島でも発生確認. 食草はスズムシソウ属2種とオギノツメ.

♂　ウラ　♂黒色型

3. コムラサキ

35mm. 北～九. 南限は薩摩・大隅半島南部. 食樹ヤナギ類のある水辺樹林, 公園などに普通であったが近年は少ない. 幼虫越冬,5～11月に3～4化. 鹿児島市内では黒色型もよく見る

♂　♀春型

4. ゴマダラチョウ

39mm. 北～九. 南限は薩摩・大隅半島南部. 食樹エノキのある樹林, 人里に普通. 幼虫越冬,4～10月に3化

♂ 奄美大島産　ウラ

5. アカボシゴマダラ

40mm. 奄美大島, 加計呂麻島, 与路島, 喜界島, 徳之島に定着. 沖永良部島, トカラ列島にも記録あり. 食樹クワノハエノキ. 幼虫越冬で多化性. 本州では放蝶といわれる中国亜種が関東地方から分布拡大中

♂(本土)　ウラ

6. ルリタテハ

34mm. 全土. トカラ以南は別亜種. 林縁, 人里に普通. 成虫越冬で年3化. ♂は夕方, 路上でよく占有行動をとる. 幼虫はサルトリイバラ類(ユリ科)の花に擬態して, 葉裏に体を丸めて静止する

♂　♀ウラ

♀　ウラ

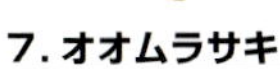

7. オオムラサキ

53mm. 北～九. 南限は出水市～伊佐市菱刈～宮崎県青井岳(霧島山は未発見)であるが, 南限域での個体数は少ない. 幼虫越冬で6～8月発生. 写真は鹿児島県産

♂　ウラ

8. ヒメアカタテハ

27mm. 記録は日本全土にあるが越冬北限は関東地方か. 明るい草地に普通でほぼ周年見られる. 季節的移動性は不詳. 食草はキク科ヨモギ, ハハコグサなど, イラクサ科, アオイ科ほか

♂　ウラ

9. アカタテハ

31mm. 日本全土. 林縁, 人里に普通. 周年発生を繰り返す. 雄雌の斑紋が同じ種では, 一般的に♀は♂に比べて一回り大きい. 食草はカラムシ, ヤブマオなどのイラクサ科各種, ニレ科ケヤキなど. ♂と♀の出合いから交尾に至る行動はまだ観察されていない

♂　ウラ　♀　ウラ

10. メスアカムラサキ

38mm. 八重山諸島は定着可能域ながら, 食草減少？もあってか近年記録が少ない. 迷蝶記録は北海道に達する. 南西諸島中部～九州では毎年発生するが定着に至らない. 食草スベリヒユ. 沖縄ではオオバコ, コゴメミズ(イラクサ科)の記録もある

1. リュウキュウムラサキ

♂40mm, ♀50mm. 北海道以南の全土に迷蝶記録がある. 九州以南では毎年見られ, とくに八重山諸島の記録は多いが, ほとんどは各地からの飛来・発生個体で, 定着個体群は未確認. 国外分布は下図の通りで, 青色が目立つ西側の個体群と橙赤色をもつ南〜東側の個体群に大別される. 前者は大陸型(大陸亜種)からベトナム型(移行型)を経て台湾型(台湾亜種), そしてフィリピン型(フィリピン亜種)への変異個体群, 後者は赤斑型(原名亜種)と海洋島型(多様な変異個体群よりなる)に大別される.

日本列島にはこれらのすべての型が飛来し, それらの個体の斑紋からおおよその出発地が推定できる. その頻度は以前は台湾型が最も多かったが, 近年ではフィリピン型も多く, 次いで大陸型, 赤斑型は少なく, 海洋島型が最も少ない. もっとも, 到着地で一時発生することもあり, また飛来個体間や発生個体同士で交尾, 産卵する例も多く, しばしば交雑個体も採集される. なお今後, 本図鑑を用いて本種の型名が記録と共に発表されることを望みたい.

食草：ヒユ科ツルノゲイトウなど, アオイ科キンゴジカなど, シナノキ科カジノハラセンソウ, ヒルガオ科サツマイモなど, キツネノマゴ科, キク科, スベリヒユ科, イラクサ科ほか

本種は以前, 採集した♀を産卵させ飼育すると, 羽化した成虫の♀の比率が著しく高いか, ♀だけのことが多かった. これらは細菌(バクテリア)のボルバキア属の感染によって引き起こされることが, ほぼ解明されている. ところが不思議なことに近年ではこの異常性比現象がほとんど見られなくなってきている. なおボルバキアの感染は他のチョウでも報告されている

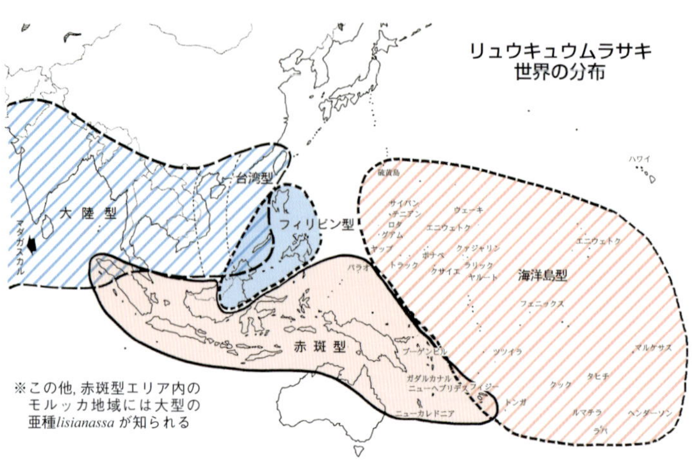

※この他, 赤斑型エリア内のモルッカ地域には大型の亜種*lisianassa* が知られる

1. スミナガシ

36mm. 本, 四, 九, 南西諸島(種, 屋, 奄大, 沖縄, 石垣, 西表島). 樹林にやや普通. 徳之島, 沖永良部島にも記録がある. 蛹越冬, 暖地では幼虫でも越冬.2〜3化. 食樹アワブキ科アワブキ, ヤマビワ, 奄美以南では他にナンバンアワブキ, ヤンバルアワブキ

2. ヒオドシチョウ

33mm. 北〜九. 鹿県南限は南さつま市加世田. 大隅地方は記録なし. 食樹ニレ科, ヤナギ科. 年1化で6月の新成虫が発見しやすい. 与那国島(2003年3月1頭)は台湾からの迷蝶?

3. フタオチョウ

44㎜. 沖縄本島の特産種(固有種)で, 沖縄県天然記念物であったが, 2017年から奄美大島でも発見され, 現在(2019年)まで発生が続いている. これは人が持ち込んだ可能性が高い. 食樹はヤエヤマネコノチチ(クロウメモドキ科)とクワノハエノキ(ニレ科). 蛹越冬で, 3〜10月に3回程度発生

4. ヒメウラナミジャノメ

18mm. 北〜九〜屋久島. 林縁や人里の草地に多い.4〜10月に3〜4化. 食草はイネ科チガヤ, ササクサなど

5. ウラナミジャノメ

20mm. 本, 四, 九〜屋久島. 全国的には減少傾向, 鹿県ではやや局地的な普通種.6〜11月に2化. 食草はササクサなど

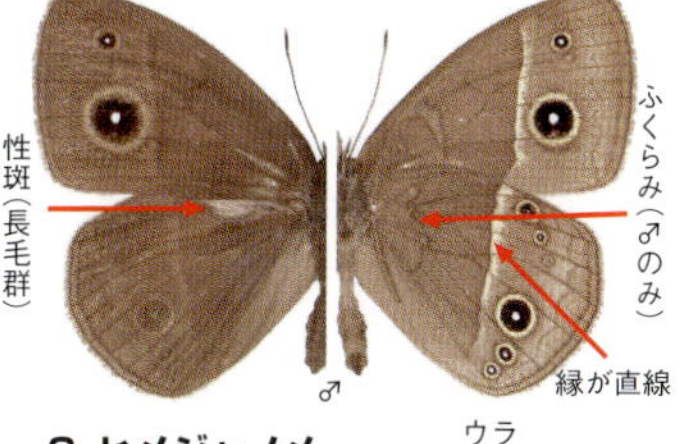

6. ヒメジャノメ

23mm. 北〜九〜屋久島. 林縁, 人里に普通.4〜12月に4〜5化. 食草はイネ科(タケを含む), カヤツリグサ科

7. リュウキュウヒメジャノメ

23mm. 奄美諸島以南. ヒメジャノメの代置種であるが, トカラ列島には産しない.3〜12月に多化. 食草イネ科

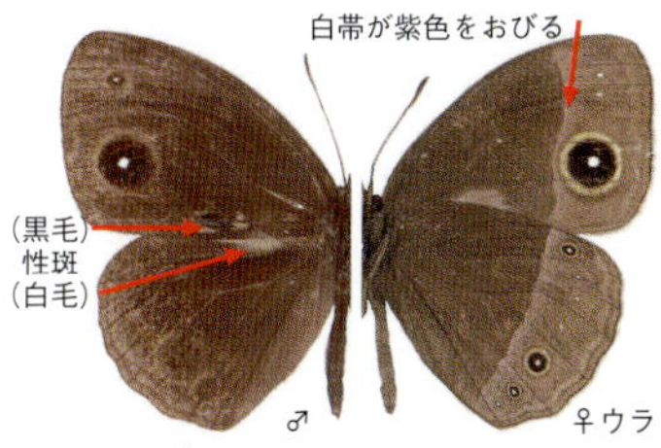

8. コジャノメ

23mm. 本〜九. 南限は薩摩・大隅半島南部. 林縁のやや暗い草地に普通.3〜10月に3化. 食草イネ科

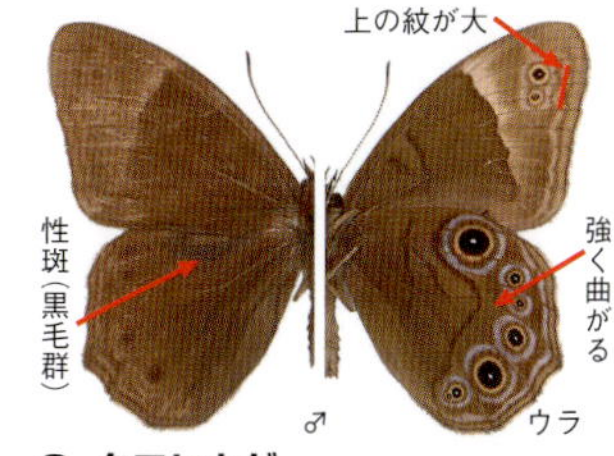

9. クロヒカゲ

26mm. 北〜九州. 南限は薩摩・大隅半島南部. 林縁, 人里に多い.4〜10月に3〜4化. 食草はタケ類(マダケ, メダケ, ゴキダケなど)

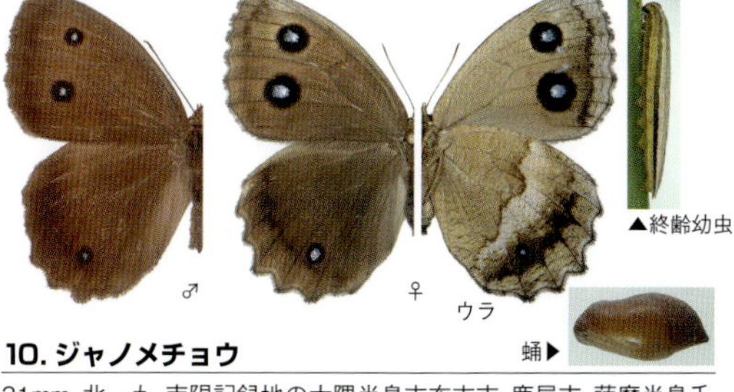

10. ジャノメチョウ

31mm. 北〜九. 南限記録地の大隅半島志布志市, 鹿屋市, 薩摩半島千貫平などは近年絶滅. 明るい草地に生息.7〜8月に1化. 食草はイネ科, カヤツリグサ科. 石垣島で1969年4月1♂の偶産記録がある

11. ヒメキマダラヒカゲ

25mm. 北〜九. 南限は宮崎県西米良村, 熊本県あさぎり町白髪岳. 白髪岳ではシカ害で食樹スズタケ絶滅か?.5〜9月に1〜2化. 食草はササ類

1. サトキマダラヒカゲ

34mm. 北～九. 南限は薩摩・大隅半島南部. 林間, 林縁のササ・タケ群落に生息. 蛹越冬(幼虫越冬を含む可能性もある),5～9月に2 ～3化. 食草ササ・タケ類

2. ヤマキマダラヒカゲ

34mm. 北～九(南限は紫尾山, 霧島山), 屋久島に別亜種を産する. 林間, 林縁のササ群落などに多い. 蛹越冬のほか幼虫越冬の可能性もある. 5～9月に1化～2化. 食草はタケ・ササ類. 屋久島などではススキにもつく

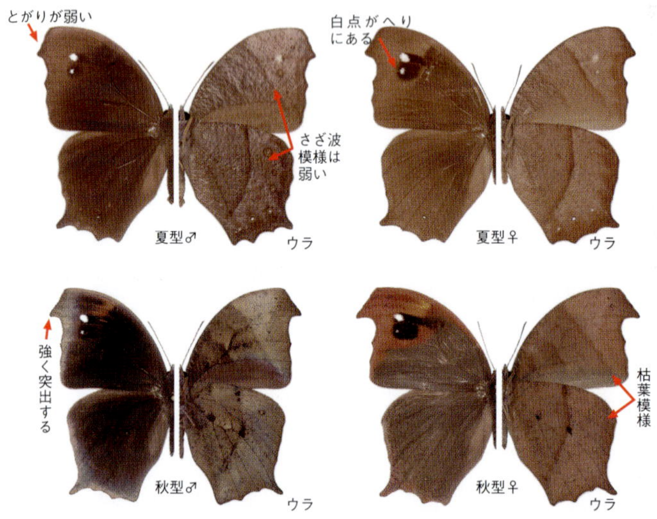

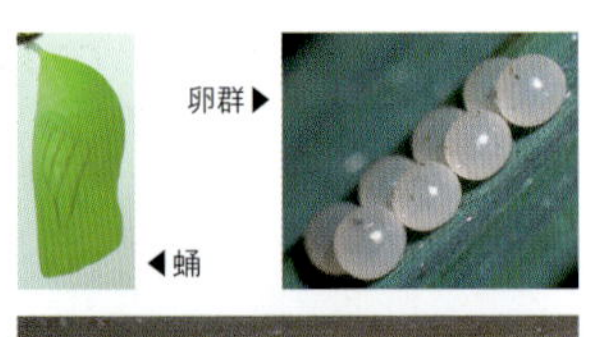
◀蛹　卵群▶

▲上 若齢幼虫, 下 終齢幼虫

3. クロコノマチョウ

39mm. 本～九～屋久島. トカラは中之島(1994年), 平島(1991年)のみ. 奄美諸島, 沖縄本島では1970年代から定着, しかし生息地域は局地的のようで, 近年の詳しい記録は少ない. 石垣・西表・与那国島でも少数の記録がある. 成虫はほぼ周年見られ, 2～3化. 食草はイネ科ススキ, ジュズダマなど

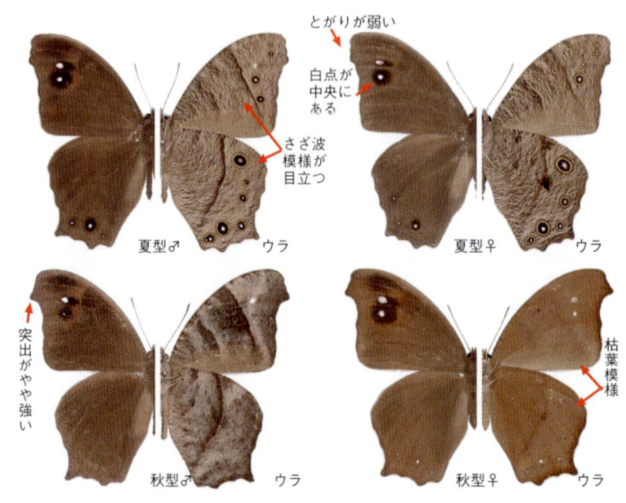

▲終齢幼虫

▲成虫　▲終齢幼虫頭部

4. ウスイロコノマチョウ

35mm. 奄美諸島以南は定着. トカラ列島から北海道まで採集記録があり, 発生例も多く, 越冬個体らしい記録も屋久島, 長崎県福江島, 大村市, 高知県室戸岬にあるが, 定着を裏付ける記録はない. 明るい林縁, 耕作地に多い. 成虫越冬で多化性. 食草はイネ科ススキなど

コウモリガ科 [1] ヒゲナガガ科 [2] ヒロズコガ科 [3] ナガ科 [4] スヒロキバガ科 [5] イラガ科 [6~9] マダラガ科 [10~13] スカシバガ科 [14] ボクトウガ科 [15] ハマキガ科 [16~24] ミノガ科 [25~27]

1. キマダラコウモリ
50mm.全土.6~8月.カキノキなどの幹に穴をほる(やや少)日暮れに飛翔

2. ウスベニヒゲナガ
8 ~10mm. 北~九. 5 ~7月(普通)昼飛性

3. クシヒゲキヒロズコガ
15mm. 本~九. 6 ~8月 腐朽木を食う(普通)

4. コナガ
6mm. 全土.1 ~12月. キャベツなどアブラナ科の害虫(普通)

5. キバラハイスヒロキバガ
10mm. 九~屋.6~9月(やや少)

6. ヒロヘリアオイラガ
15mm. 本~沖.6 ~9月. サクラ, ケヤキ(普通)

7. クロシタアオイラガ
20mm. 北~九. 5 ~8月. クヌギ, クリ, サクラ(普通)

8. アカイラガ
13mm. 北~九. 6 ~9月. チャノキ, ウメ, クリ(普通)奄美は別種アマミアカイラガ

9. イラガ
18mm. 北~九.7 ~8月. カキノキ, サクラ, クヌギ(普通)

10. タケノホソクロバ
10mm. 全土. 7~8月. タケ, ササ類(普通)幼虫は毒毛を持つ. 昼飛性

11. オキナワルリチラシ
40mm. 本~沖.5 ~10月. ツバキ, ヒサカキ(普通)多くの亜種がある. 昼夜飛ぶ

12. サツマニシキ
35 ~40mm. 本~沖. 7 ~10月. ヤマモガシ(普通)昼飛性. 南西諸島は別亜種. 成虫はつかまえると胸部から泡を出す

13. ホタルガ
25 ~30mm. 全土. 6 ~9月. ハマヒサカキ, ヒサカキ(普通)昼飛性で食樹の近くをヒラヒラ飛び回る

14. オオモモブトスカシバ
15 ~20mm. 本~奄. 6 ~8月 カラスウリ(やや少)昼飛性. 幼虫は茎に潜入し瘤を作る

15. ゴマフボクトウ
♂20mm ♀35mm. 北 ~屋. 7 ~9月. コナラ, ツツジなどの幹に穿孔(普通)

16. ビロードハマキ
♂20mm ♀30mm. 本~屋 6月 9月. カエデ, アセビ, ツバキ(やや少)昼飛性

17. クロシオハマキ
♂10mm ♀15mm. 本~沖. 5 ~10月. ♀は♂よりはるかに大きい. クサギ, ヒメユズリハ(普通)

18. チャハマキ
♂12mm ♀18mm. 全土.3 ~11月. チャノキ, ミカン(普通)

19. スギハマキ
10mm. 本~屋.5 ~10月. スギ (普通)

20. チャノコカクモンハマキ
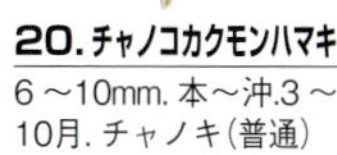
6 ~10mm. 本~沖.3 ~10月. チャノキ(普通)

21. オオハイジロハマキ
10 ~14mm. 北~九.4 ~5月(普通)

22. オオシロアシヒメハマキ
12mm. 本~沖.5 ~8月(普通)

23. オガタマヒメハマキ
17mm. 本 ~ 沖.3 ~10月. オガタマノキ(普通)

24. アシブトヒメハマキ
12mm. 本~沖.5 ~9月. マメ科, アラカシ(普通)

ミノムシのなかま

25. オオミノガ
♂17mm. 本~沖.5 ~6月. サクラなど各種(普通)この科の♀は無翅で一生蓑から出ない

ミノ
枝にぶらさがっていてゆれやすい. 葉を付ける.

26. チャミノガ
♂12mm. 本~九.6 ~7月. チャノキ, ヒサカキ(普通)

ミノ
枝に斜めに付いていてゆれない. 小枝を付ける.

27. クロツヤミノガ
♂12mm. 本~沖. 5 ~6月. ブナ, ニレ, バラ(普通)

オオミノガが消えた!
どこにでも普通にいたオオミノガが 1995年頃から少なくなり ,1997年には日本全国ほとんどいなくなった. これは外国から飛来したオオミノガヤドリバエというハエに寄生されたためで , その後少しずつ回復しているが九州ではまだ少ない.

ニジュウシトリバガ科［1］マドガ科［2〜5］メイガ科［6〜12］ツトガ科［13〜30］

メイガ科やツトガ科の幼虫は葉を巻いたり, 茎や実, 幹の中に浸入しているものが多い

1. マダラニジュウシトリバ
8mm. 北〜屋.6〜8月. スイカズラ(少)

2. アカジママドガ
9〜12mm. 北〜屋.4〜8月. クリ, ヤマママモ(普通)奄美大島産は別種アマミアカジママドガ

3. アミメマドガ
12mm. 本〜沖.5〜8月 カキ, ツバキ(やや少)

4. マダラマドガ
12mm. 本〜九. 4〜8月. アラカシ(普通)

5. マドガ
13〜17mm. 北〜九. 5〜8月 ボタンヅル(やや少)昼飛性.

6. ウスベニトガリメイガ
全土.5〜10月. 枯れ葉(普通)

7. ナカジロフトメイガ
14mm. 本〜九.6〜8月(やや少)

8. ナカムラサキフトメイガ
10mm. 北〜屋.5〜9月 枯れ葉.(普通)

9. アオフトメイガ
10〜15mm. 全土.6〜10月. クスノキ(普通)

10. トサカフトメイガ
18mm. 本〜沖.5〜10月 ヤマハゼ(普通)

11. マツノマダラメイガ
14mm. 北〜屋.7〜8月 マツ, スギ(普通)

12. ウスアカムラサキマダラメイガ
10mm. 本〜沖. 5〜9月. ボタンクサギ, オオバギ(普通)

13. シロスジツトガ
10mm. 北〜トカラ中之島.6〜9月(普通)

14. ツトガ
15mm. 全土. 6〜9月. イネ, シバ(普通)

15. スジグロミズメイガ
10mm. 奄美5月と8月.(やや少). ミズメイガの仲間は幼虫が水中に棲み水生植物を食べる.

16. カワゴケミズメイガ
14mm. 鹿児島県, 宮崎県.5〜11月. 天然記念物のカワゴケソウ(少)(鹿児島県準絶滅危惧種)

17. キオビミズメイガ
12mm. 北〜屋.5〜9月. 流水中のコケ(やや少)

18. コウセンポシロノメイガ
12mm. 屋〜沖.3〜9月. イヌビワ, アコウ(やや少)

19. モンキシロノメイガ
10mm. 本〜沖.5〜9月 クワ, イヌビワ(普通)

20. シロオビノメイガ
10mm. 全土.6〜12月 アカザ, ウリ科(普通)

21. クロスジノメイガ
12mm. 北〜屋.4〜10月 キブシ(普通)

22. ハグルマノメイガ
18mm. 九〜沖.5〜9月 トカラ〜沖. ゴンズイ, ショウベンノキ(普通)

23. モモノゴマダラノメイガ
12mm. 全土.5〜9月. モモ, クリ, リンゴなどの害虫アカメガシワ(普通)近似種にマツノゴマダラノメイガがいる

24. シロテンキノメイガ
10mm. 全土.4〜10月(普通)草地に多い

25. キバラノメイガ
20mm. 北〜屋.5〜9月 クズ(普通)葉を綴って中に棲む

26. オオキノメイガ
24mm. 全土.4〜11月. ヤナギポプラ(普通)

27. ヨツメノメイガ
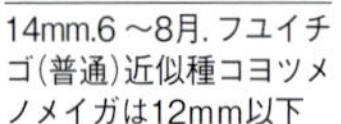
14mm.6〜8月. フユイチゴ(普通)近似種コヨツメノメイガは12mm以下

28. ハングロキノメイガ
14mm. 本〜沖.3〜10月. シイ(やや少)奄美以南では早春に大発生することがある

29. タイワンモンキノメイガ
14mm. 本〜九.5〜9月 ノブドウ(普通)

30. マエアカスカシノメイガ
16mm. 全土.4〜12月. イボタノキ, ネズミモチ(普通)

1. ツゲノメイガ
12mm. 全土.6～9月. ツゲ（やや少）

2. チビスカシノメイガ
12mm. 本～沖.5～10月. クワ, コウゾ（やや少）

3. ツマグロシロノメイガ
16mm. 本～屋.5～10月イボタノキ（普通）

4. マメノメイガ
12mm. 全土.4～11月マメ（普通）

5. チャモンキイロノメイガ
12mm. 九～沖. 5～9月. ガジュマル（やや少）

6. モンキクロノメイガ
12mm. 全土. 4～10月エビヅル（普通）

7. タケノメイガ
15mm. 本～沖.6～8月. タケ類（普通）

8. オビガ
27mm. 北～屋.6～11月. スイカズラ, タニワタリノキ（普通）

9. カイコ
18mm. 絹糸をとるために飼育され, 自然では生育できない. 成虫は飛べない. クワ

10. クワコ
17mm. 北～トカラ列島5～11月. クワ（やや少）

くさび形紋

幼虫 5

11. マツカレハ
♂25mm ♀35mm. マツ科（普通）奄美以南はオキナワマツカレハがいる

12. クヌギカレハ
♂33mm ♀50mm. 北～九.9～10月. クヌギ, モクタチバナ（普通）

13. ツガカレハ
♂30～37mm♀45mm. 北～九.8月. ツガ, モミ（普通）

14. カレハガ
♂25♀35mm. 本～屋.6～9月. サクラ, ヤナギ（やや少）

15. タケカレハ
♂20mm ♀25mm. 北～九.6～9月. タケ, ススキ（普通）

16. シンジュサン
70mm. 全土.5～9月. シンジュ, ニガキ, クスノキ, クロガネモチ. 葉を綴ってまゆを作る（やや少）

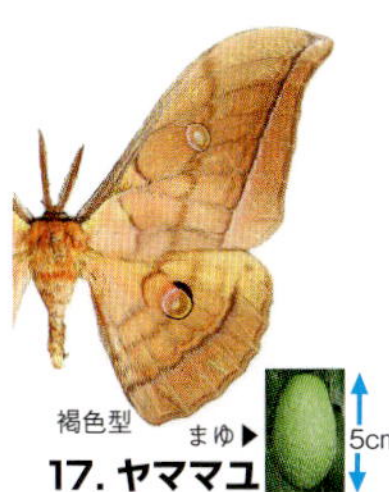

17. ヤママユ
80mm. 全土.8～10月. まゆからは淡緑色の絹糸ができるので天蚕といって飼育される. クヌギ, クリ, サクラ（普通）奄美以南は別亜種. 褐色型, 黄色型, 中間型などの変異がある

18. ヒメヤママユ
50mm. 北～屋.10～11月. サクラ, ガマズミ, クヌギ, ウツギ, カエデ（やや少）

19. クスサン
♂60mm ♀55mm. 全土.9～10月. 粗い網目状のまゆを作る. クスノキ, イチョウ, サクラ（普通）奄美以南は別亜種. 幼虫は白髪太郎と呼ばれる

20. オオミズアオ
60mm. 北～屋.4～9月. クヌギ, コナラ, サクラ（普通）屋久島産は別亜種. 近似種オナガミズアオは九州にもいるが少ない

21. ウスタビガ
♂45♀50mm. 北～九.10～11月. クヌギ, サクラ, カエデ（やや少）まゆは独特の形で「山かます」と呼ばれる

22. ハグルマヤママユ
43mm. 奄～沖.3～10月. ブドウ科, シマサルナシ（少）鹿児島県準絶滅危惧種

23. エゾヨツメ
♂35♀50mm. 北～九山地性.3～4月. コナラ, クリ, カシワ（少）

24. イボタガ
50mm. 北～屋.3～4月. イボタノキ, ネズミモチ, ヒイラギ, トネリコ（やや少）

スズメガ科［1～25］

スズメガ科の幼虫の特徴・・・イモムシと言われる幼虫でサツマイモやサトイモの害虫もいるが食草は多種. 体は円筒形で腹部の後ろに尾角という突起が1本ある

1. エビガラスズメ
45mm. 全土.5～10月. サツマイモ, フジマメ（普通）

2. シモフリスズメ
55mm. 本～沖.6～9月 スイカズラ, ゴマ（普通）

3. クロメンガタスズメ
55mm. 九～沖.6～10月. ナス科, ヒルガオ科（やや少）

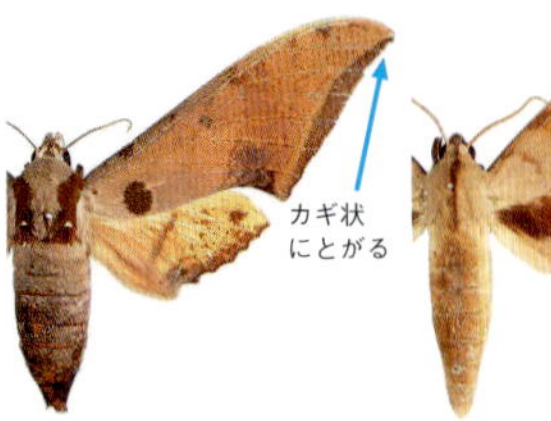

4. ホソバスズメ
45mm. 本～屋.6～9月. ヌルデ, クルミ, カエデ（やや少）

5. トビイロスズメ
55mm. 本～沖.6～9月 クズ, フジ（やや少）

6. クチバスズメ
55mm. 全土. 5～8月 クリ, クヌギ, コナラ（普通）

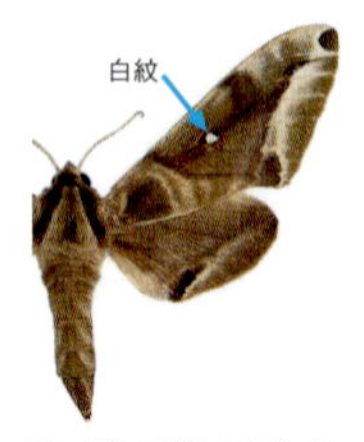

7. ギンボシスズメ
40mm. 本～沖.6～10月 コウゾ, カジノキ（やや少）

8. モモスズメ
45mm. 北～屋.5～8月 モモ, ウメ, サクラ（普通）

9. ウンモンスズメ
32mm. 北～九.4～8月. ハルニレ, マユミ（やや少）

10. ウチスズメ
40mm. 北～九.5～9月 ヤナギ, サクラ（やや少）

11. キョウチクトウスズメ
45mm. 本～沖.6～11月. キョウチクトウ, ニチニチソウ. 偶産蛾

12. ハネナガブドウスズメ
42mm. 全土.4～8月 ブドウ, ヤブカラシ（普通）

13. ブドウスズメ
38mm. 北～沖.5～9月 ブドウ, ヤブカラシ（普通）

14. クルマスズメ
42mm. 北～屋.6～9月 エビズル, ツタ（普通）

15. ベニスズメ
30mm. 全土.5～9月. オオマツヨイグサ, ホウセンカ（やや少）

16. キイロスズメ
45mm. 本～沖.5～10月. ヤマノイモ（普通）

17. コスズメ
30mm. 全土.4～9月 ヤブカラシ（普通）

18. セスジスズメ
33mm. 全土.6～9月 ヤブカラシ（普通）

19. サツマスズメ
35mm. 本～沖.6～9月 サトイモ, ツタ（やや少）

20. ビロードスズメ
28mm. 本～屋.5～8月. ツタ, ヤブカラシ, アカバナ科（普通）

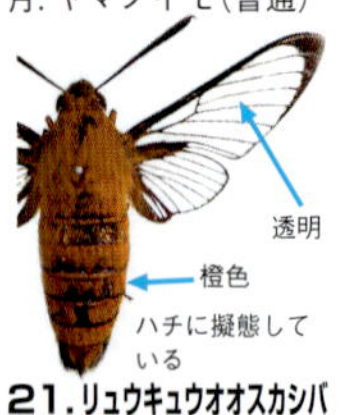

21. リュウキュウオオスカシバ
30mm. 四～沖.5～8月. クチナシ, ギョクシンカ（やや少）昼飛ぶ

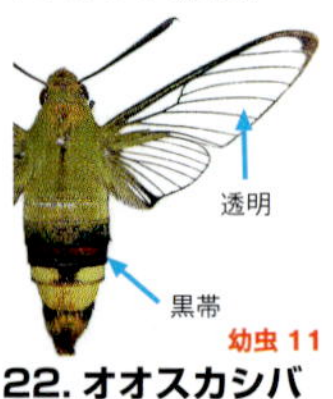

22. オオスカシバ
30mm. 本～沖.6～9月 クチナシ（普通）昼飛ぶ. 羽化直後はりん粉がついている

23. ホシホウジャク
22mm. 全 土.5～10月 ヘクソカズラ（普通）

24. クロホウジャク
28mm. 全土.5～9月 ユズリハ（普通）

25. フリッツエホウジャク
18mm. 本～沖.7～11月（普通）

1. イカリモンガ
19mm. 北～九.5～10月イノデ(やや少)昼飛ぶ. 山地性

2. アゲハモドキ
30mm. 北～九.6～9月. ミズキ(普通)

3. キンモンガ
16mm. 本～九.5～9月. リョウブ(やや少)昼飛ぶ, 山地に多い

4. マエキカギバ
14mm. 北～九.5～11月クヌギ(普通)

5. ヤマトカギバ
15mm. 本～九.5～10月コナラ(普通)

6. オオカギバ
33mm. 北～屋. 5～9月ウリノキ(少)

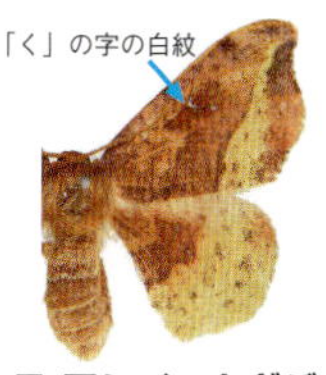

7. アシベニカギバ
17mm. 北～屋.6～10月. ガマズミ(普通)色彩斑紋に変異あり

8. オキナワカギバ
17mm. 四～沖.7～10月ハクサンボク(普通)

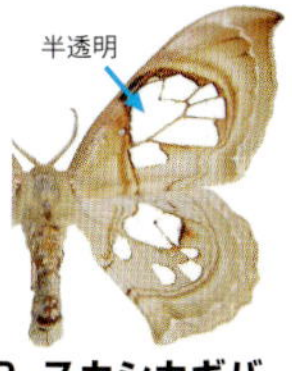

9. スカシカギバ
30mm.本～沖.7～10月シラカシ(普通)

10. アカウラカギバ
17mm. 本～沖.7～10月ユズリハ(普通)

11. ウスギヌカギバ
20mm.本～奄.5～11月. クヌギ(普通)

12. モンウスギヌカギバ
20mm.本～種子.7～10月.アラカシ(普通)

13. ギンモンカギバ
15mm♀20mm.北～九.6～10月.ヌルデ(普通)九州以南には近似種クロモンカギバがいる

14. オオギンモンカギバ
♂20mm ♀27mm. 本～沖.6～11月. イスノキ(普通)

15. ウコンカギバ
♂16mm ♀23mm. 全土5～11月. アラカシ(普通)近似種ヒメウコンカギバがいる

16. オオアヤトガリバ
24mm. 本～沖.4～10月. クサイチゴ(普通)

17. モントガリバ
17mm. 全土.5～9月. モミジイチゴ(普通)

18. カワムラトガリバ
17mm. 本～沖.3～4月アラカシ(普通)

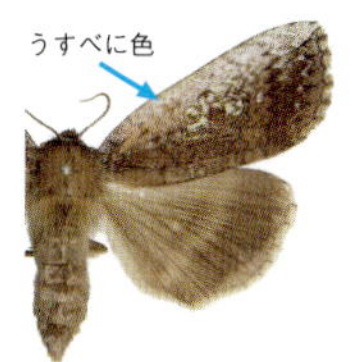

19. オオマエベニトガリバ
25mm. 北～九.5～9月サクラ(普通)

20. ギンモントガリバ
23mm. 北～九.5～9月(やや少)

21. キスジシロフタオ
12mm. 本～沖.7～8月ヒメユズリハ(普通)

22. カバイロフタオ
12mm. 本～屋.5～11月ヒメユズリハ(普通)

23. ハガタフタオ
14mm. 本～沖.4～8月ヒメユズリハ(普通)

24. クロオビシロフタオ
7mm. 北～屋.3～10月ガマズミ(普通)

25. アマミマルバネフタオ
10mm. 屋～沖.3～10月. アカミズキ(普通)

蛾の食べ物

ガもチョウも食べ物は同じで, ほとんどの幼虫は植物, 成虫はおもに花の蜜や樹液を吸う. 花の中にはマツヨイグサ(月見草)の仲間のように夜だけ開くものがあって, これは明らかにガをあてにして花粉を運んでもらう. 樹液を吸うガの種類も多く, とくに大型のヤガの仲間には, 熟した果物に口を差し込んで汁を吸い, 傷をつけたり, くさらせたりして農業に被害を与えるものがいる.

1. ギンツバメ
16mm. 北～九.5～10月. オオカモメヅル(少)昼飛ぶ

2. ヤクシマギンツバメ
18mm. 本～沖.6～8月(少)昼夜飛ぶ

3. ユウマダラエダシャク
23mm. 全土.4～10月. マサキ, ニシキギ(普通)

4. マエキシロエダシャク
17mm. 九～沖.6～7月 マメ科(やや少)

5. フタホシシロエダシャク
13mm. 北～屋.4～8月. サクラ, ナナカマド(普通)

6. バラシロエダシャク
13mm. 北～屋.4～9月 サクラ, モモ(普通)

7. ヤマトエダシャク
18mm. 本～沖.4～9月 クヌギ(普通)

8. クロミスジシロエダシャク
20mm. 本～沖.8～10月 エゴノキ(やや少)

9. キスジシロエダシャク
16mm. 本～屋.6～8月 ツバキ(やや少)

10. ナミスジシロエダシャク
16mm. 本～沖.5～7月 ツバキ(少)

11. マエキオエダシャク
13mm. 本～沖.4～9月 イヌツゲ, ソヨゴ(普通)

12. ハグルマエダシャク
15mm. 北～屋.5～9月 モチノキ(普通)

13. クロハグルマエダシャク
15mm. 全土.5～6月. イヌツゲ(やや少)

14. オオハグルマエダシャク
20mm. 奄～沖.3～5月. フウトウカズラ(やや少)

15. ウラキトガリエダシャク
18mm. 本～屋.6～10月(普通)

16. フタテンオエダシャク
15mm. 本～トカラ.4～10月. ネムノキ(普通)

17. ウスオエダシャク
12mm.全土.4～10月 マルバハギ(普通)

18. スカシエダシャク
25mm. 本～沖.4～10月. クスノキ(普通)

19. ツマジロエダシャク
25mm.本～沖.4～11月.クスノキ(普通)黒化型は沖縄に生息し3～10月(少)

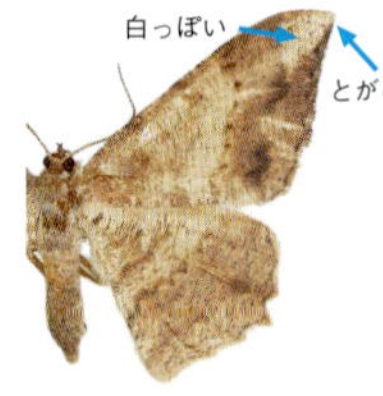

20. トビカギバエダシャク
20mm. 全土.6～10月(やや少)

21. キオビエダシャク
30mm. 九～沖.3～11月 イヌマキ(普通)昼飛ぶ

22. トンボエダシャク
38mm.北～屋.5～6月.バイカウツギ,ツルウメモドキ(普通)昼飛ぶ.近似種にヒロオビトンボエダシャクがいる

23. ウメエダシャク
23mm.北～九.6月.ウメ,サクラ,コナラ,エゴノキ(普通)昼飛ぶ.

24. キオビゴマダラエダシャク
35mm. 本～九.5～8月. ヌルデ, コナラ, クルミ(普通)

25. オオゴマダラエダシャク
40mm. 本～屋.4～9月 カキノキ(普通)

1. クロフオオシロエダシャク
30mm. 本～沖.4～8月
シキミ（普通）

2. クロフシロエダシャク
20mm. 本～奄.4～8月
（普通）

3. チャノウンモンエダシャク
20mm. 本～沖.5～10月. コナラ, サクラ, チャ（普通）

4. クロクモエダシャク
25mm. 北～奄.4～11月. ヒノキ（普通）

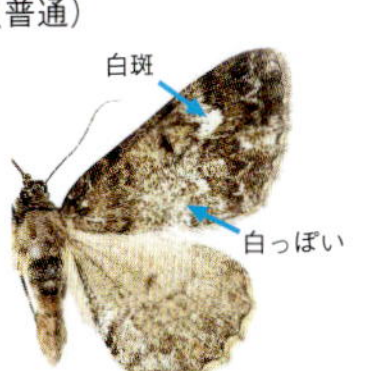

5. ナカウスエダシャク
18mm. 北～奄.4～10月. バラ科, ブナ科など広食性（普通）

6. シロテンエダシャク
18mm. 北～屋.4～5月. ウラジロガシ, クリ（普通）色彩斑紋には変異がある. 奄美にはアマミシロテンエダシャクがいる

7. フタヤマエダシャク
20mm. 北～屋.5～10月. アカマツ（普通）

8. マツオオエダシャク
18～21mm. 北～屋.4～10月. マツ, ミヤマキリシマ, コナラ（普通）

9. ハミスジエダシャク
25mm. 北 ～ 屋.5 ～10月. ミズキ, コナラ（普通）

10. リンゴツノエダシャク
35mm. 北 ～ 奄.5 ～8月. コナラ, クサギ, ヤナギ（普通）

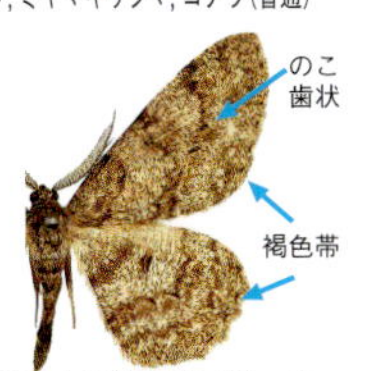

11. ウスバミスジエダシャク
23mm. 北～屋.3 ～8月. ヤナギ, コナラ, ケヤキ, ヤマモミジ（やや少）

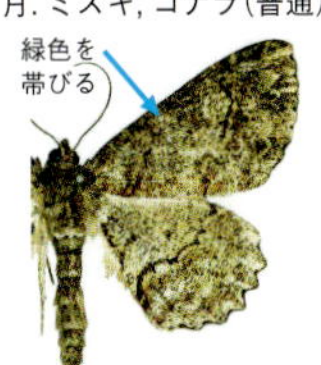

12. ヒロバウスアオエダシャク
23mm. 本～九.6 ～10月. ウバメガシ（普通）

似ている蛾―ここが違う

13. ヤクシマフトスジエダシャク
20mm. 本～沖.4～9月. バラ（普通）

14. リュウキュウフトスジエダシャク
20mm. 本～沖. 不詳. メヒルギ（普通）

15. フトスジエダシャク
20mm. 本～沖.5～9月. センダン（普通）

16. ヨモギエダシャク
22mm. 北～奄.5 ～10月. ヨモギ, フジ, ノイバラ（普通）

蛾類のオスとメスの見分け方

触角の大きさで
タケカレハ
♂

♀

♂が大きい

腹部の大きさで
マエグロマイマイ
♂

♀

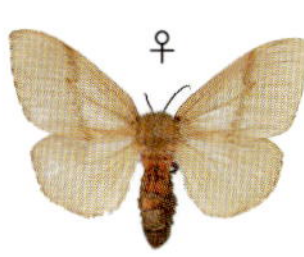

♀が大きい

羽の形で
オオミズアオ
♂

♀

♀が丸い

羽の色で
ヤクシマフトスジエダシャク
♂

♀

♀が淡い

翅刺（しし）の数で
後翅裏面の付け根から出ているトゲ状のもので前翅に引っ掛かるようになっている

シロヒトリの例

♂

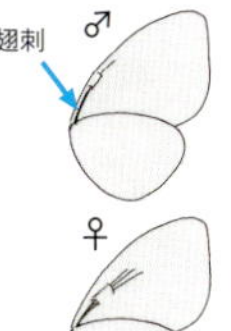

♀

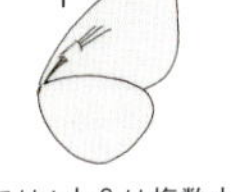

♂は1本♀は複数本

1.チャマダラエダシャク
40mm. 北～九.7～8月 クロモジ(やや少)

2. オオツバメエダシャク
45mm. 本～沖.4 ～6月. クスノキ, サネカズラ(やや少)♀は♂に比べて色が明るく白斑が発達しない

3. ヒロオビオオエダシャク
40mm. 北～屋.6～9月 ダンコウバイ(普通)

4. アミメオオエダシャク
35mm. 北～九.4～9月(やや少)

5. オオトビスジエダシャク
25mm. 全土.3～11月 イチョウ, アヤメ(普通)

6. ホシミスジエダシャク
25mm. 本～沖.3～11月. シロダモ, アオダモ(普通)

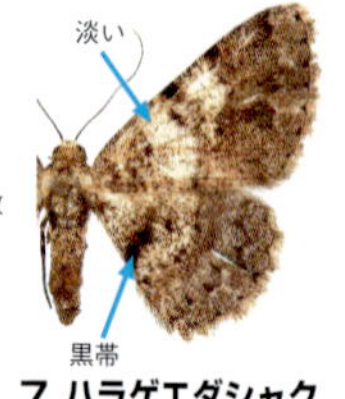

7. ハラゲエダシャク
13mm. 九 ～ 屋.2～8月 コナラ, クヌギ(やや少)

8. キマダラツバメエダシャク
35mm. 全土.4 ～9月. ノブドウ(やや少)

9. ミヤマツバメエダシャク
27mm. 本～九.5～10月. ミズタマソウ(やや少)

10. クロズエダシャク
25mm. 本～沖.3 ～4月. ブナ科 カバノキ科(やや少)

11. トビモンオオエダシャク
35mm. 全土.2 ～4月. サクラ, アラカシ(普通)奄美以南は別亜種

12. ウスイロオオエダシャク
♂30mm ♀35mm. 北～屋.4～9月. マサキ, ツルウメモドキ(普通)♀は♂より大型で色が淡い

13. アトジロエダシャク
21mm. 北～屋.3 ～4月. コナラ, クヌギ, バラ(普通)

14. ニッコウエダシャク
25mm. 北～屋.4 ～5月. ミズナラ, アラカシ, モミジ(普通)

15. ハスオビエダシャク
24mm. 本～屋.4 ～5月. クヌギ, バラ, ツバキ(普通)

16. ナンカイキイロエダシャク
22mm. 四～沖.3 ～6月. アカメガシワ, ハマセンダン(普通)近似種にキイロエダシャクがいる

17. サラサエダシャク
15mm. 北～九.5～8月 コナラ, キブシ(やや少)

18. ウスクモエダシャク
20mm. 北～奄.4~9月ブナ, タデ, クスノキ(普通)近似種にハルタウスクモエダシャクがいる

19. オオマエキトビエダシャク
17mm. 本～沖.5～9月 モチノキ(普通)

20. エグリヅマエダシャク
25mm. 本～奄.3 ～11月. チャノキ, ブナ, バラ, ツバキ(普通)

21. モンシロツマキリエダシャク
20mm. 全土. 4～6月 ヤナギ, クワ, バラ(普通)

22. ミスジツマキリエダシャク
18mm. 北～トカラ.4～8月. マツ, スギ(普通)

23. キエダシャク
18mm. 本～九.5～7月 ノイバラ(やや少)

24. ミミモンエダシャク
16mm. 北 ～ 九.4 ～8月. オヒョウ, ハルニレ(やや少)

1. ミカンコエダシャク
28mm. 奄~沖. 不詳
ミカン類(普通)

2. ツマキリウスキエダシャク
18mm. 本~沖.4~10月
エゴノキ(普通)

3. エグリエダシャク
17mm. 本~沖.5~9月
タブノキ(普通)

4. キバラエダシャク
16mm. 北~九.7~10月. イチゴ, ツツジ(普通)

5. モミジツマキリエダシャク
16mm. 本~九.4~7月
モミジ, クマシデ(やや少)

黒線
直線的

6. アカネエダシャク
12mm. 本~九.5~6月
ハマニンドウ(普通)

7. ウラベニエダシャク
12mm. 全土.4~10月. スイカズラ(普通)

8. ウコンエダシャク
13mm. 全土.4~9月. シロダモ, ダブノキ(普通)

9. ウスキツバメエダシャク
23~30mm. 全土.4~11月. コナラ, マツ(普通)

10. ハスオビトガリシャク
25mm. 本~屋.5~8月
ヤマモガシ(普通)

11. スジモンフユシャク
15mm. 本~九. 2~3月モミ(普通)以下2種のフユシャクの♀は羽が退化している. 体長8mm

12. クロテンフユシャク
15mm. 北~九.12~3月
クルミ, カエデ(普通)

波状

13. ウスアオアヤシャク
20mm. 本~屋.6~7月
(やや少)

14. タイワンアヤシャク
18mm. 屋~沖.7~11月. サネカズラ, アカメガシワ(普通)

15. ウスアオシャク
22mm. 北~奄.5~9月
クロモジ(普通)

16. アシブトチズモンアオシャク
18mm. 本~屋.4~9月
テイカカズラ(やや少)

17. カギバアオシャク
35mm. 本~沖.5~10月. クヌギ(普通)

18. クスアオシャク
16mm. 本~沖.4~10月. クスノキ(普通)

19. ヒメツバメアオシャク
15mm. 本~沖.2~10月
ウバメガシ(普通)

20. ヨツモンマエジロアオシャク
11mm. 本~沖. 5~10月. イヌマキ(普通)

21. コヨツメアオシャク
8mm. 全土.5~10月. ズミ, ネズミモチ(普通)

22. ベニスジヒメシャク
14mm. 本~屋.5~7月
ミゾソバ(普通)

23. マエキヒメシャク
10mm. 北~九.5~7月
スイカズラ(普通)

24. ギンバネヒメシャク
12mm. 本~沖.5~10月(普通)

25. シモフリシロヒメシャク
12mm. 九~沖. 4~10月(普通)

26. シタコバネナミシャク
15mm. 北~九.3~4月
イタヤカエデ(やや少)

27. トビスジヒメナミシャク
10mm. 全土.3~10月
ギシギシ(普通)

28. ツマキシロナミシャク
20mm. 北~屋.6~7月
サルナシ(やや少)

29. ナミガタシロナミシャク
20mm. 本~屋.5~6月ナツヅタ(やや少)奄美大島, 徳之島には近似種フトシロオビナミシャクがいる

1.キマダラオオナミシャク
28mm. 北～奄.7～8月
マタタビ, イワガラミ（普通）

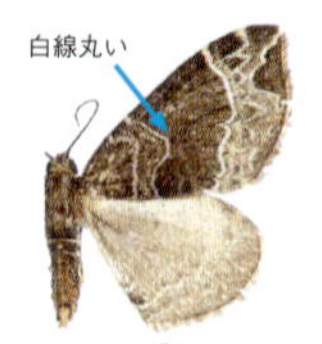

2.オオハガタナミシャク
15mm. 全 土.3～10月
ノブドウ, ツタ（普通）

3.キガシラオオナミシャク
30mm. 北～九.6～7月
サルナシ（やや少）

4.ビロードナミシャク
22mm. 北～トカラ.6～11月. ヤマアジサイ（普通）

5.ナカジロナミシャク
20mm. 全土.4～10月. センニンソウ（やや少）奄美以南は別亜種

6.アカモンコナミシャク
8mm. 本～九.4～5月
クワ（少）

7.マエテンカバナミシャク
10mm. 本～屋.3月（やや少）

8.ケブカチビナミシャク
6mm. 全土.3～10月
センニンソウ（普通）

9.クロスジアオナミシャク
5mm. 北～屋.4～7月
イタドリ（普通）

10.アマミアオナミシャク
5mm. 対馬, 屋～沖.3～5月（やや少）

11.ギンモンスズメモドキ
32mm. 北～九.5～8月
カエデ類（普通）

12.シャチホコガ
25mm. 北～屋.4～9月
フジ, クヌギ, サクラ（普通）

13.テイキチシャチホコ
30mm. 南九州～屋.3～10月. クヌギ（やや少）

14.アオシャチホコ
23mm. 本～九.3～10月. エゴノキ（やや少）

15.オオアオシャチホコ
25mm. 北～奄.4～9月
エゴノキ（普通）

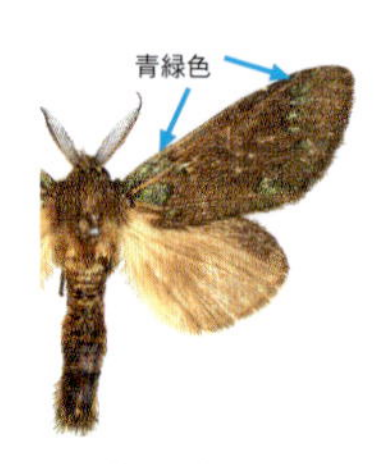

16.ナチアオシャチホコ
25～30mm. 本～沖.3～8月（少）

17.アマミアオシャチホコ
27mm. 奄 美.3～8月
イスノキ（普通）

18.バイバラシロシャチホコ
15～18mm. 北～九. オニグルミ, クマシデ（普通）

19.タッタカモクメシャチホコ
37mm. 本～沖.4～8月
ヤナギ（普通）

20.ホソバシャチホコ
23mm. 北～屋.5～9月
コナラ, クヌギ（普通）

21.クロシタシャチホコ
25mm. 本～沖.5～9月
ツバキ（普通）

22.ホソバネグロシャチホコ
20mm. 本～沖. 不詳
ヒサカキ（やや少）

23.オオネグロシャチホコ
23mm. 本～屋.7～8月
ヒメシャラ（やや少）

24.モンクロシャチホコ
20mm. 北～九.7～9月
サクラ, コナラ（普通）

25.ヘリスジシャチホコ
25mm. 本～九.6～9月
サクラ, クリ（普通）

1. ツマキシャチホコ
30mm. 北～九.6～8月
ミズナラ, コナラ（普通）

黒い
狭い

2. クロツマキシャチホコ
30mm. 本～沖.7～9月. ウバメガシ, コナラ（普通）
成虫は静止すると枯れ枝そっくりで見つけにくい

3. アオバシャチホコ
30mm. 北～九.5～9月
ヤマボウシ（普通）

4. クビワシャチホコ
23mm. 北～屋.5～9月
カエデ（普通）

5. セダカシャチホコ
40mm. 全土.5～9月
クヌギ, コナラ（普通）

6. ウスキシャチホコ
23mm. 北～九.5 ～8月
ササ, ススキ（普通）

7. ヤスジシャチホコ
23mm. 北～九.5～9月
ハリギリ（普通）

8. タカオシャチホコ
22mm. 北～トカラ.6 ～7月. エノキ（やや少）

長い白斑

9. ツマジロシャチホコ
23mm. 北～屋.5～9月
クヌギ, コナラ（やや少）

10. クシヒゲシャチホコ
18mm. 北～九.11～12月.カエデ,クマシデ（普通）

11. ウスイロギンモンシャチホコ
17mm. 北～九.5～9月
クヌギ, コナラ（やや少）

12. オオエグリシャチホコ
27mm. 北～九.4～9月
フジ, ハギ（やや少）

13. リンゴドクガ
♂20mm ♀30mm. 北～屋.4 ～8月. サクラ, クヌギ（やや少）

14. アカヒゲドクガ
♂23mm ♀30mm. 全土 4～9月. クヌギ, コナラ（やや少）

15. シタキドクガ
♂23mm ♀35mm. 本～沖.5～9月. クヌギ, アベマキ（普通）

♂ ♀

淡色

16. ヤクシマドクガ
♂15mm ♀18mm. 本～沖.6 ～10月. イジュ, ヤマモモ（やや少）雌雄で色彩, 大きさが異なる

♂ ♀

17. シロオビドクガ
♂30mm ♀35mm. 北～九.6 ～9月. イヌシデ（普通）
屋久島は別亜種

18. スゲオオドクガ
♂15mm♀22mm.本～九.6～9月.イネ科（やや少）

♂ ♀

19. シロシタマイマイ
♂25mm ♀40mm. 全土.6 ～8月. ブナ, バラ（普通）昼夜飛ぶが, とくに♂は昼間に♀のまわりを飛び回るところから「舞い舞い蛾」と名づけられた

♂ ♀

20. カシワマイマイ
♂20mm ♀45mm. 全土.7月. カシワ, サクラ（やや少）

21. ノンネマイマイ
20mm. 北～屋.7～8月.
クヌギ, アカマツ（やや少）

1. ミノオマイマイ(ミノモマイマイ)
♂20mm♀35mm.本~沖.7~8月.アラカシ(やや少).徳之島,沖縄は別亜種

2. マエグロマイマイ
♂25mm ♀40mm. 本~沖.7月. サカキ, アカギ(やや少)

3. ブドウドクガ
20mm.北~屋.7~10月ノブドウ,リョウブ(やや少)

4. モンシロドクガ
15mm.北~九.6~9月.ウメ,サクラ, コナラ(普通).刺す

5. ドクガ
20mm.北~九.6~8月.サクラ,コナラ,カキノキ(普通).刺す

6. ゴマフリドクガ
11~15mm.本~沖.4~10月.サクラ,ヒサカキ(普通).刺す

幼虫 17

7. チャドクガ
12mm. 本~九.7~11月. ツバキ, サザンカ(普通)刺す

8. ムジホソバ
16mm.北~九.6~9月
地衣類.(普通)

9. ヒメキホソバ
13mm. 北~屋.5 ~8月
地衣類(普通)

10. ルリモンホソバ
25mm. 九州南部~沖.6~10月. 地衣類(やや少)

♂ ♀

11. ツマキホソバ
17mm. 本~沖.5~9月. 地衣類(普通)

♂

♀

12. キベリネズミホソバ
13mm. 北~九.6 ~9月. 地衣類, タニウツギ(普通)

13. クビワウスグロホソバ
20mm. 北~九.6 ~7月
地衣類(やや少)

♂ ♀

14. マエグロホソバ
♂16mm ♀18mm. 北~屋.6 ~10月. 地衣類(普通)♀はヨツボシホソバ♀に似るが小さい

♂ ♀

マエグロホソバ♀に似るがはるかに大きい

15. ヨツボシホソバ
♂18mm ♀25mm. 北~屋.6~9月. 地衣類, アラカシ(普通)

16. アカスジシロコケガ
15mm. 全土.5 ~9月
地衣類(普通)

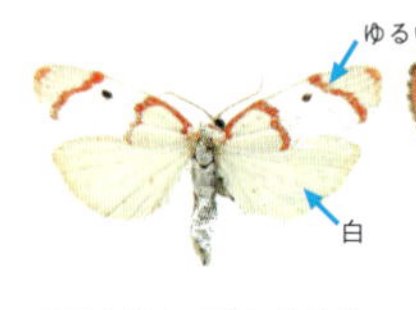

17. ヒトテンアカスジコケガ
12mm. 九~沖.5 ~9月
地衣類(普通)

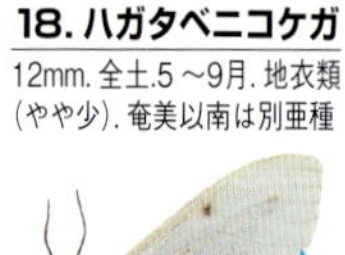

18. ハガタベニコケガ
12mm. 全土.5 ~9月. 地衣類(やや少). 奄美以南は別亜種

19. ベニヘリコケガ
11mm. 北~屋.5 ~9月
地衣類(やや少)

20. ハガタキコケガ
10mm. 北~屋.6~10月. 地衣類, フジ(普通)

21. スジベニコケガ
♂15mm ♀22mm. 北~屋.4~10月. 地衣類(普通)

黒条

22. スジモンヒトリ
20mm.全土.3~10月
クワ,ケヤキ(普通)

やや半透明

23. カクモンヒトリ
20mm.全土.6~10月.クワ,サクラ(普通)

赤

24. アカハラゴマダラヒトリ
18mm. 北~屋.4~9月
クワ, ミズキ(普通)

25. キハラゴマダラヒトリ
15mm. 北~屋.3~10月. クワ, サクラ(普通)

26. ハイイロヒトリ
20mm. 屋~沖.4~10月. ヤブカラシ, ヤマノイモ(普通)

1. クワゴマダラヒトリ
♂20mm ♀28mm. 北～屋.6 ～9月. クワ, コナラ, サクラ, ゼンマイなど広食性（普通）

2. シロヒトリ
35mm. 北 ～ 九.7～9月 スイバ, タンポポ（普通）

3. モンシロモドキ
25mm.本～沖.3～11月. スイゼンジナ（普通）昼飛ぶ

4. キハラモンシロモドキ
23mm. 種～沖.5 ～8月（やや少）昼飛ぶ

5. カノコガ
13mm. 北～九.6 ～9月. タンポポ, トクサ（やや少）昼飛性

6. キイロヒトリモドキ
30mm. 奄～沖.7 ～8月. ガジュマル, イヌビワ, オオイタビ（普通）

7. シロスジヒトリモドキ
30mm. 奄～沖.6 ～7月 イヌビワ（普通）

8. ホシヒトリモドキ
30mm. 屋～沖.4 ～10月. ガジュマル, アコウ（普通）

9. イチジクヒトリモドキ
25mm. 本～沖.4 ～10月. ガジュマル, イヌビワ, オオイタビ（やや少）北に分布を広げている

10. イナズマコブガ
10mm. 本～沖.5 ～9月 イタジイ（普通）

11. ソトジロコブガ
8mm. 本～沖.3 ～12月（やや少）

12. ナミコブガ
10mm. 北～屋.6 ～9月 リョウブ, ツツジ（普通）

13. カバシタリンガ
14mm. 屋～沖.2～10月（普通）

14. アカマエアオリンガ
10mm. 北～九.5～9月 ヤナギ（やや少）

15. アオスジアオリンガ
16mm. 北～九.5～9月 クヌギ,ミズナラ（普通）

16. アカスジアオリンガ
16mm. 北～九.3～6月 クヌギ（やや少）

17. ツクシアオリンガ
16mm. 本～九.7 ～10月. マテバシイ（普通）

18. ミドリリンガ
20mm. 本～屋.7～9月 アラカシ（やや少）

19. シンジュキノカワガ
35mm. 北 ～ 九.7 ～11月. シンジュ（少）局地的

20. キノカワガ
18mm.本～沖.6～10月 カキノキ,サクラ（普通）

21. リュウキュウキノカワガ
15mm. 本～沖.4～9月 ヤマモモ（普通）

22. ナンキンキノカワガ
25mm. 本～九.7 ～9月. ナンキンハゼ（普通）♂♀で色が異なる

23. マルバネキシタケンモン
25mm. 本～九.6 ～9月 イチイガシ（やや少）

24. ウスベリケンモン
22mm. 北～九.5～9月 クマザサ（普通）

1. シマケンモン
17mm. 本～沖.4～9月
ネズミモチ（普通）

2. アミメケンモン
15mm.本～九.3～10月（普通）奄美以南にはムラサキアミメケンモンがいる

3. ホソバミツモンケンモン
15mm. 本～九.6～8月
ネコノチチ（まれ）. 鹿児島県準絶滅危惧種

4. ナシケンモン
17mm.北～屋.4～10月
ギシギシ,サクラ（普通）

5. アサケンモン
20mm. 本～沖.6～9月
グミ（やや少）

6. フジロアツバ
15mm. 本～屋.5～9月
枯れ葉（普通）

7. ソトウスグロアツバ
13mm. 本～沖.5～9月
モモ, コナラ（普通）

8. マルシラホシアツバ
25mm. 本～屋, 5～9月（普通）

9. オオアカマエアツバ
14～16mm, 北～奄, 5～9月. 枯葉, アラカシ（普通）

10. リュウキュウアカマエアツバ
13mm. 本～沖, 3～10月. 枯葉（普通）

11. オオシラナミアツバ
11mm. 本～沖.5～11月. 枯葉（普通）

12. マエキトガリアツバ
25mm. 本～屋.3～10月（普通）♀は前翅前縁が黄色で別種のように見える

13. テングアツバ
25mm. 本～九.3～7月. アワブキ（やや少）♂♀ともに下唇鬚が長く前に伸びている

14. クロキシタアツバ
13mm. 北～屋.5～10月. カラムシ（普通）

15. ヤマガタアツバ
15mm. 本～九.5～7月
ウツギ（普通）

16. ホシムラサキアツバ
15mm. 北～九.5～8月
ツツジ（普通）

17. ソトハガタアツバ
9mm. 本～沖.3～11月
（普通）

18. ムラサキツマキリアツバ
15mm. 北～屋.5～8月
スイカズラ（普通）

19. ナンキシマアツバ
15mm. 本～屋.6～7月
（普通）

20. ニジオビベニアツバ
13mm. 本～沖.5～9月
イヌビワ（やや少）

21. フサヤガ
17mm.北～屋.6～10月
ヤマハゼ,クヌギ（普通）

22. コフサヤガ
15mm. 全土.6～10月. ヤマウルシ, クヌギ（やや少）

23. キシタバ
35mm. 本～九.7～8月
フジ, クヌギ（やや少）

24. コガタキシタバ
26mm. 北～九.6～8月
ハギ, クヌギ（やや少）

1. ゴマシオキシタバ
28mm. 北～九.8～9月
ブナ,イヌブナ(やや少)

2. アミメキシタバ
26mm. 本～九.8～9月
アラカシ,クヌギ(やや少)

3. アマミキシタバ
30mm. 屋～沖.4 ～7月
(やや少)

4. エゾシロシタバ
25mm. 北～九.8～9月
ミズナラ,カシワ(やや少)

5. ヒメシロシタバ
25mm. 北～九.8 ～9月
カシワ(局所的)

6. クロモンシタバ
34mm. 本～沖.5～10月. バンジロウ, ヌルデ(少)土着は不明だが採集例が増えている

7. アシブトクチバ
23mm. 本～沖.5 ～10月
ザクロ, イイギリ(普通)

8. オキナワアシブトクチバ
23mm. 本 ～沖.4 ～10
月(普通)

9. ナタモンアシブトクチバ
22mm. 奄～沖. 不詳. オオシマコバンノキ(やや少)

10. ナカグロクチバ
22mm.九～沖.6～10月
コミカンソウ(やや少)

11. サンカククチバ
20mm. 本～沖.8 ～10月
ヤハズソウ(やや少)

12. オオウンモンクチバ
25mm. 本～沖.5 ～9月
クズ, フジ(普通)

13. クロスジユミモンクチバ
20mm. 本 ～ 沖.5～10
月イネ科(普通)

14. モンムラサキクチバ
25mm. 北～九.5～9月
マメ科(普通)

15. モンシロムラサキクチバ
23mm. 本～九.4～8月
ボタンヅル(普通)

16. ベニモンコノハ
60mm.九州南部以南.7～8月
(まれ)鹿児島県準絶滅危惧種

17. ムクゲコノハ
40mm.全土.6～11月
クルミ,コナラ(普通)

18. アケビコノハ
47mm. 全土.6 ～9月. アケビ, メギ(普通)成虫は熟果に傷を付けて吸汁する

19. ヒメアケビコノハ
43mm. 本～沖.4 ～11月. アオツヅラフジ(やや少)♂と♀で前翅の模様が異なる. 成虫は熟果に傷を付けて吸汁する

20. キマエコノハ
43mm. 屋～沖.7～11月ツヅラフジ?(少)ベトナムの切手になる美麗種だが, 熟果に傷をつける害虫

21. オオエグリバ
25mm. 本～九.7～9月
ツヅラフジ(普通)

22. アカエグリバ
25mm.本～屋.3～12月.アオツヅラフジ(普通)成虫は熟果から吸汁する

23. アカキリバ
15mm.全土.6～11月.クサイチゴ,クヌギ(普通)

24. オキナワオオアカキリバ
24mm. 屋～沖.3 ～10月
ムクゲ, フヨウ(やや少)

25. フクラスズメ
35mm. 全土.6～9月. イラクサ, カラムシ(普通)

1. オスグロトモエ
35mm. 本～九.4～9月. ネムノキ, アカシア(普通)季節型がある

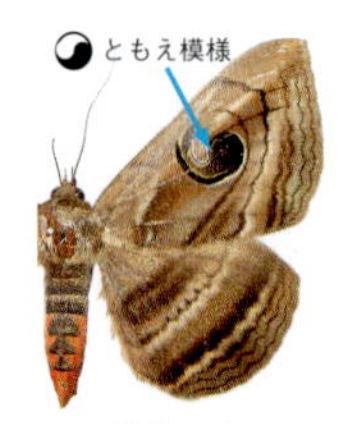

2. ハグルマトモエ
30mm. 本～沖.5～9月
ネムノキ(普通)

3. オオトモエ
45mm. 本～沖.5～9月
サルトリイバラ(普通)

4. シロスジトモエ
30mm. 北～屋.4～8月
サルトリイバラ(普通)

5. カキバトモエ
36mm. 本～九.5～9月.
ネムノキ, フジ(やや少)

6. ツキワクチバ
35mm. 全 土.6～9月
アラカシ(普通)

7. オオルリオビクチバ
♂40mm ♀45mm. 本～沖.6～8月. モクタチバナ？(少)飛来種だが九州では毎年数頭が記録される

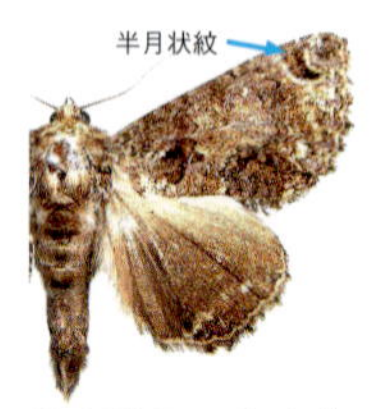

8. アカテンクチバ
18mm. 全土.4～9月. クズ, フジ(普通)

9. ハガタクチバ
24mm. 全 土.4～11月
(普通)個体異変がある

10. オオシロテンクチバ
23mm. 本～沖.5～10月. キイチゴ, アカラシ(やや少)

11. ウスムラサキクチバ
20mm. 本～沖.4～10月. クマヤナギ(普通)奄美以南にはホソバウスムラサキクチバがいる

幼虫 21
12. ナカジロシタバ
15mm. 本～沖.6～11月. サツマイモ, アサガオ(普通)農業害虫

13. ウスグロクチバ
20mm. 本～沖.7～9月. カゴノキ, タブノキ, ヤブニッケイ(普通)

14. シャクドウクチバ
20mm. 本～屋.4～8月
テイカカズラ(普通)

15. エゾギクキンウワバ
16mm.全土.7～11月.キク科,ヒルガオ科(普通)

16. ニシキキンウワバ
17mm. 本～沖.7～10月
ゴボウ, ニンジン(やや少)

17. ミツモンキンウワバ
16mm.全土.6～9月.ニンジン,ミゾソバ(普通)

18. イチジクキンウワバ
16mm.全土.7～11月. イチゴ, ゴボウ(普通)

19. タイワンキシタクチバ
20mm. 全土.4～9月. クヌギ, カキノキ(普通)飛来種

20. ヒメオビコヤガ
9mm. 本～屋.5～8月
(普通)

21. ヒメネジロコヤガ
8mm. 本～屋.6～9月
(普通)

22. ネジロコヤガ
8mm. 本～九.5～9月
(普通)

23. シロフコヤガ
12mm. 北～九.4～8月
ヌマガヤ(普通)

24. ウスアオモンコヤガ
10mm. 全土.7～10月
アラカシ(普通)

25. フタトガリアオイガ
20mm. 本～沖.5～9月
ムクゲ, フヨウ(普通)

1. オオシマカラスヨトウ
26mm. 本～屋.7 ～10月. コナラ, ヤナギ(普通)次種との違いに注意

2. ナンカイカラスヨトウ
30mm. 本～沖. 不詳. アベマキ(普通)九州以南では本種が多い

3. オオホシミミヨトウ
14mm. 本～沖.8 ～9月 キク科, セリ科(普通)

4. オオタバコガ
16mm.全土.8～9月.タバコ,トマト, マメなど広食性(普通)

5. ムラサキツマキリヨトウ
15mm. 全土.5～8月 ツルシノブ(普通)

6. マダラツマキリヨトウ
15mm. 全土.6 ～8月. シダ類(普通) 近似種にミナミツマキリヨトウがいる

7. ナカウスツマキリヨトウ
14mm. 九～沖.7～10月. イシカグマ(普通)

8. シロスジツマキリヨトウ
13mm. 北～九.5～11月 イワヒバ(やや少)

9. キスジツマキリヨトウ
13mm. 本～奄.5～9月 イノモトソウ(やや少)

10. ヨトウガ
20mm.北～屋.4～10月 アブラナ,キク,マメ(普通)

11. シロシタヨトウ
20mm.北～九.5～10月 キク,マメ(普通)

12. キミャクヨトウ
23mm.本～沖.6月.カラスウリ(普通)

13. フタスジヨトウ
15mm. 本～九.5 ～10月. ヒノキ(普通)

14. ケンモンキリガ
17mm. 北～屋.4～5月 ヒノキ(やや少)

15. マツキリガ
18mm. 本～屋.2～5月 マツ,ヒマラヤスギ(普通)

16. スギタニキリガ
26mm. 北～屋.3 ～4月 コナラ, サクラ(やや少)

17. クロテンキリガ
15mm. 本～沖.3～4月 タブノキ, エノキ(普通)

18. キンイロキリガ
20mm. 北～九. 3 ～4月. ブナ科, バラ科(やや少)

19. フタオビキヨトウ
20mm. 北～九.5～9月 ジュズダマ(普通)

20. クロシタキヨトウ
20mm. 北～九.5～10月(普通)

21. オオノコバヨトウ
25mm.本～沖.5～9月 ミカン類(普通)

22. オオバコヤガ
20mm. 全土.5～11月. ギシギシ, イヌタデ(普通)

23. フタテンキヨトウ
16mm. 北～九.4～9月(普通)

24. スジグロキヨトウ
14mm.本～沖.5～10月 エノコログサ(普通)

1.マメチャイロキヨトウ
13mm. 本～沖.4～12月. カモジグサ(普通)

2.アワヨトウ
19mm. 全土.5～10月. イネ, アワ(普通). 害虫で中国などから長距離移動して飛来する

3.アカスジキヨトウ
15mm. 北～九.5 ～9月 ヨシ, ススキ(普通)

4.スジシロキヨトウ
17mm. 本～沖.5～11月. ジュズダマ(普通)

5.アマミキヨトウ
13mm. 屋～徳之島.7～11月(普通)

6.ハネナガモクメキリガ
♂22mm♀25mm.本～沖.11～4月.カシ,サクラ(やや少)

7.チャマダラキリガ
16mm.本～沖.10～11月.カシ(普通)色彩斑紋に変異が多い

8.クロチャマダラキリガ
16mm.本～沖.10～11月 アラカシ,アカガシ(普通)

9.テンスジキリガ
17mm.北～九.3月, 10月(普通)

10.キトガリキリガ
15mm.北～九.10～11月.サクラ(やや少)

11.コマエアカシロヨトウ
14mm. 北～九.6～9月(やや少)

12 ハジマヨトウ
20mm.本～沖.7～8月.モウソウチク,マダケ(普通)

13.ショウブヨトウ
15mm.北～屋.6～10月(普通)

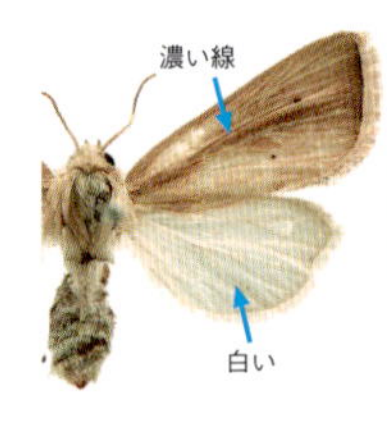

14.イネヨトウ
13mm. 本～沖.5 ～9月. イネ, トウモロコシ(やや少). 1年に2～3回発生する害虫

15.シロホシキシタヨトウ
18mm. 本～九.7～10月. タケ, ササ(普通)

16.アカガネヨトウ
14mm. 北～屋.4～9月 ダイズ, ギシギシ(普通)

17.マエグロシラオビアカガネヨトウ
17mm. 本～屋.5 ～11月. ハマニンドウ, シシガシラ(普通)

18.ホソバミドリヨトウ
17mm. 本～トカラ.6～10月. シキミ(やや少)

19.コモクメヨトウ
15mm.全土.4～8月.オトギリソウ(やや少)

20.モクメヤガ
15mm. 北～九.4～10月. ウシハコベ(普通)

21.シロフアオヨトウ
15mm. 北～九.5 ～8月(やや少)

22.シロスジアオヨトウ
20mm. 北～九.5～9月 ギシギシ(やや少)

23.アオアカガネヨトウ
17mm. 北～屋.6～8月(やや少)

24.ウスクロモクメヨトウ
17mm. 本～九.4～5月 ムラサキシキブ(普通)

25.ハスモンヨトウ
18mm. 全土.7 ～11月. マメ科, アブラナ科など広食性(普通)農業害虫

1. シロナヨトウ
15mm.本～沖.4～10月
ハクサイ,イネ, サトウキビの害虫(普通)

2. スジキリヨトウ
14mm. 全 土.4～10月
シバ類(普通)

3. シロテンウスグロヨトウ
15mm. 北～九.6 ～8月
ヨモギ, スイバ(普通)

4. ヒメサビスジヨトウ
12mm. 全土.4 ～10月
タンポポ, スイバ(普通)

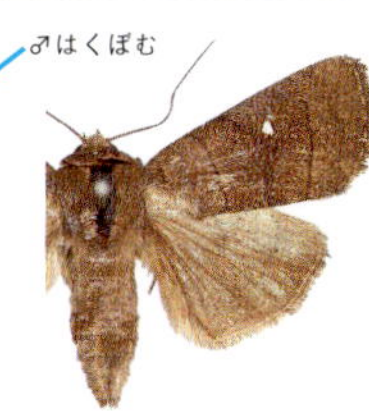

5. シロモンオビヨトウ
12mm. 北～九.4～10月
タンポポ,ヨモギ(普通)

6. ノコメセダカヨトウ
28mm. 北～九.6～10月. ギシギシ(やや少)

7. ツクシカラスヨトウ
17mm. 九～奄.5～9月
チシャノキ(やや少)

8. ヒトテンヨトウ
15mm. 北～九.5～8月
カジイチゴ(やや少)

9. チャオビヨトウ
12mm. 北～九.5 ～9月
カナムグラ(やや少)

10. ハマオモトヨトウ
18mm. 本～屋.5 ～10月. ハマオモト, ヒガンバナ(やや少)

11. タマナヤガ
23mm.本～沖.4～10月
キャベツ,アブラナ(普通)

12. カブラヤガ
17mm.全土.4～11月
アブラナ, ネギ(普通)

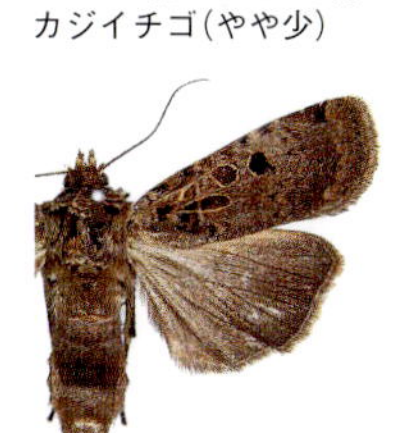

13. クロクモヤガ
18mm.北～屋.5～11月
イタドリ,ギシギシ(普通)

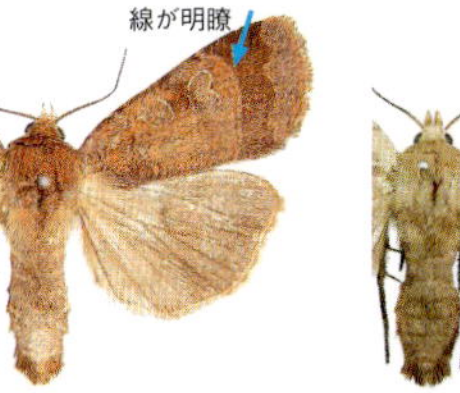

14. カバスジヤガ
19mm. 北～九.6～9月
(普通)

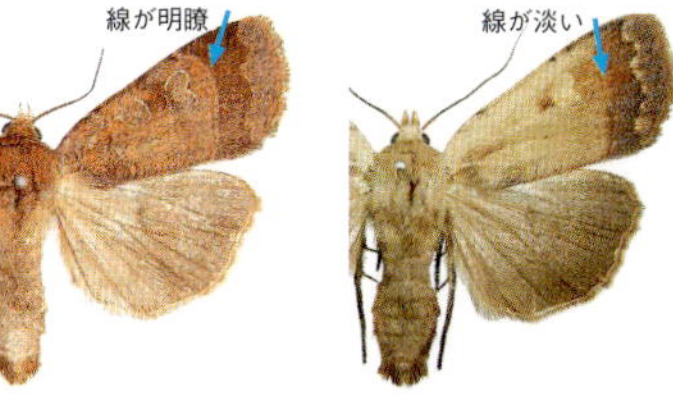

15. オオカバスジヤガ
21mm. 北～九.6 ～10月
ギシギシ(普通)

16. コウスチャヤガ
18mm. 北～九.4～11月
(普通)

17. ウスイロアカフヤガ
15mm. 北～九.5 ～8月
オオバコ, セリ(普通)

18. シロモンヤガ
20mm. 北～九.6～9月
シロツメクサ(普通)

19. キシタミドリヤガ
23mm. 北～屋.7～10月(普通)

20. ハイイロキシタヤガ
23mm. 北～屋.5～8月
イタドリ(普通)

21. オオアオバヤガ
32mm. 北～九.7～9月
ユリ科(やや少)

22. カギモンヤガ
16mm. 北～九.4 ～5月
ウラシマソウ(やや少)

23. トビイロトラガ
21mm. 本～屋.5～9月. ツタ, ヤブカラシ(やや少)

24. ベニモントラガ
17mm. 北～九.6～9月
ノブドウ(やや少)

25. ヒメトラガ
18mm. 北～屋.6月
ノブドウ(やや少)

幼虫

羽化後の繭

1. ヒロヘリアオイラガ(20mm)
(イラガ科) 31p

若令の時は集合し並んで葉を食べるが終令では分散する. 触れると激しく痛む. 繭は食樹の幹に着く

2. サツマニシキ(30mm)
(マダラガ科) 31p

生態は前種とほぼ同じである. 若令で越冬し年2～3回発生する

秋に成熟し幼虫で越冬. ♂は蓑の中で蛹化して初夏に羽化する. ♀は蓑を出ず無翅

3. オオミノガ(25mm)
(ミノガ科) 31p

4. オオキノメイガ(28mm)
(メイガ科) 32p

ネコヤナギやポプラの葉を厚く巻いた巣に隠れて摂食し, 中で蛹になる

5. マツカレハ
(カレハガ科) 33p

マツ科の害虫でマツケムシとして知られる. 幼虫や繭には毒刺毛があり, 刺されると炎症を起こす. 幼虫で越冬し樹木の幹に繭を作る

6. シンジュサン(60mm)
(ヤママユガ科) 33p

中令以降の幼虫は白粉をかぶり肉質突起は青白色. 食樹の葉をたてに巻いて灰褐色の繭を作る

7. クスサン(70mm)
(ヤママユガ科) 33p

ふ化直後は黒く, 成長するにつれて白毛になる. 繭からはテグス糸がとれる. 一名シラガタロウ

2令幼虫(15mm)

8. エビガラスズメ(70mm)
(スズメガ科) 34p

サツマイモの害虫で畑のイモムシ. 緑色, 褐色, 中間型があり蛹には長い口吻があり土中で蛹化する

9. キョウチクトウスズメ(70mm)
(スズメガ科) 34p

胸の大きな青い紋が目立つ. 終令の尾角は短くて黄色. 蛹は地面に潜らないためか本土での越冬は困難

4令幼虫(60mm)

10. セスジスズメ(80mm)
(スズメガ科) 34p

若令幼虫は黒色で眼状紋は黄色. 終令幼虫は褐色で眼状紋が目立つ

11. オオスカシバ(60mm)
(スズメガ科) 34p

緑色型と褐色型がある. 背面には細い横しわ, 側面との境には白線がある. 蛹化の時は落葉や土粒を綴り浅く地中に入る

12. キオビエダシャク(60mm)
(シャクガ科) 36p

頭部と側紋は朱色. 体色は灰色地に黒斑ある. 驚くと糸を吐いて垂下し, 老熟すると地上に下りて枯葉などを粗く綴り, 浅くもぐって蛹化する

13. トンボエダシャク(50mm)
(シャクガ科) 36p

頭部は光沢のある黒. 腹部には長方形の黒斑がある. 数枚の葉を綴ってその中で蛹化する. 越冬態は幼虫

14. ウメエダシャク(45mm)
(シャクガ科) 36p

頭部, 地色とも黒色. 橙色斑と黄色線がある. 葉間に糸を吐いてゆるく綴り蛹化する. 幼虫で越冬する

胸脚を曲げて尾端を上げる独特の静止姿勢を保つ. 触れると脚を震わせる. 地上に下りて薄い繭を作って越冬する

15. シャチホコガ(60mm)
(シャチホコガ科) 40p

16. モンクロシャチホコ(55mm)
(シャチホコガ科) 40p

食樹に群棲して食害する. 老熟すると幹を伝って一斉に地上に下りる

17. チャドクガ(20mm)
(ドクガ科) 42p

卵塊からふ化して群棲する. 老熟すると分散し地上で薄い繭を作る. すべての発生段階に毒毛がある

18. クワゴマダラヒトリ(50mm)
(ヒトリガ科) 43p

春から初夏にかけて最も多く見かける広食性の幼虫. 赤い瘤と白い背線が特徴

19. アケビコノハ(60mm)
(ヤガ科) 45p

人家で栽培するアケビでも発生し, 特異な静止態と大型の眼状紋で敵を惑わす. 緑色の変異もある

20. フクラスズメ(70mm)
(ヤガ科) 45p

食草の葉裏にいて刺激すると激しく体をゆすって威嚇する. 触れると緑色の液を吐き出す. 越冬態は成虫

21. ナカジロシタバ(50mm)
(ヤガ科) 46p

サツマイモの害虫で時に大発生する. ヒルガオ科の栽培種に多い. 地中に入り前蛹で越冬する. 年1化

22. オオタバコガ(40mm)
(ヤガ科) 47p

野菜類を食害する世界的な害虫. ピーマンなどナス科の実に浸入していることがある. 蛹で越冬する

23. ハスモンヨトウ(45mm)
(ヤガ科) 48p

畑作物の世界的な農業害虫で通年発生する. 胸部の1対の黒斑と背面の黄色線, その両側の黒半円紋で識別する. 緑色, 褐色など多型あり

24. トビイロトラガ(40mm)
(ヤガ科) 49p

頭部は橙黄色で黒点がある. 腹部は黒地に白い細線が網目状に走る. 市街地のツタでも多く発生している. 蛹で越冬する

小さくて，♂腹端が橙黄色［1］

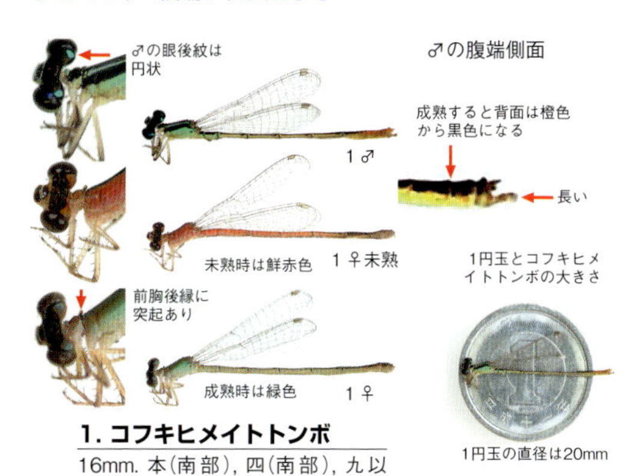

1. コフキヒメイトトンボ

16mm. 本(南部), 四(南部), 九以南. 4月～11月. 池沼, 湿地など

コフキヒメイトトンボの未熟♂

コフキヒメイトトンボの成熟♂

成熟すると♂は頭や胸などに白粉を帯びてよく目立つ

コフキヒメイトトンボの未熟♀

コフキヒメイトトンボの成熟♀

♀の未熟個体は赤または橙色で,成熟するにつれて緑色になる

交尾は朝と夕方に多く見られ，♀は単独で産卵する

♂腹端が青色［2～3］

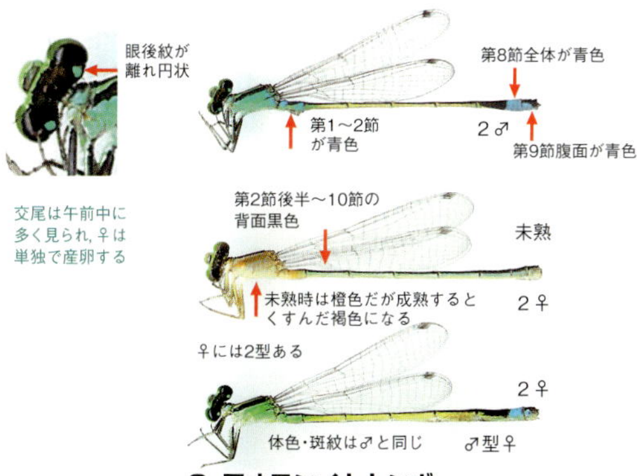

交尾は午前中に多く見られ，♀は単独で産卵する

2. アオモンイトトンボ

24mm. 本以南.4月～11月. 池沼, 湿地, 溝川など

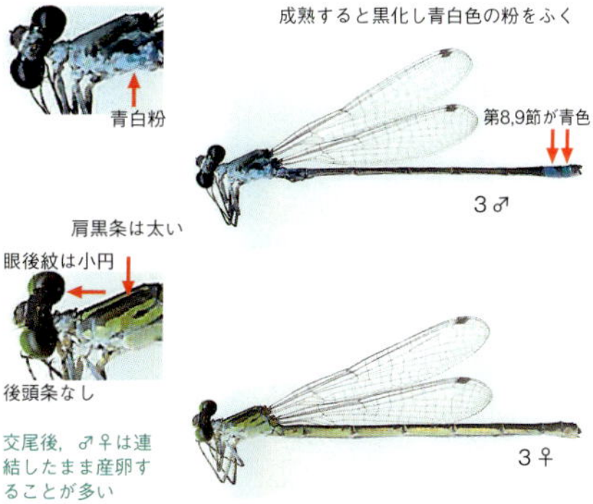

青白粉

成熟すると黒化し青白色の粉をふく

第8,9節が青色

3♂

肩黒条は太い

眼後紋は小円

後頭条なし

3♀

交尾後，♂♀は連結したまま産卵することが多い

3. クロイトトンボ

24mm. 北～九, 長, 甑, 種, 屋. 3月～11月. 池沼, 溝川など

体色が黄色または朱赤色［4～5］

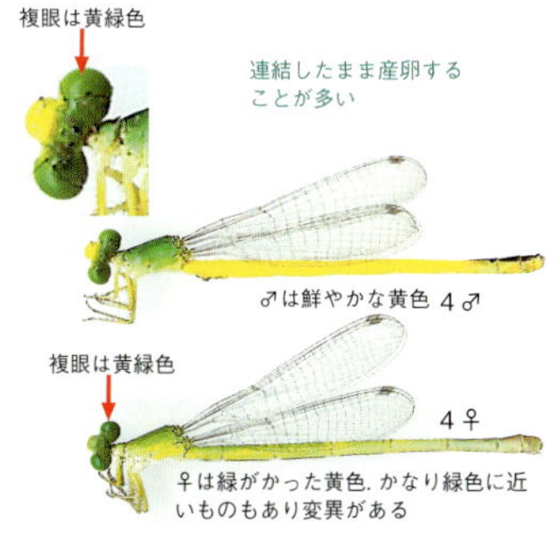

4. キイトトンボ

28mm. 本～九, 獅子島, 長, 甑, 種, 馬毛, 屋, 口永.5月～10月. 池沼, 湿地, 水田, 溝川など

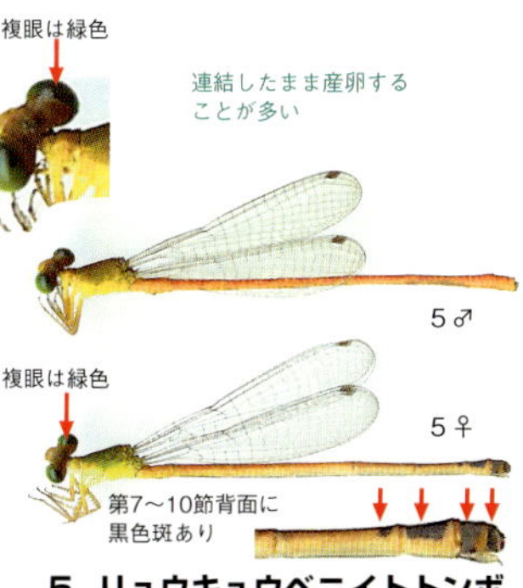

5. リュウキュウベニイトトンボ

31mm. 九(南部)以南.4月～10月. 池沼, 溝川など

♂は連結してから腹端(第9節)の内部生殖器から精子を副性器に移し，その後に♀は腹端を♂の副性器に結合させて精子を受け取る

リュウキュウベニイトトンボの交尾(上♂，下♀)

モノサシトンボ科 [1] カワトンボ科 [2～4]

＊種名の下の大きさ(mm)は, ♂のおおよその腹長を示す

頭部は横長, 肢は長い[1]

1. モノサシトンボ

35mm. 北～九, 獅子島, 長島, 屋久島.4月～10月. 植生の多い池沼, 湿地, ゆるやかな流れなどでやや薄暗い所

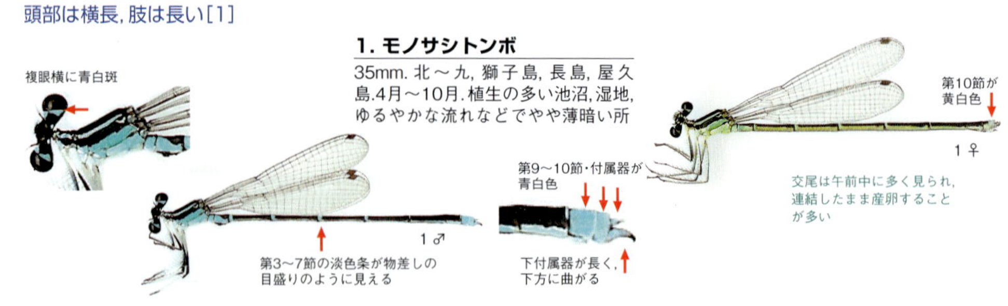

翅が褐色・または無色[2]

2. アサヒナカワトンボ

42mm. 本(関東以西), 四, 九, 長島, 甑島.3月～8月. 河川の中流から上流域

翅は黒色[3～4]

3. ハグロトンボ

47mm. 本～九, 獅子島, 長島, 甑島, 種子島, 馬毛島, 屋久島.5月～11月. 植生の多い河川の中流域, 溝川

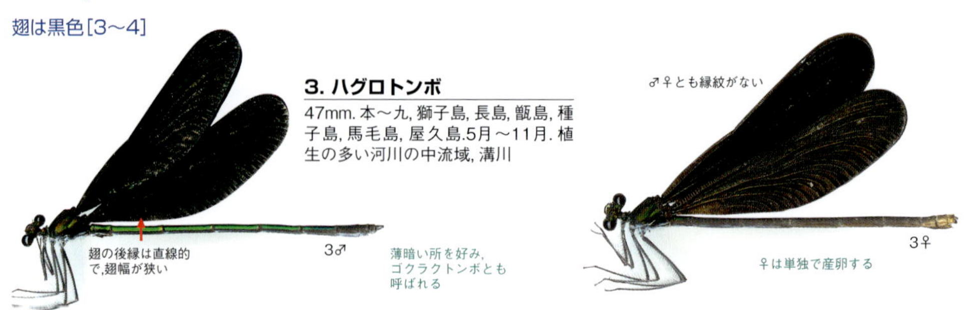

4. リュウキュウハグロトンボ

51mm. 奄美大島, 加, 請, 与路, 徳, 沖縄島, (渡嘉敷島の記録もある).4月～10月. 河川の中流から上流域

翅が褐色で大型［1］

1. ミヤマカワトンボ

57mm. 北～九.4月～10月. 川幅の広い河川の中流から上流域

大型で，頭部は小さく複眼は緑色［2］

2. コオニヤンマ

60mm. 北～九，種子島，屋久島.5月～9月. 河川の上・中流域

ヤンマと名の付くサナエ

コオニヤンマ，タイワンウチワヤンマは，ヤンマではなくサナエトンボの仲間で，複眼はあまり大きくなく，少し離れており，石や草などに止まっていることが多い.

大型で，腹部第8節にウチワ状の突起あり［3］

3. タイワンウチワヤンマ

50mm. 本（南西部）～九，獅子島，長島，甑島，種子島，中之島，奄美諸島.5月～10月. 植生の多い池

中型で，翅胸部前面にL字状の黄斑あり [1]

1．ヤマサナエ

47mm. 本～九，長島，甑島，種子島.4月～8月. 河川の上・中流域

L字状の黄斑
太い
山間に普通に見られる
1♂
近似種のキイロサナエは産地が
限られて珍しい
1♀

大型で，複眼は点で接する [2]

2 オニヤンマ

72mm. 北～九，獅子島，長，甑，黒，種，屋，口永，奄美大島，加，請，沖縄.6月～10月. 林縁の小川や湿地など. 沖県/ 準絶

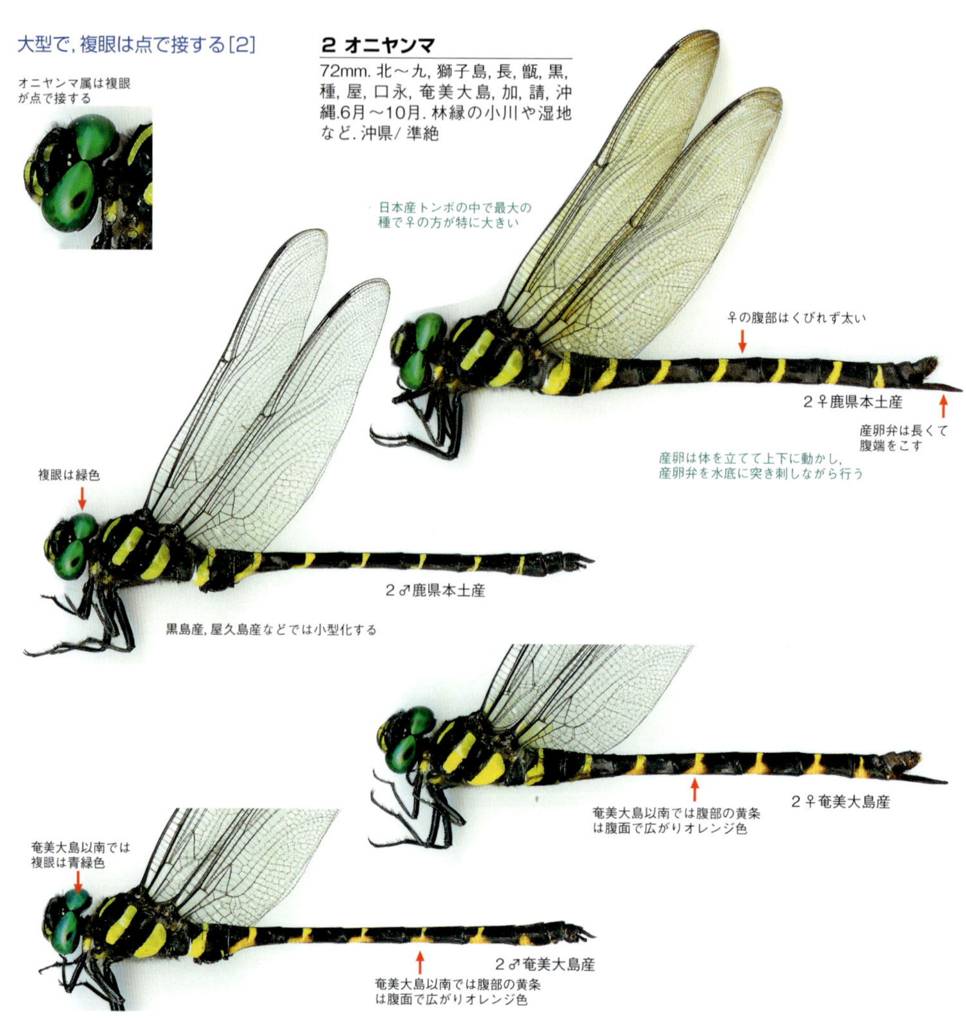
オニヤンマ属は複眼
が点で接する
日本産トンボの中で最大の
種で♀の方が特に大きい
♀の腹部はくびれず太い
2♀鹿県本土産
産卵弁は長くて
腹端をこす
産卵は体を立てて上下に動かし，
産卵弁を水底に突き刺しながら行う
複眼は緑色
2♂鹿県本土産
黒島産，屋久島産などでは小型化する
2♀奄美大島産
奄美大島以南では腹部の黄条
は腹面で広がりオレンジ色
奄美大島以南では
複眼は青緑色
2♂奄美大島産
奄美大島以南では腹部の黄条
は腹面で広がりオレンジ色

胸部に太い黒色条(農褐色条)がある[1～3]

ヤンマ科は

大型で,左右の複眼は線で接する.♀は産卵管で植物などの中に産卵する.木の枝などに止まるときはぶら下がって止まる.

1. ミルンヤンマ

54mm. 北(南部)～九, 長, 甑, 黒, 種, 屋, 口永, トカラ中之島.6月～11月. 山間の上流域

奄美大島, 徳之島には別亜種(ヒメミルンヤンマ)が生息する

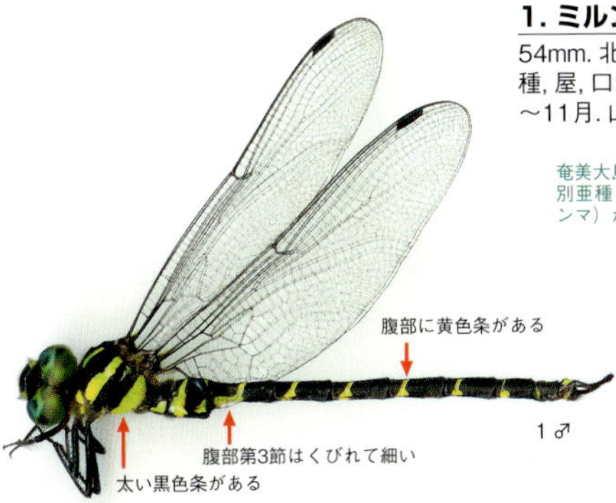

腹部に黄色条がある

太い黒色条がある

腹部第3節はくびれて細い

1♂

黄昏活動性が強く, 朝夕に渓流付近を活発に飛翔する

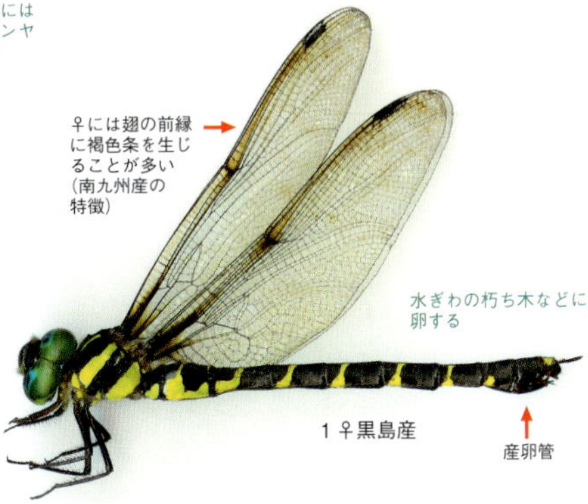

♀には翅の前縁に褐色条を生じることが多い(南九州産の特徴)

水ぎわの朽ち木などに産卵する

1♀黒島産

産卵管

2. マルタンヤンマ

55mm. 本～九, 長島, 甑島, 種子島, 屋久島, 奄美大島.5月～10月. 植生の多い池沼, 湿地

成熟すると♂は青色

♀は産卵に池に現れるのでよく見かけるが, ♂は見かけるのが難しい

体色は濃褐色

太い濃褐色条がある

2♂

♂は日本のトンボの中で最も美しいといわれ, 特に複眼の色は美しい

産卵は朝・夕に水面近くの植物組織内に行う

翅は成熟すると♂♀とも全体が褐色にけぶる. 特に♀では濃くなる

2♀

3. ヤブヤンマ

61mm. 本～九, 獅子島, 甑, 黒, 種, 屋, 口永, トカラ口之島, 中之島, 奄美大島, 加, 与路, 徳, 沖縄島.5月～9月. 樹林に囲まれた池沼

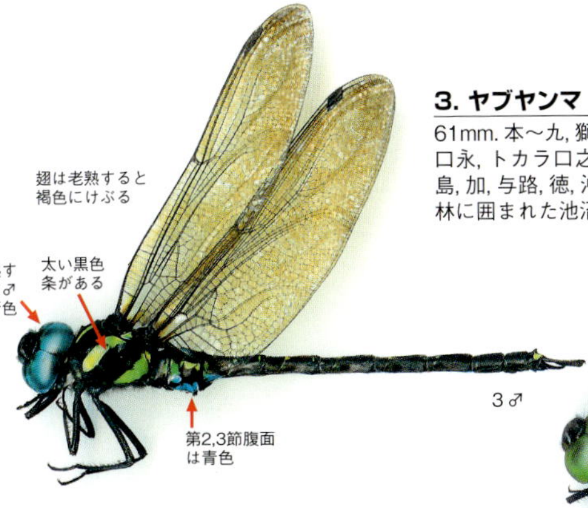

翅は老熟すると褐色にけぶる

成熟すると♂は青色

太い黒色条がある

第2,3節腹面は青色

3♂

水ぎわ近くの湿った土や, コケの間などに産卵する

3♀

♀は校舎など建物の中によく入ってくる

＊種名の下の大きさ(mm)は，♂のおおよその腹長を示す

胸部に黒色条がなく，♂の腹部第3節が著しくくびれる［1］

1. カトリヤンマ

54mm. 北(南部)～九，獅子島，黒，種，屋，口永，トカラ中之島，奄美大島，加，請，与路，徳，沖永，沖縄島，伊是名，座間味，西表.6月～11月. 山間の植生の多い池沼，湿地，水田の細流など

胸部は黄緑色で，黒条がないか，あっても細い［2～3］

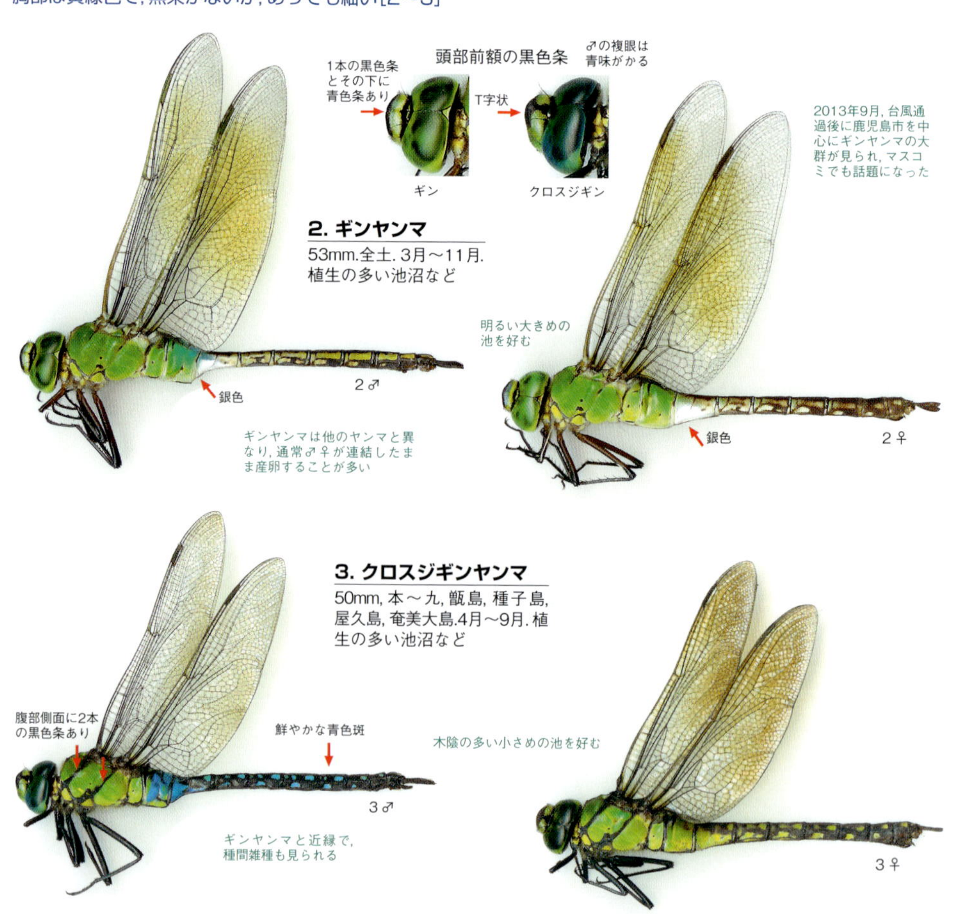

2. ギンヤンマ

53mm.全土. 3月～11月. 植生の多い池沼など

3. クロスジギンヤンマ

50mm，本～九，甑島，種子島，屋久島，奄美大島.4月～9月. 植生の多い池沼など

やや大型で体色は光沢のある金属緑色［1～2］

1本の黄色条あり
低山地を流れる砂泥底の河川に生息し，各地に多い

♂♀とも腹部第3節の黄色斑は切れずに続く
成熟♂は主に夕方，川面近くや林道上を広く往復飛翔して♀を探す

1. コヤマトンボ

51mm. 本～九, 長, 種, 屋. 4月～7月. 河川の中流域

2本の黄色条あり

2♂徳之島産
奄美大島以南の琉球列島産は，♂♀とも黄色斑がよく発達する

2♀徳之島産
♀は主に朝夕，水面近くを低く飛びながら打水産卵を行う

2. オオヤマトンボ

55mm. 北～九, 獅子島, 長, 種, 屋, 奄美大島, 与, 喜, 徳, 沖永, 与論, 沖縄島, 久米, 伊是名, 与那国, 石垣, 西表.4月～10月. 植生の多い大きめの池

オオヤマトンボの羽化

コヤマトンボとオオヤマトンボ

似ているが，コヤマトンボは川などの流水に，オオヤマトンボは大きな池などの止水に住んでいる．

中型で体色は黄色と黒色の縞模様［3］

成熟した♂は植生の多い池のまわりを敏速に飛翔したりホバリングしたりしている
翅の黒褐色条の発現には変異があり，ほとんど消失している個体もある
卵塊
3♂
3♀
春によく見かけるが，出現期間は短く限られる

3. トラフトンボ

37mm. 本～九.4月～6月. 植生の多い池沼

トラフトンボの♀は大きな卵塊をつくり，水面を打って放ち産卵する

＊種名の下の大きさ(mm)は，♂のおおよその腹長を示す

小型で腹長は20mm 以下［1］

1. ヒメトンボ

19mm. 屋久島, トカラ, 平島, 宝島, 奄美大島以南.3月～11月. 植生の多い止水域や溝川など

未熟個体は羽化水域を遠く離れて, 水場のない地面などでもよく見かける
1♂
やや未熟
1♂
♂は成熟すると, 青白色の粉を生じる
1♀

成熟♂は赤紫色［2］

2. ベニトンボ

24mm.四, 九,南西諸島. 4月～12月. 池沼, 溝川など

ベニトンボ

北上して住み着いたベニトンボ

以前は台湾以南の東南アジアと県本土の池田湖や鰻池にいたが,1980年代から琉球列島沿いに次々に発見され, 2007年には九州全域で見つかっており, 本州・四国でも分布を広げつつある. これらは, 以前から県本土の池田湖や鰻池にいたタイプと異なり, 台湾のタイプと同じであることから, 台湾以南から北上して住み着いたものと思われる.

成熟♂は鮮やかな赤色［3～4］

ベニトンボなどとともに, 体が赤くてもアカトンボの仲間ではない

翅基部の橙色斑はタイリクショウジョウトンボよりやや広い

腹部背面の黒条は, 極めて細く,成熟するとほとんど消失する

成熟♂では体全体が鮮赤色

3♂

腹部背面の黒条は細い

胸部に黒条なし

3♀

3. ショウジョウトンボ

31mm. 北(南部)～九, 獅子島, 長, 甑, 種, 馬, 屋, 口永.4月～10月. 広範囲な止水域. 西南日本では普通種だが, 東北日本では珍しい

4. タイリクショウジョウトンボ

28mm. トカラ列島以南.3月～11月. 広範囲な止水域

やや小型で，成熟♂の腹部は鮮やかな赤色．アカトンボ（アカネ）属［1～3］

眉斑なし
ヒメアカネ

1. ヒメアカネ

20mm.北～九,長,甑,種,屋.6月～12月.植生の多い湿地など

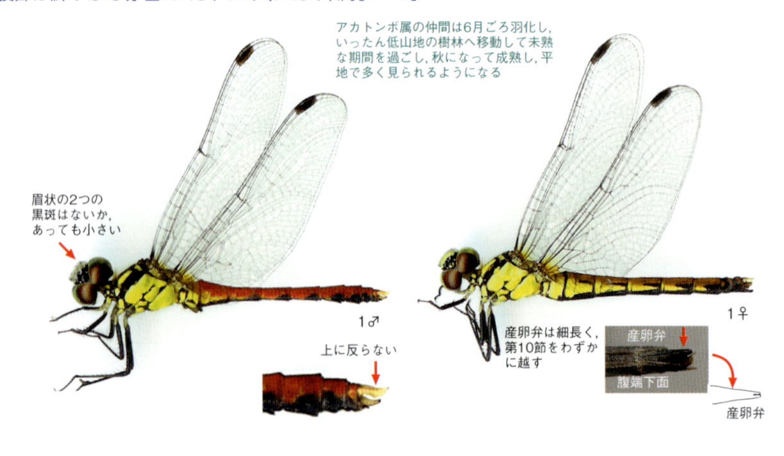
アカトンボ属の仲間は6月ごろ羽化し，いったん低山地の樹林へ移動して未熟な期間を過ごし，秋になって成熟し，平地で多く見られるようになる
眉状の2つの黒斑はないか，あっても小さい
1♂
上に反らない
1♀
産卵弁は細長く，第10節をわずかに越す
産卵弁
腹端下面
産卵弁

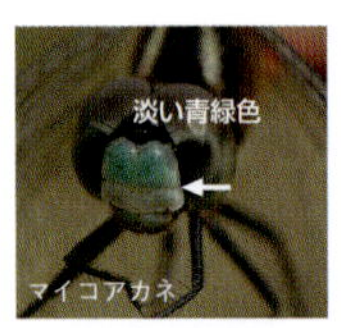
淡い青緑色
マイコアカネ

2. マイコアカネ

21mm.北～九,獅子島,甑島.6月～11月.植生の多い池沼

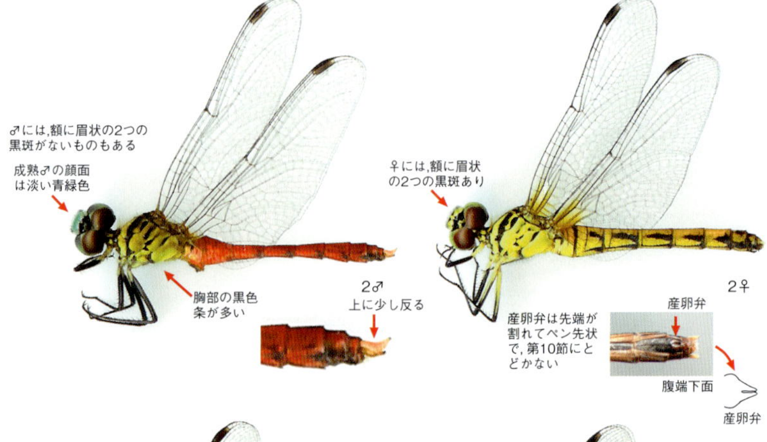
♂には,額に眉状の2つの黒斑がないものもある
成熟♂の顔面は淡い青緑色
胸部の黒色条が多い
2♂
上に少し反る
♀には,額に眉状の2つの黒斑あり
2♀
産卵弁は先端が割れてペン先状で,第10節にとどかない
産卵弁
腹端下面
産卵弁

眉斑あり
マユタテアカネ

3. マユタテアカネ

24mm.北～九,獅子島,長,甑,種,馬,屋,口永,トカラ口之島.6月～12月.植生の多い池沼,湿地,水田,溝川など

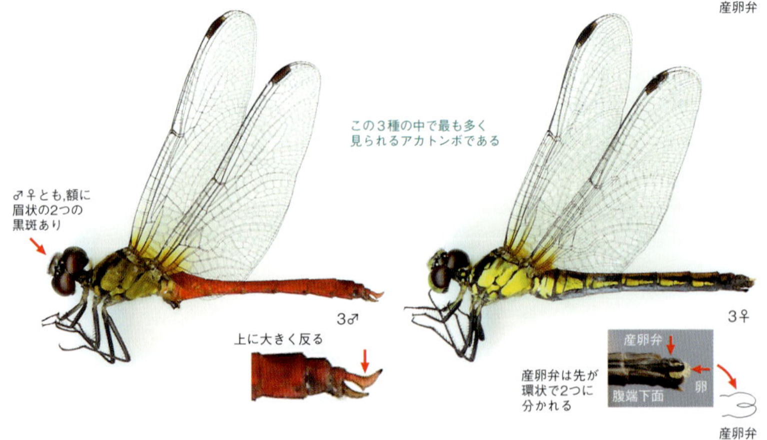
この3種の中で最も多く見られるアカトンボである
♂♀とも,額に眉状の2つの黒斑あり
3♂
上に大きく反る
3♀
産卵弁は先が環状で2つに分かれる
産卵弁
腹端下面
卵
産卵弁

成熟♂は腹部以外にも赤みを帯びる. アカトンボ(アカネ)属［1～2］

1. ナツアカネ

23mm. 北～九, 甑, 種, 奄美大島. 6月～12月.
植生の多い池沼, 湿地, 水田など

2. ネキトンボ

26mm. 本～九, 獅子島, 長, 甑, 黒, 種, 屋, トカラ中之島.
5月～11月. 樹林に囲まれたやや深い池沼

翅端に黒褐色斑がある. アカトンボ(アカネ)属［3～5］

3. ノシメトンボ

28mm. 北～九, 甑. 6月～11月. 植生の多い池沼, 水田, 溝川など

おもに平地から低山地の, 植生の多い浅くて開放的な池沼などに見られる

4. コノシメトンボ

26mm. 北～九, 長, 甑, 種. 6月～12月. 植生の多い池沼, 水田など

市街地の公園やプールでも見かけることがある

5. リスアカネ

25mm. 本～九, 甑, 種, 屋. 6月～12月. 樹林に囲まれた池沼など

やや薄暗い環境の池などでよく見られる

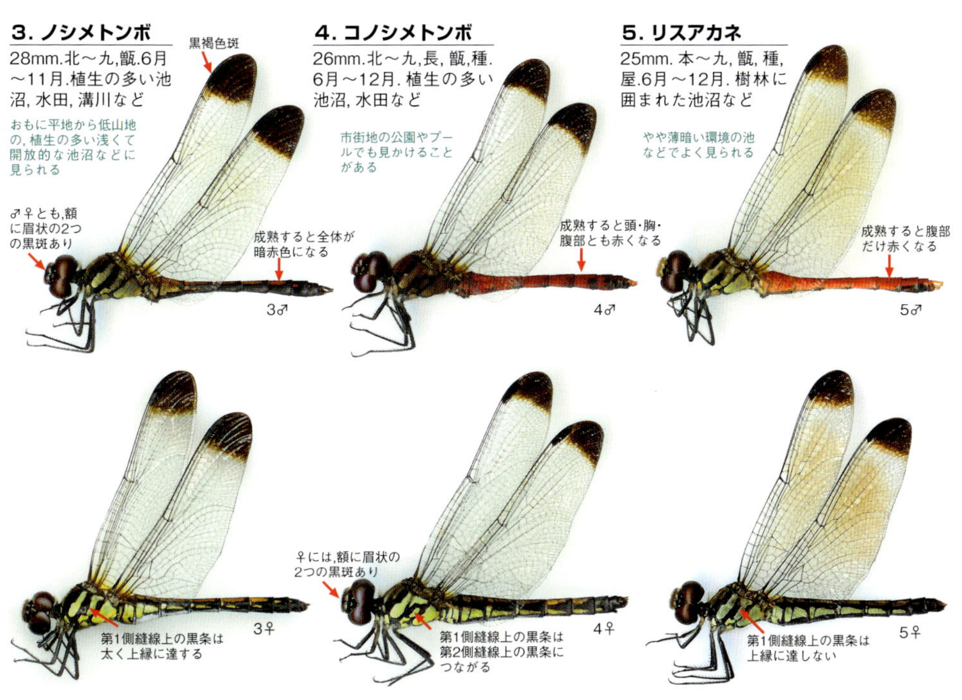

腹部に白色部がある［1］

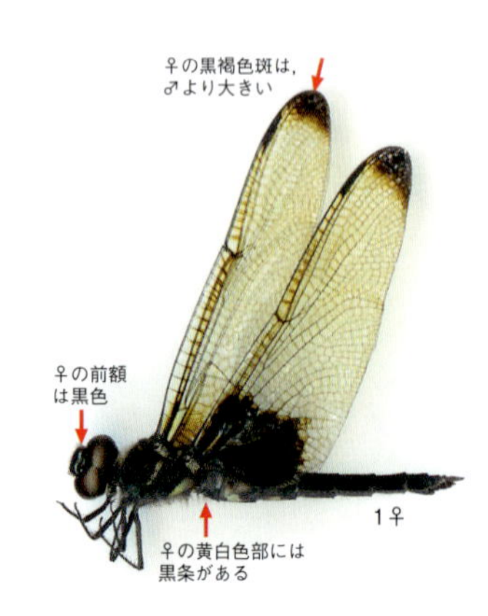

1. コシアキトンボ

30mm.本〜九, 獅子島,長, 甑, 種,屋,石垣,西表.6月〜10月.
樹林に囲まれたやや薄暗い池沼など

後翅の基部の幅が広い［2〜4］

2. ハネビロトンボ

33mm.四, 九, 獅子島, 長, 甑, 南西諸島(北〜本の記録は南方からの偶産と思われる).4月〜11月. 植生の多い池沼など

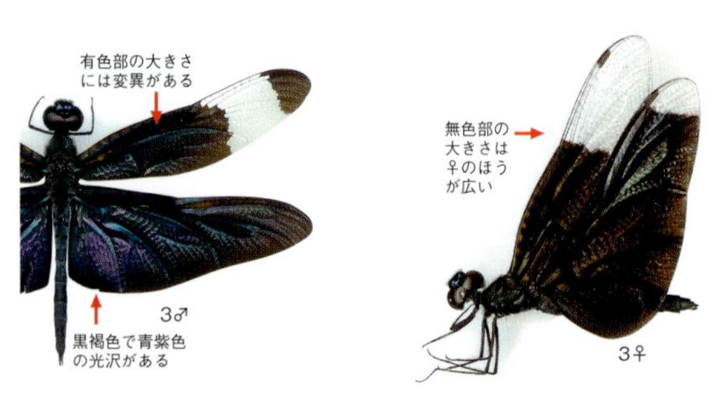

3. チョウトンボ

24mm. 本〜九, 長, 甑, 種, 馬, 屋.6月〜10月.
植生の多い池沼, 溝川

4. ウスバキトンボ

31mm.全土.4月〜12月.さまざまな止水域

成長が速く，夏では卵から1ヵ月ほどで羽化して成虫になり，世代をくり返しながら季節風に乗って北上する．しかし，卵・幼虫・成虫ともに越冬できず死滅し，また春に南方から日本に移動してくる

尾鰓は葉状で気管分岐は明瞭［1～5］

＊尾鰓は細長く，先は鋭くとがる（1）

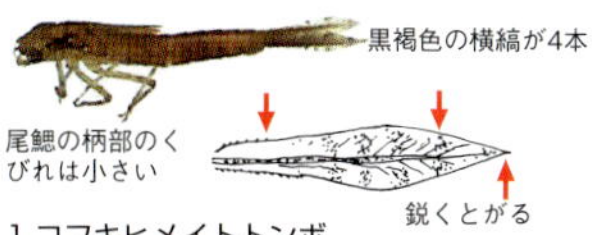

1.コフキヒメイトトンボ

＊尾鰓に褐色斑がなく，先は鋭くとがる（2）

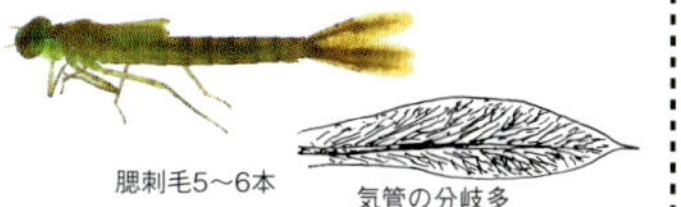
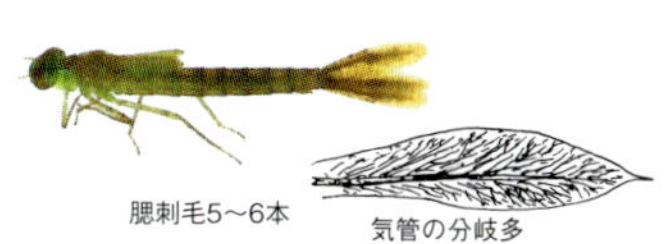

2.アオモンイトトンボ

＊尾鰓に3個の褐色斑がある（3）

頭部中央及び後角に褐色斑あり

気管の分岐少

3個の褐色斑は連続する

3.クロイトトンボ

＊尾鰓は幅広い（4－5）

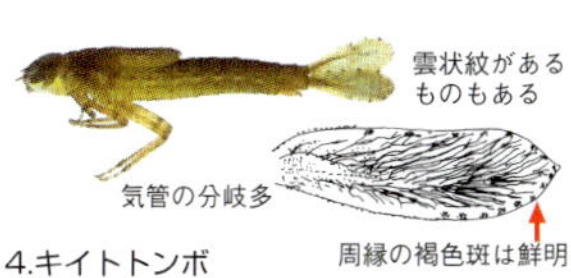

4.キイトトンボ

気管の分岐少

雲状紋があるものもある

周縁の褐色斑は淡色で不鮮明

5.リュウキュウベニイトトンボ

尾鰓は葉状で気管分岐は不明瞭［6］

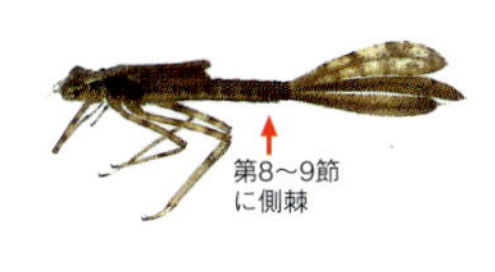

6.モノサシトンボ

尾鰓は短い剣状［7］

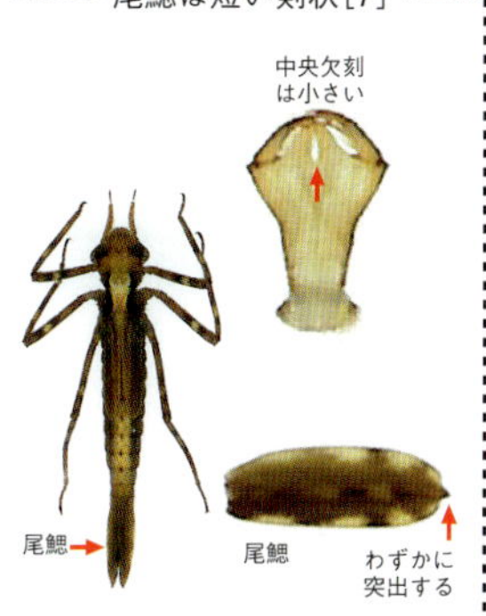

7.アサヒナカワトンボ

尾鰓は長い剣状［8～10］

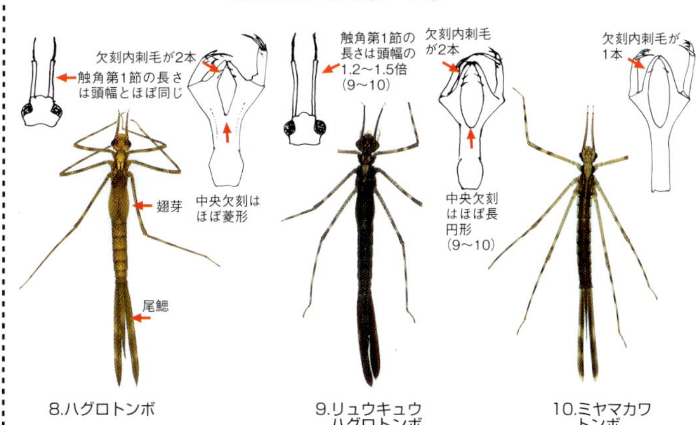

8.ハグロトンボ

9.リュウキュウハグロトンボ

10.ミヤマカワトンボ

触角は4節で第3節が巨大［11～13］

＊背棘が第3～6節にある（11）

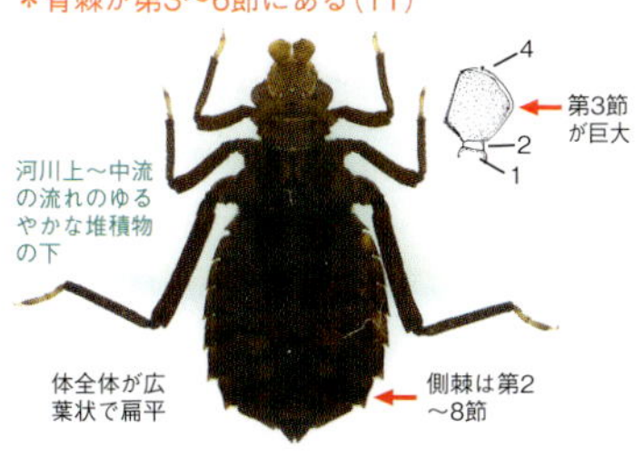

11.コオニヤンマ

＊背棘が第2～9節にある（12）

12.タイワンウチワヤンマ

＊背棘が第8～9節にある（13）

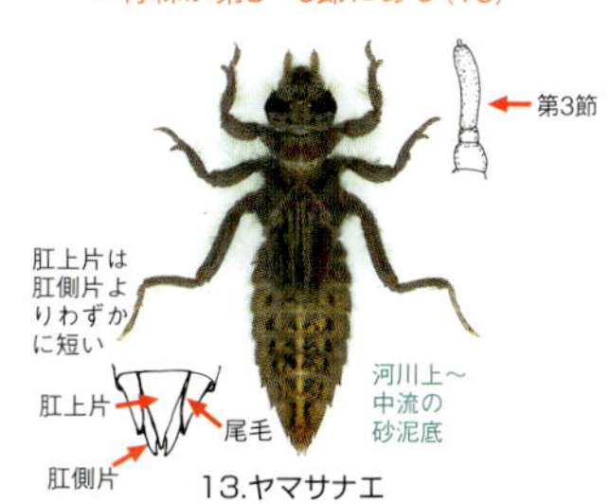

13.ヤマサナエ

細長く，体表に剛毛あり［1］

1.オニヤンマ

細長く，体表に剛毛がなくなめらか［2〜7］

＊側棘が第5〜9節にある

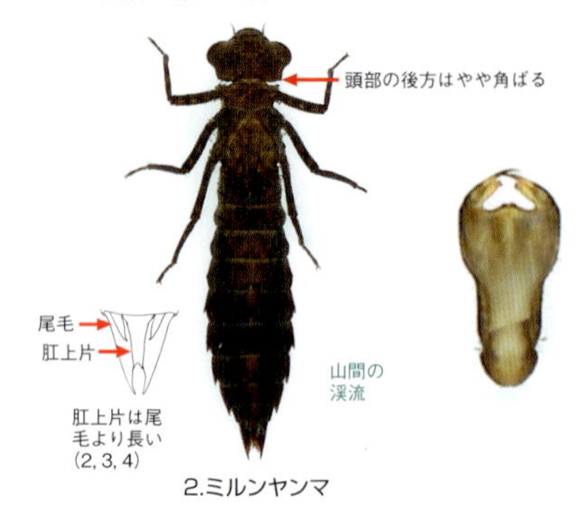

2.ミルンヤンマ

＊側棘が第6〜9節にある（3−5）

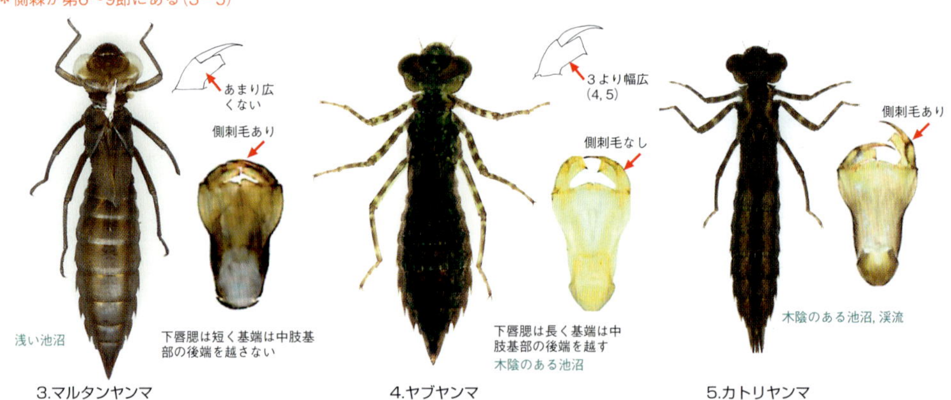

3.マルタンヤンマ

4.ヤブヤンマ

5.カトリヤンマ

＊側棘が第7〜9節にある（複眼はやや後方にある）（6−7）

6.ギンヤンマ

側片の先に丸みがある

森林に
囲まれ
た池

7.クロスジギンヤンマ

後肢の腿節は頭幅より長い［1～3］

＊背棘が第2～9節にある（1）

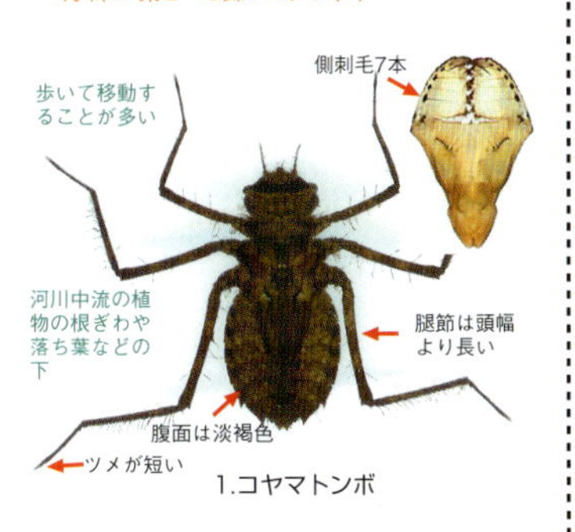

1.コヤマトンボ

＊背棘が第3～9節にある（2－3）

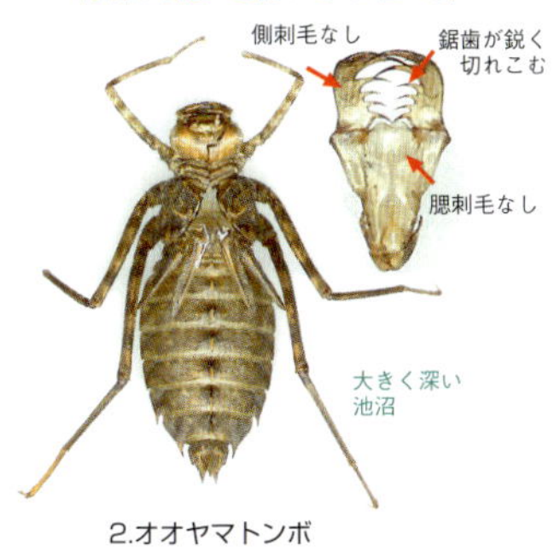

2.オオヤマトンボ

3.トラフトンボ

後肢の腿節は頭幅より短いか同じ長さ［4～13］

＊背棘なし（4－8）

4.ヒメトンボ

5.ショウジョウトンボ
6.タイリクショウジョウトンボ
（5に酷似）

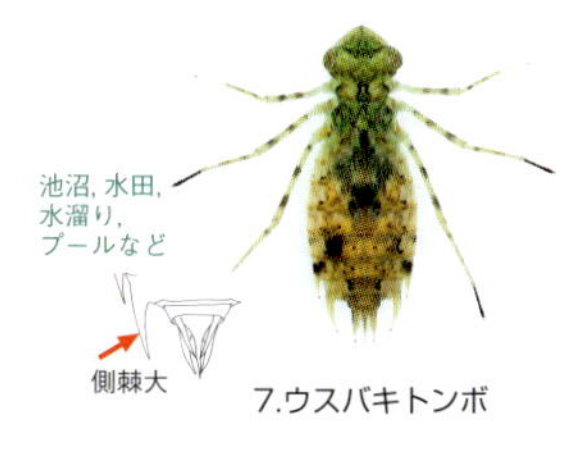

7.ウスバキトンボ

8.ハネビロトンボ

＊背棘なし（続）（9）

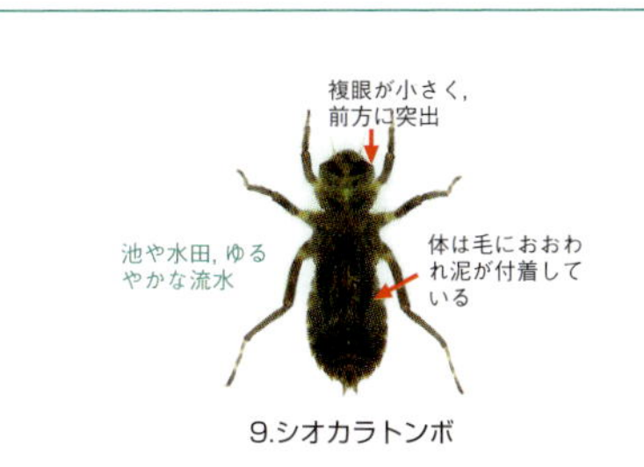

9.シオカラトンボ

＊背棘が第4～7節にある・複眼大（10）

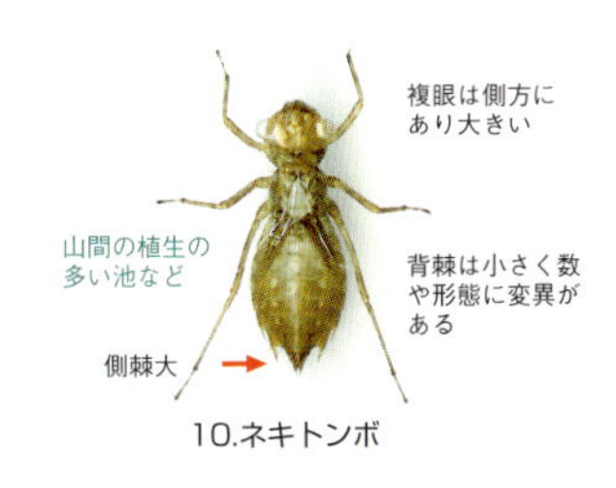

複眼は側方にあり大きい
山間の植生の多い池など
背棘は小さく数や形態に変異がある
側棘大

10.ネキトンボ

＊背棘が第4～7節にある（続）複眼小（11－13）

複眼は小さく前方に突出し，体は毛におおわれ，泥が付着している（11～13）

11.シオヤトンボ

12.オオシオカラトンボ

13.ハラボソトンボ

（この4種はシオカラトンボの仲間でよく似ている）

後肢の腿節は頭幅より短いか同じ長さ（続）［1～11］

＊背棘が第4～8節にある（1－7）

（第8節の側棘は短く第9節を超えない長さ）

第９節の側棘は短く第９節の長さより短い（1,2）

1.ヒメアカネ

2.マユタテアカネ

第９節の側棘は第９節の長さより長い（3,4）

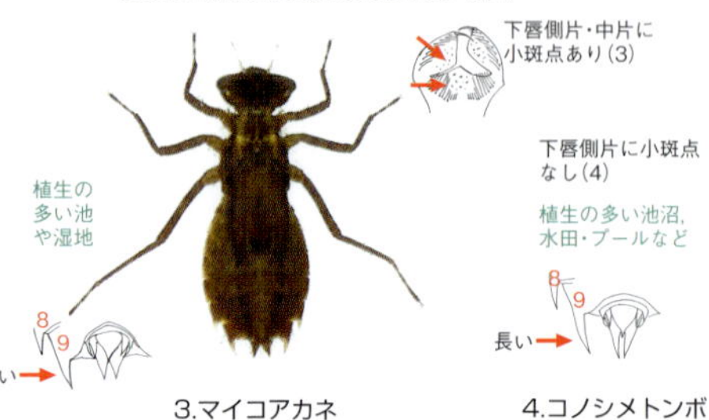

3.マイコアカネ

4.コノシメトンボ

（第8節の側棘は第9節を超える長さ）

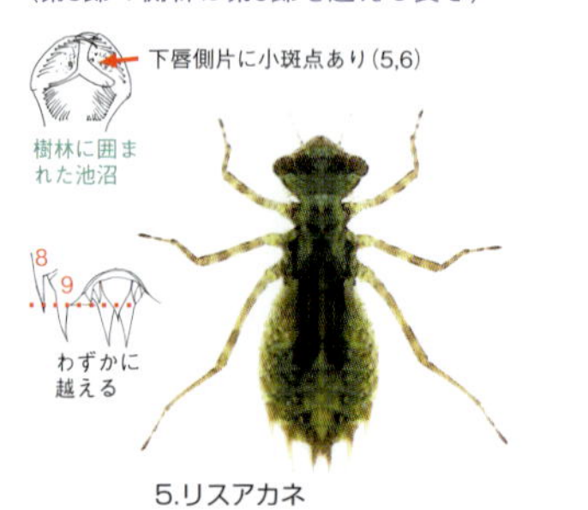

5.リスアカネ

植生の多い
開けた池沼

8
9
大きく
越える

6.ノシメトンボ

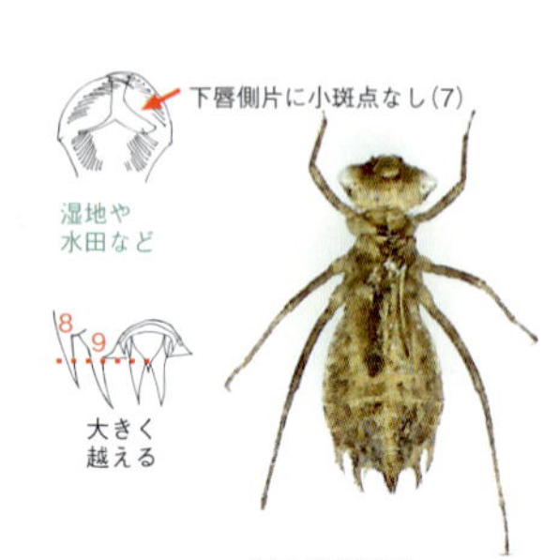

7.ナツアカネ

＊背棘が第4～9節にある（8－9）

8.チョウトンボ

9.ハラビロトンボ

＊背棘が第3～9節にある（10）

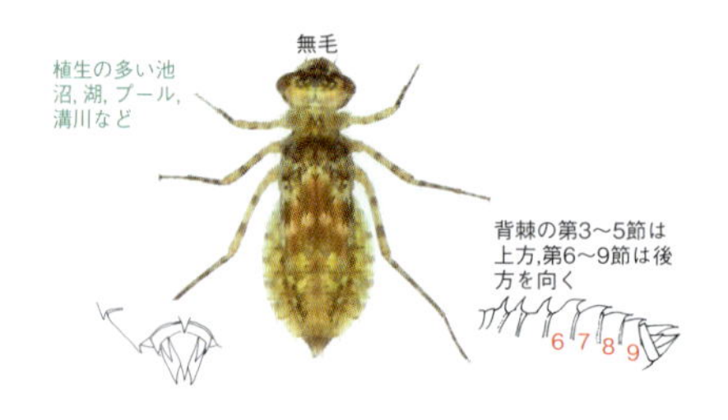

10.ベニトンボ

＊背棘が第2～10節にある（11）

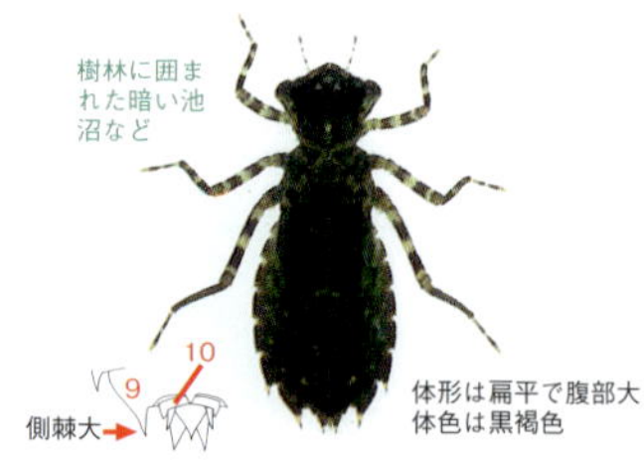

腹部第10節は第9節に入り込む

第１０節の背棘は小さく，第９節の背棘の下に隠れる

背棘は第2～10節

11.コシアキトンボ

1. ヤマトフキバッタ

♂25mm, ♀35mm. 本～種子, 屋久. 6～9月. 明るい林縁. 体は黄緑色. 普通

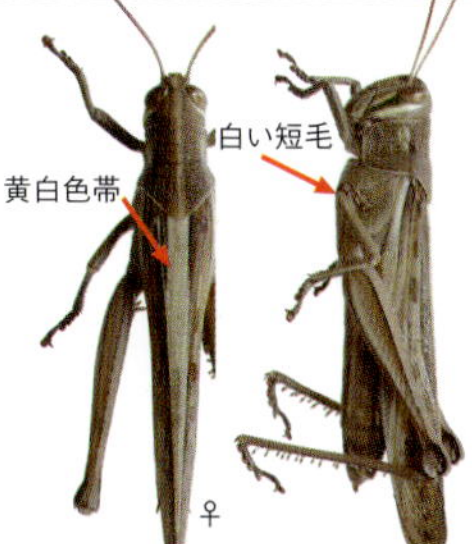

2. ツチイナゴ

♂55mm, ♀70mm. 関東～九, 南西諸島. 4～12月. 林縁の雑草にいる. 成虫越冬

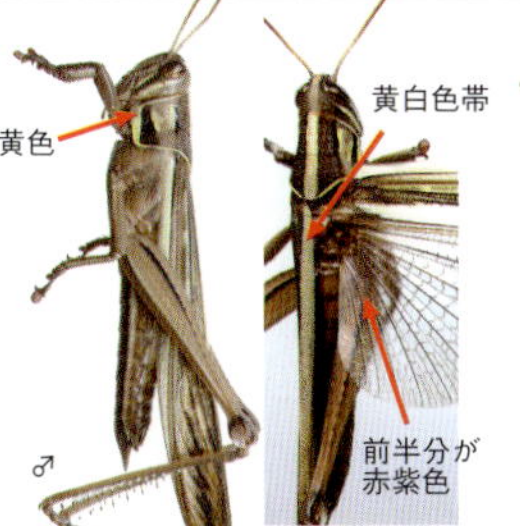

3. タイワンツチイナゴ

♂60mm, ♀80mm. 宝島～沖永, 沖縄. 2～11月. サトウキビ畑, ススキ原. よく飛ぶ. 普通

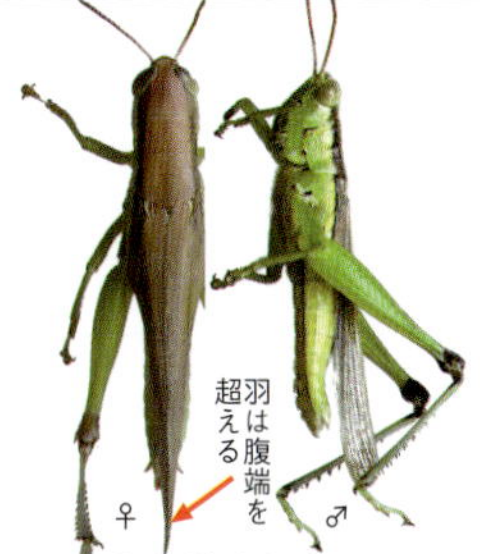

4. ハネナガイナゴ

♂20mm, ♀35mm. 本～中之島, 8～11月. 水田, 草地. 黄緑色で背面は茶褐色. 普通

5. コバネイナゴ

♂25mm, ♀40mm. 北～九. 8～11月. 山地の湿地や林縁の草地. 黄緑色～黄色. 少ない

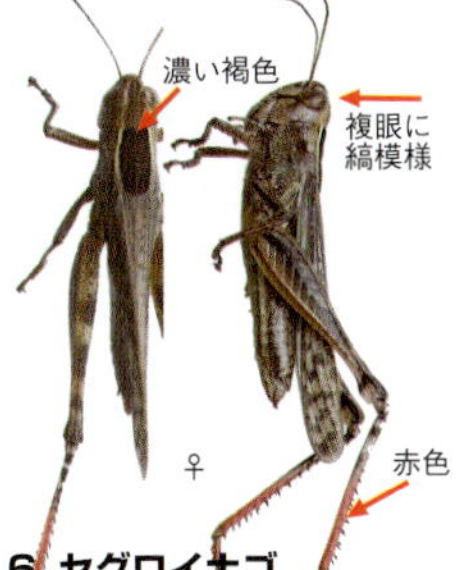

6. セグロイナゴ

27～50mm. 本～九, 南西諸島. 8～11月. イネ科草原. 複眼に6条の縞模様. 少ない

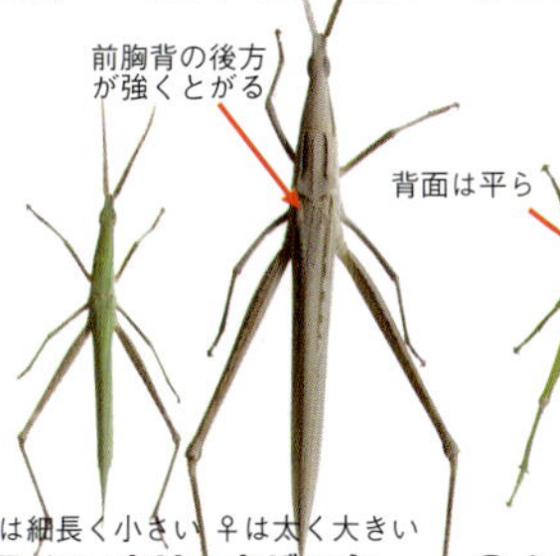

7. ショウリョウバッタ

♂45mm, ♀80mm. 本～九, 南西諸島. 6～12月. 草地, 畑地にいる. 体色は緑～褐色. ♂はキチキチと発音. 普通

8. ショウリョウバッタモドキ

♂30mm, ♀55mm. 関東～九, 南西諸島, 年1化. 7～11月. イネ科植物上にいる. 淡緑色～淡紅色. 普通

9. ナキイナゴ

♂20mm, ♀30mm. 本～九. 6～9月. イネ科草原にいる. ♂はシャカシャカと発音. 少ない. ♀の翅はごく小さい

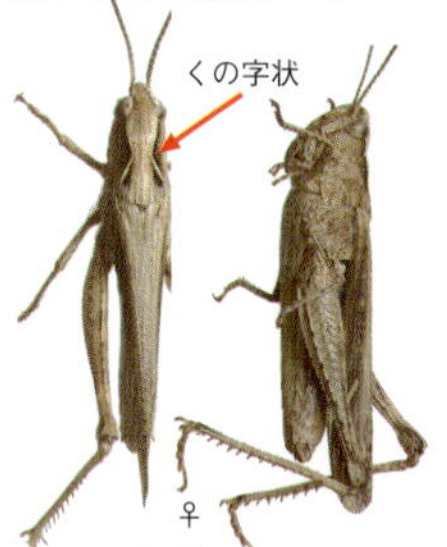

10. ヒナバッタ

♂20mm, ♀30mm. 北～九. 6～12月. 畑地にいる. 淡褐色. 後翅は透明♪シリシリシリ・・・

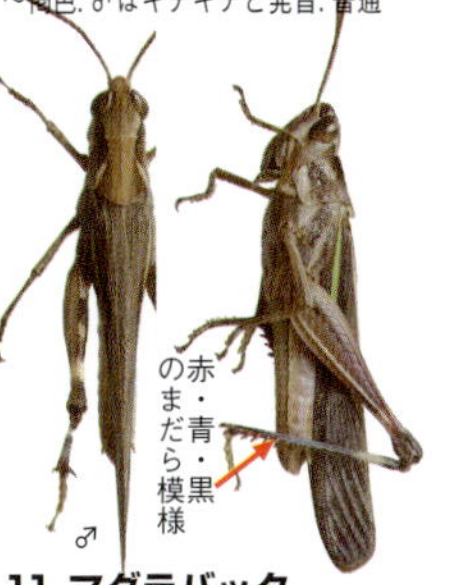

11. マダラバッタ

♂30mm, ♀35mm. 本～与, 沖縄. 2～12月. 畑地. 褐色, 緑色, 赤色など色彩変異多い. 普通

12. ヤマトマダラバッタ

♂30mm, ♀35mm. 本～種子. 7～10月. 砂浜の草地. 鹿県絶Ⅱ. 局地的分布

13. トノサマバッタ

♂40mm, ♀60mm. 北～沖永, 沖縄. 草原にいる. 色彩変異多い. 成虫・幼虫越冬

14. クルマバッタ

♂40mm, ♀60mm. 本～徳, 沖縄. 6～11月. 丘陵地の草原にいる. 局地的分布

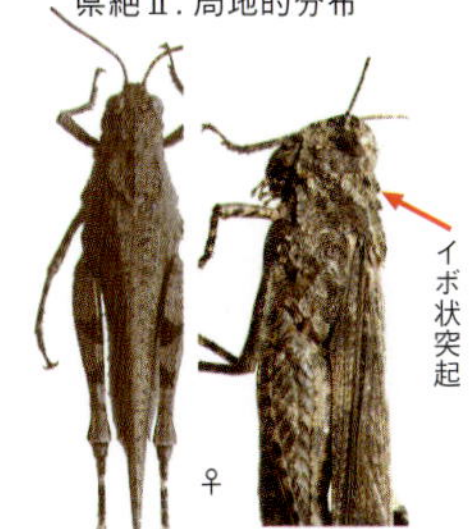

15. イボバッタ

♂25mm, ♀35mm. 本～三島. 7～11月. 明るい草地にいる. 普通

ヒシバッタ科［1～3］アリツカコオロギ科［4］クツワムシ科［5～6］ケラ科［7］オンブバッタ科［8～9］キリギリス科［10～14］

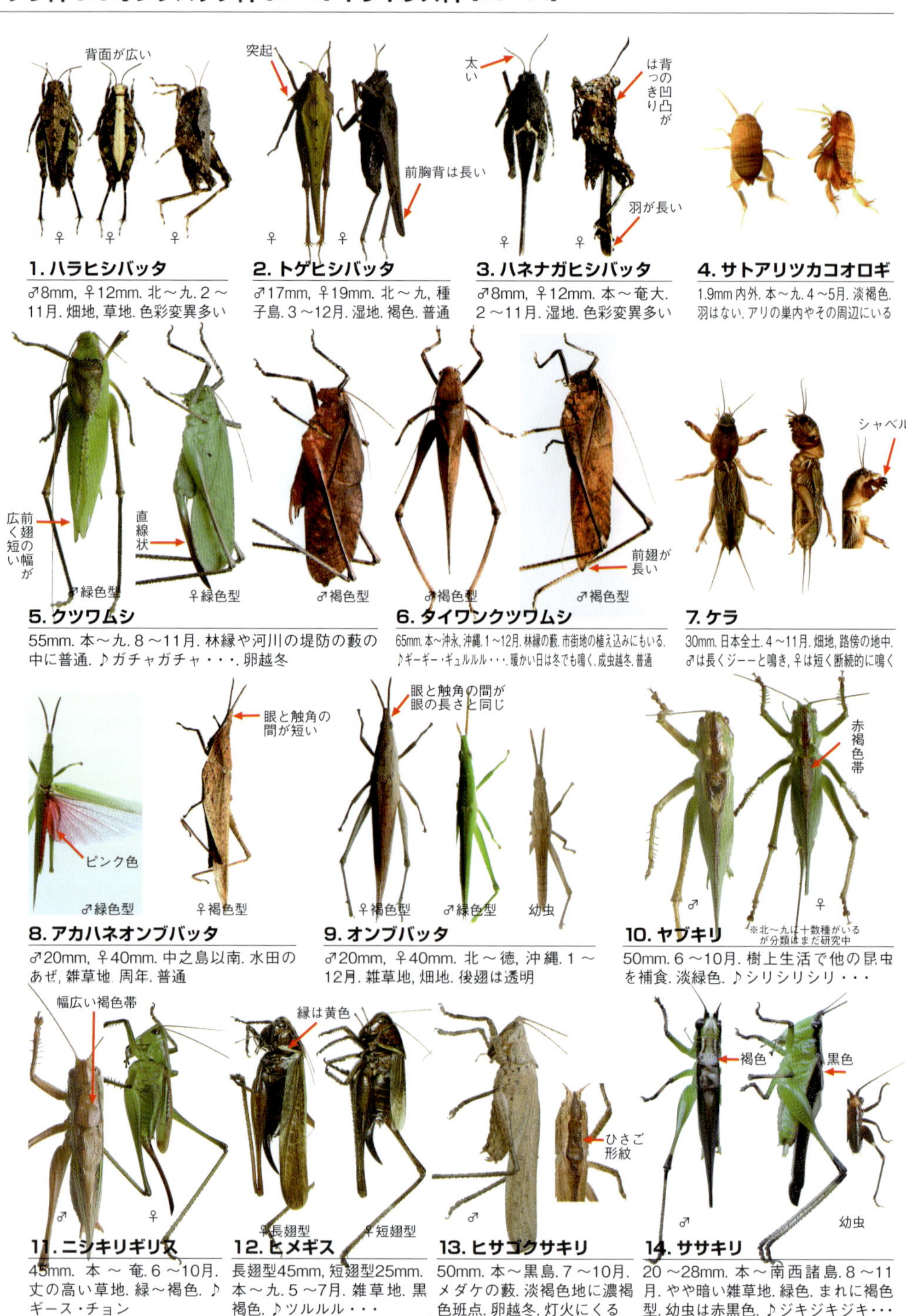

1. ハラヒシバッタ
♂8mm, ♀12mm. 北～九. 2～11月. 畑地, 草地. 色彩変異多い

2. トゲヒシバッタ
♂17mm, ♀19mm. 北～九, 種子島. 3～12月. 湿地. 褐色. 普通

3. ハネナガヒシバッタ
♂8mm, ♀12mm. 本～奄大. 2～11月. 湿地. 色彩変異多い

4. サトアリツカコオロギ
1.9mm内外. 本～九. 4～5月. 淡褐色. 羽はない. アリの巣内やその周辺にいる

5. クツワムシ
55mm. 本～九. 8～11月. 林縁や河川の堤防の藪の中に普通. ♪ガチャガチャ・・・. 卵越冬

6. タイワンクツワムシ
65mm. 本～沖永, 沖縄. 1～12月. 林縁の藪. 市街地の植え込みにもいる. ♪ギーギー・ギュルルル・・・. 暖かい日は冬でも鳴く. 成虫越冬. 普通

7. ケラ
30mm. 日本全土. 4～11月. 畑地, 路傍の地中. ♂は長くジーーと鳴き, ♀は短く断続的に鳴く

8. アカハネオンブバッタ
♂20mm, ♀40mm. 中之島以南. 水田のあぜ, 雑草地. 周年. 普通

9. オンブバッタ
♂20mm, ♀40mm. 北～徳, 沖縄. 1～12月. 雑草地, 畑地. 後翅は透明

10. ヤブキリ
50mm. 6～10月. 樹上生活で他の昆虫を補食. 淡緑色. ♪シリシリシリ・・・

11. ニシキリギリス
45mm. 本～奄. 6～10月. 丈の高い草地. 緑～褐色. ♪ギース・チョン

12. ヒメギス
長翅型45mm, 短翅型25mm. 本～九. 5～7月. 雑草地. 黒褐色. ♪ツルルル・・・

13. ヒサゴクサキリ
50mm. 本～黒島. 7～10月. メダケの藪. 淡褐色地に濃褐色斑点. 卵越冬. 灯火にくる

14. ササキリ
20～28mm. 本～南西諸島. 8～11月. やや暗い雑草地. 緑色. まれに褐色型. 幼虫は赤黒色. ♪ジキジキジキ・・・

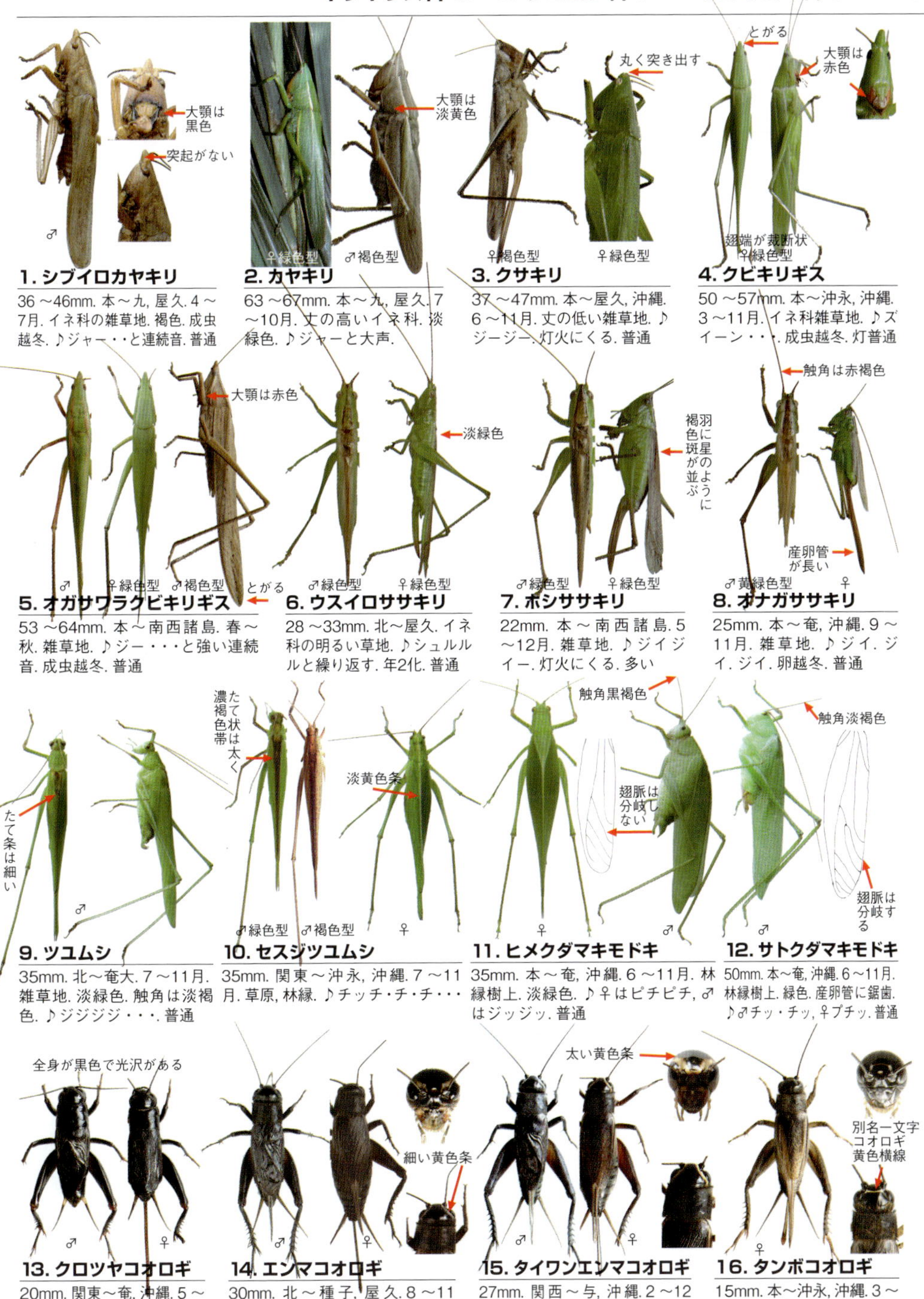

1. シブイロカヤキリ
36～46mm. 本～九, 屋久. 4～7月. イネ科の雑草地. 褐色. 成虫越冬. ♪ジャー・・と連続音. 普通

2. カヤキリ
63～67mm. 本～九, 屋久. 7～10月. 丈の高いイネ科. 淡緑色. ♪ジャーと大声.

3. クサキリ
37～47mm. 本～屋久, 沖縄. 6～11月. 丈の低い雑草地. ♪ジージー. 灯火にくる. 普通

4. クビキリギス
50～57mm. 本～沖永, 沖縄. 3～11月. イネ科雑草地. ♪ズイーン・・・. 成虫越冬. 灯普通

5. オガサワラクビキリギス
53～64mm. 本～南西諸島. 春～秋. 雑草地. ♪ジー・・・と強い連続音. 成虫越冬. 普通

6. ウスイロササキリ
28～33mm. 北～屋久. イネ科の明るい草地. ♪シュルルルと繰り返す. 年2化. 普通

7. ホシササキリ
22mm. 本～南西諸島. 5～12月. 雑草地. ♪ジイジジイー. 灯火にくる. 多い

8. オナガササキリ
25mm. 本～奄, 沖縄. 9～11月. 雑草地. ♪ジイ. ジイ. ジイ. 卵越冬. 普通

9. ツユムシ
35mm. 北～奄大. 7～11月. 雑草地. 淡緑色. 触角は淡褐色. ♪ジジジジ・・・. 普通

10. セスジツユムシ
35mm. 関東～沖永, 沖縄. 7～11月. 草原, 林縁. ♪チッチ・チ・チ・・・

11. ヒメクダマキモドキ
35mm. 本～奄, 沖縄. 6～11月. 林縁樹上. 淡緑色. ♪♀はピチピチ, ♂はジッジッ. 普通

12. サトクダマキモドキ
50mm. 本～奄, 沖縄. 6～11月. 林縁樹上. 緑色. 産卵管に鋸歯. ♪♂チッ・チッ, ♀プチッ. 普通

13. クロツヤコオロギ
20mm. 関東～奄, 沖縄. 5～8月夏のみ. 丈の低い草地の地中. ♪ジッジッジッ・・・

14. エンマコオロギ
30mm. 北～種子, 屋久. 8～11月. 畑地, 雑草地. 黒褐色. 卵越冬. ♪コロコロリリ・・・. 普通

15. タイワンエンマコオロギ
27mm. 関西～与, 沖縄. 2～12月. 雑草地. 幼虫・成虫で越冬. ♪リリリ・・・. 冬でも暖かいと鳴く

16. タンボコオロギ
15mm. 本～沖永, 沖縄. 3～11月. 湿地. 幼虫越冬. ♪ジッ・ジッ・ジッ・・・

コオロギ科 [1〜8] マツムシ科 [9〜16]

1. ハラオカメコオロギ

14mm. 北〜種子. 6〜12月. 雑草地. 淡褐色. ♪リリリリ・リリリ・・・. 多い

2. ミツカドコオロギ

18mm. 本〜種子. 8〜11月. 畑地, 雑草地. あごひげは白色. ♪リッ・リッ・・・. 普通

3. ツヅレサセコオロギ

17mm. 北〜種子. 雑草地. 黒褐色. ♪リッリッリッ・・・. 卵越冬. 普通. 次種(12)とは♂交尾器と鳴き声の微妙なちがいがあるのみで成虫は次種より遅く出現(6〜12月)

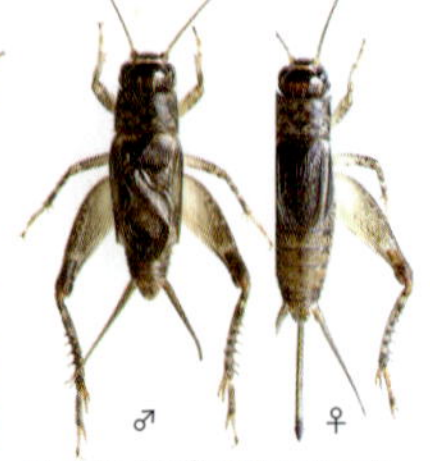

4. ナツノツヅレサセコオロギ

15〜18mm. 千葉〜与論, 沖縄. 雑草地. 濃褐色. ♪リュ, リュ, ・・・. 幼虫越冬で成虫は5月から鳴きだし7月まで出現. 普通

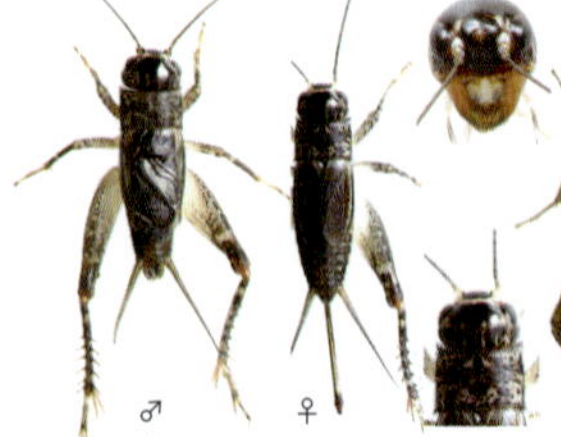

5. コガタコオロギ

15mm. 関東〜奄, 沖縄. 6〜11月. 雑草地. 顔は黒く眉斑条はない. 幼虫越冬. ♪ビーッ. 普通

6. カマドコオロギ

16mm. 本〜徳, 沖縄. 1〜12月. 石垣, ブロックの隙間. ♪チリチリチリ・・・. 局所的

7. クマコオロギ

12mm. 本〜種子. 9〜11月. 湿った草地. 全身が淡褐色〜赤褐色で斑紋がない. ♪チリッチリッ

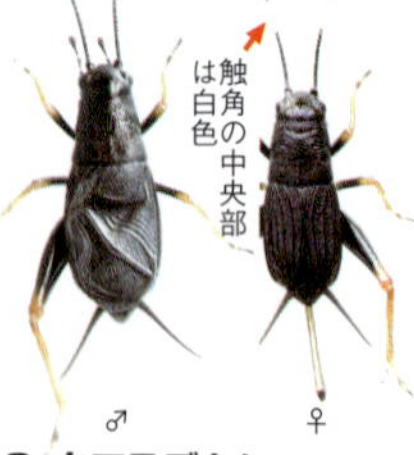

8. クマスズムシ

11mm. 本〜奄, 沖縄. 9〜10月. 湿った草地, 林床. ♪リュー　ー. 少ない

9. クチキコオロギ

30mm. 関東〜奄美, 沖縄諸島. 周年発生. 林床や樹皮下. ♪クリーグリーと低い声

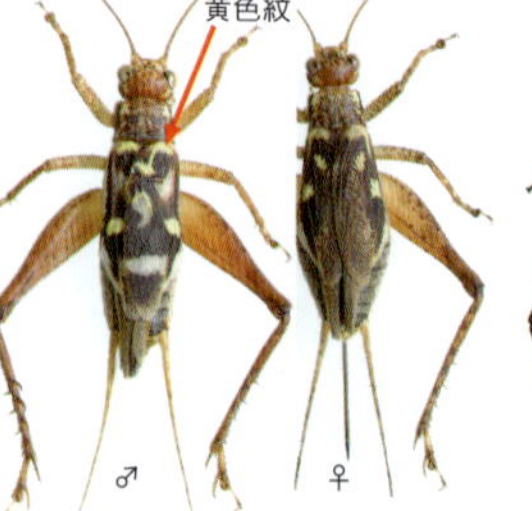

10. マダラコオロギ

36mm. 奄美以南. 8〜12月. 林縁の樹上. ♪シッ・シッ. 普通

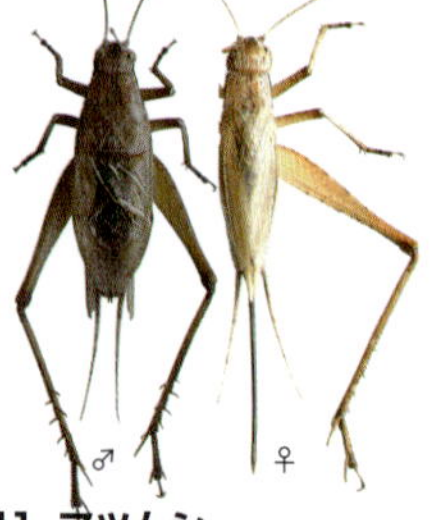

11. マツムシ

20mm. 関東〜種子. 9〜11月. 林縁や草原. ♪チッ・チンチロリン. 普通

12. アオマツムシ

22mm. 本〜九. 8〜11月. 林縁の樹上. ♪リューリリリリ・・・と騒がしい. 普通

13. マツムシモドキ

18mm. 関西〜種子. 7〜11月. 林縁の樹上. 黒褐色. 発音器はない. 灯火に飛来する. 普通

14. ヒロバネカンタン

13mm. 本〜九, 南西諸島. 7〜11月. ヨモギなどの雑草地. ♪リューリュー. 普通

15. カヤコオロギ

9mm. 本〜種子. 9〜11月. 林縁のイネ科. 局所的. 発音しないらしい

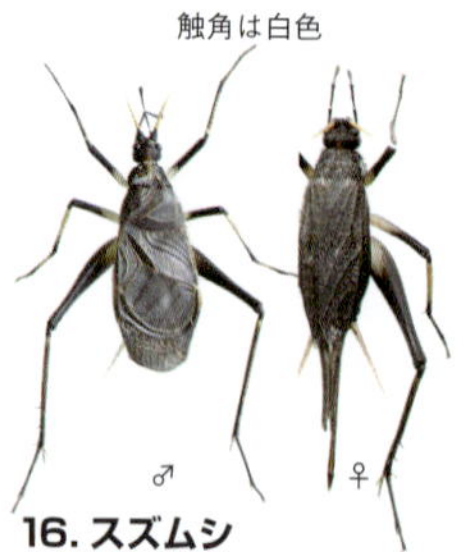

16. スズムシ

18mm. 本〜種子. 8〜11月. 林縁や雑草地. ♪リーンリーン. 普通

1. ヤマトヒバリ

6mm. 本～九, 屋久, 奄大, 沖縄. 6～11月. 林縁の雑草. 赤褐色. ♪昼間にリリ・・・. 卵越冬. 普通

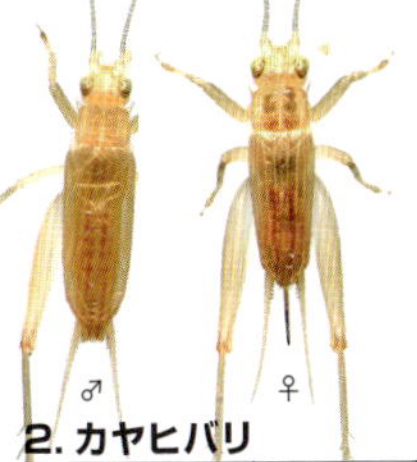

2. カヤヒバリ

7mm. 関東～九, 南西諸島. 3～12月. サトウキビ畑, ススキ原. 黄褐色. ♪ジ・ジ・・. 幼虫越冬

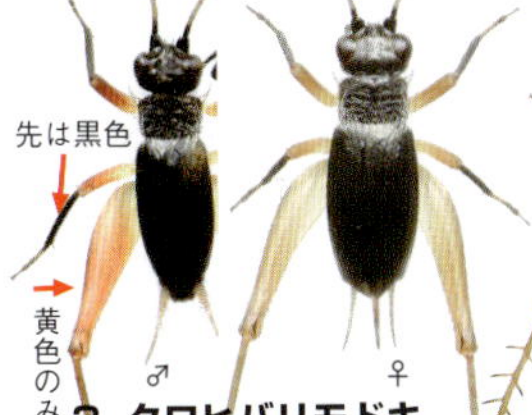

3. クロヒバリモドキ

5mm. 本, 四, 九, 南西諸島. 2～12月. 林縁. 低くまばらな雑草地. 黒色光沢. 発音器はない

4. キアシヒバリモドキ

4～6mm. 北～九. 5～10月. 林縁, 雑草地. 黒色. 幼虫越冬

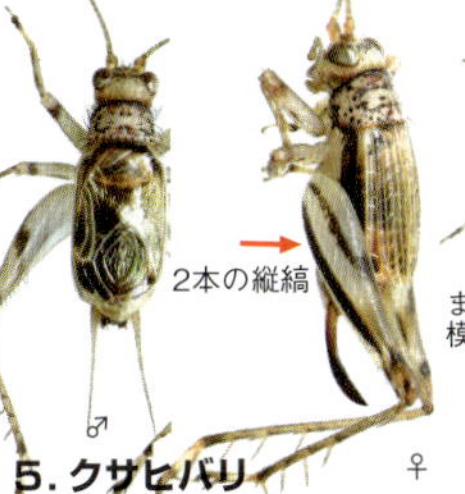

5. クサヒバリ

7mm. 本～九, 南西諸島. 8～12月. 林縁樹上, 生垣. 淡黄褐色. ♪フィリリ・・・. 卵越冬. 普通

6. マダラスズ

6.5mm. 北～九, 南西諸島. 6～12月. 畑地, 空き地. ♪ジーッ・ジーッ. 普通

7. ハマスズ

7mm. 本～九, 南西諸島. 7～11月. 砂浜. ♪ジーッ・ジーッ・チョン. 卵越冬. 局地的分布. 体色は砂浜の色に似る

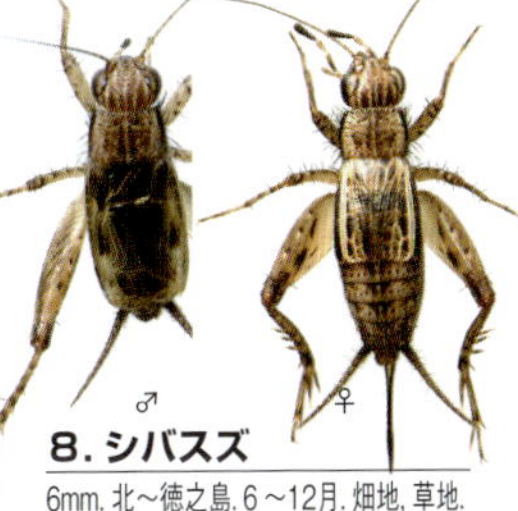

8. シバスズ

6mm. 北～徳之島. 6～12月. 畑地, 草地. 淡褐色. ♪昼間にジージー. 卵越冬. 普通. 徳之島以南にはネッタイシバスズがいる

9. コロギス

25mm. 本～九. 7～9月. 林縁樹上で葉をつづり合わせて潜む. 緑色. 産卵器は長い

10. コバネコロギス

22mm. 本～九, 南西諸島. 8～11月. 林縁樹上で葉をつづって潜む

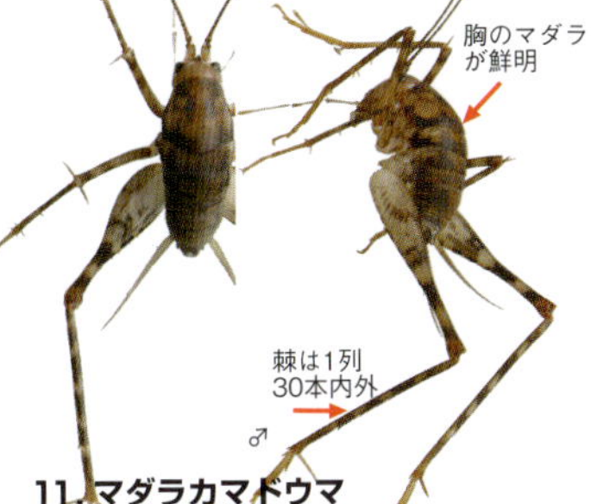

11. マダラカマドウマ

25～33mm. 北～鹿. 森林, 洞穴, 人家. マダラ模様. 近縁のサツママダラカマドウマも混生することがある. (南九州に分布)

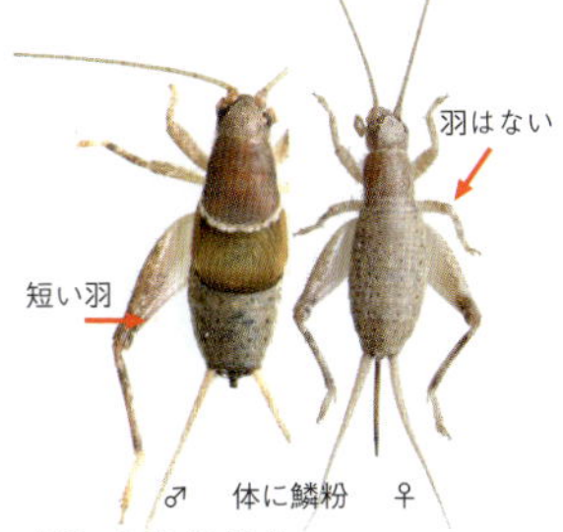

12. カネタタキ

10mm. 本～九, 南西諸島. 5～11月. 林縁, 庭樹, 生垣, 樹上. ♪チン・チン・・・. 普通. ♀は無翅

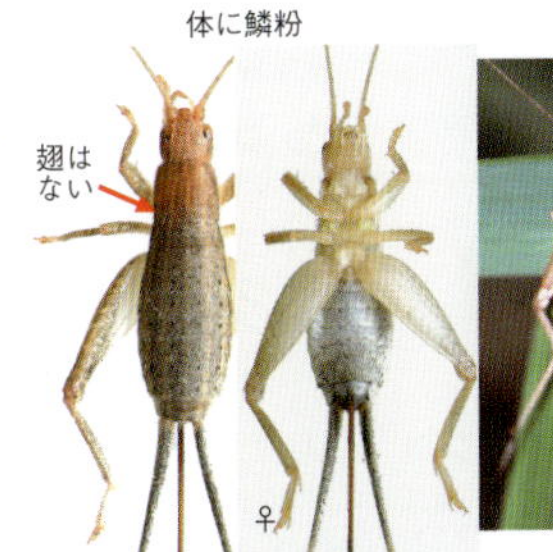

13. イソカネタタキ

14mm. 関東～南西諸島. 5～12月. 海岸の潅木. ♪チリチリリリ・・・とせわしく鳴く. 卵越冬. 南西諸島では多化

14. ノミバッタ

5mm. 全土. 3～10月. 草地, 裸地に穴を掘って棲む. 跳躍力大きい. 成虫越冬. 局地的分布

1. オオカマキリ

♂80mm, ♀95mm. 北～屋久. 8～11月. 林縁や林内樹上. 体色は, 緑色型, 褐色型. 普通. 奄美～八重山諸島には, オキナワオオカマキリがいる

2. チョウセンカマキリ(カマキリ)

♂・♀65～90mm. 本～沖永, 沖縄. 8～12月. 明るく開けた草地や畑地. 緑色型, 褐色型. 普通

3. ヒナカマキリ

♂12mm, ♀15mm. 関西～沖永, 沖縄. 8～11月. 林床. 体色は, 灰黄褐色～灰褐色. 活動は活発. 少ない

4. コカマキリ

♂45mm. ♀55mm. 本～屋久. 8～11月. 林内. 草原. 畑地. 普通. 黄褐色～黒褐色の個体差大

5. ハラビロカマキリ

♂50mm, ♀70mm. 本～沖永, 沖縄. 8～11月. 林縁の樹上. 体色は, 緑色型, 褐色型. 前翅に白紋. 胸に赤紫の紋. 普通

6. ナナフシモドキ

♀74～100mm. 本～奄. 6～11月. 明るい林縁. 緑色～黒褐色で暗色斑点を散布. 無翅. 単為生殖. 少ない

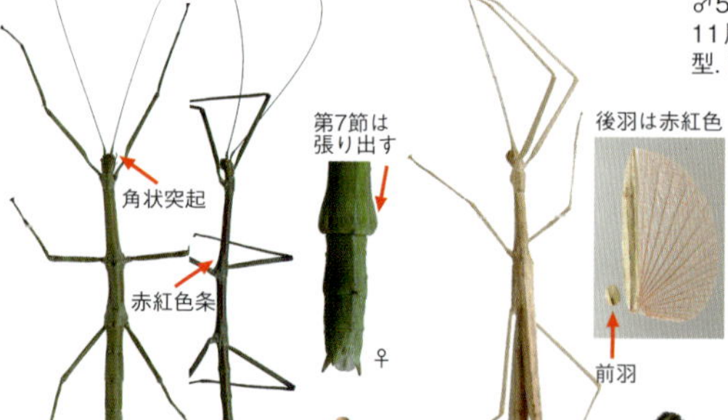

7. エダナナフシ

♂75mm, ♀100mm. 本～鹿. 6～12月. 明るい林縁. 緑色～黒褐色. 無翅. 産卵は落下方式. 両性生殖. 卵長径3mm, 短径2mm. 普通. 近似種にニセエダナナフシ, セオビナナフシがいる

8. タイワントビナナフシ

♀80mm. 本～沖永, 沖縄. 8～12月. 日当たりのよい林縁. 淡黄色～灰褐色. ♂は未知. 奄美以南では周年発生. 単為生殖. 産卵は粘着方式. 卵長径4.5mm, 短径1.5mm

褐色条
後羽は赤紅色
♀
卵

9. ニホントビナナフシ

♂38mm, ♀55mm. 本～沖永, 沖縄. 7～12月. ブナ科樹上. ♀緑色, ♂は茶褐色. 両性生殖. 産卵は落下方式. 卵長径2.3mm, 短径1.2mm. 奄美以南では周年発生. 少ない

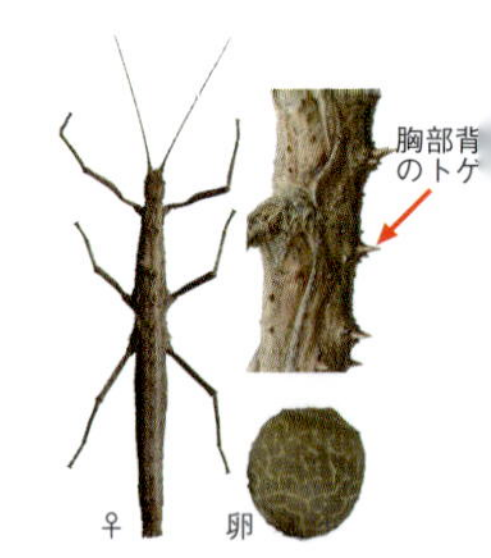

10. トゲナナフシ

♀70mm. 関東～奄, 沖縄. 5～12月. 湿った林床や山道. 淡黄褐色～黒褐色. ♂は未知. 単為生殖. 産卵は落下方式. 卵長径2.5mm. 短径2mm. 卵越冬. 普通

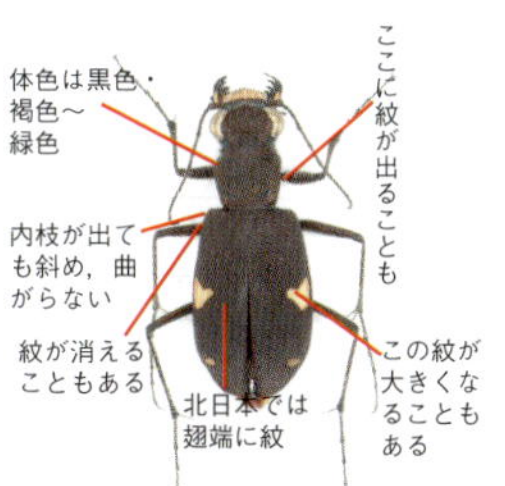

1. ニワハンミョウ

18mm. 伊豆諸島, 本〜九. 低山地の裸地や河原に最普通. 斑紋, 体色は個体変異が多い

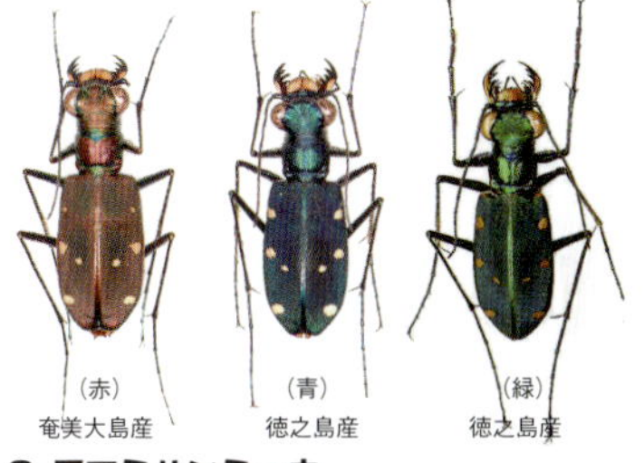

2. アマミハンミョウ

16mm. 奄美, 加計, 徳. 林縁林道や樹林内の裸地. 夜間は葉上で休む. 徳之島産は青系個体が一番多く, 次に赤系, 緑系が一番少なく, 極めて稀に黒系

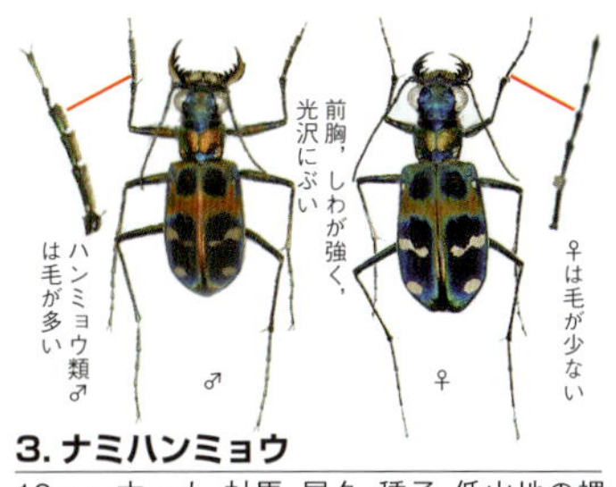

3. ナミハンミョウ

19mm. 本〜九, 対馬, 屋久, 種子. 低山地の裸地や河原に普通. 8〜9月に新成虫が現れる

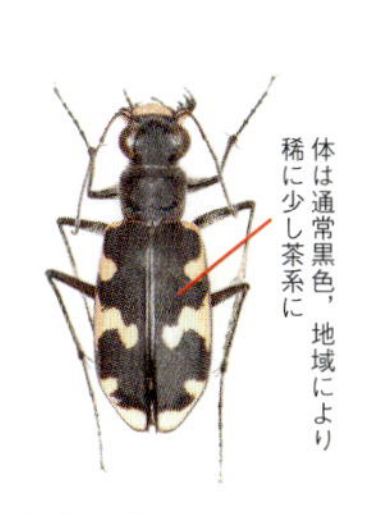

4. ルイスハンミョウ

17mm. 本(大阪以西の瀬戸内), 四, 九, 干潟が現れる海岸に見られるが, 産地が限定される. 国・鹿県絶Ⅱ

5. エゾカタビロオサムシ

27mm. 北〜九, ト, 奄. 夜行性. 灯火によく来る

6. ヒメオサムシ

26mm. 本〜九. 夜行性. 低山地の森林内を歩き回る

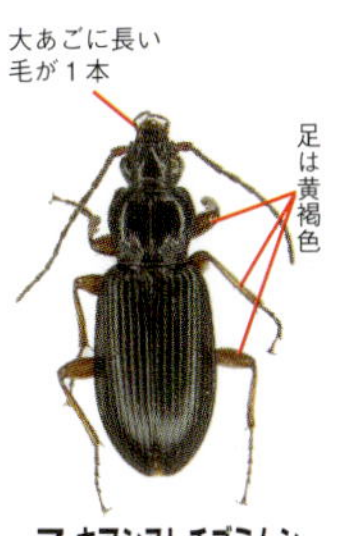

7. キアシヌレチゴミムシ

15mm. 北〜九. 平地の河原など水辺に見られる

8. セアカヒラタゴミムシ

18mm. 北〜九. 平地〜山地. 夜行性で灯火によく来る

9. マイマイカブリ

49mm. 北〜九, 甑, 熊. 平地〜山地の林や周辺に多い. 和名はカタツムリに頭を突っ込んで食べる姿からきた

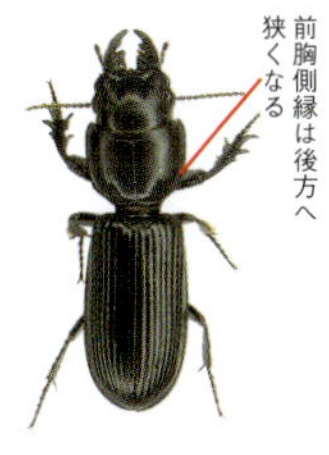

10. ナガヒョウタンゴミムシ

17mm. 本〜九, 琉. 砂地に住む

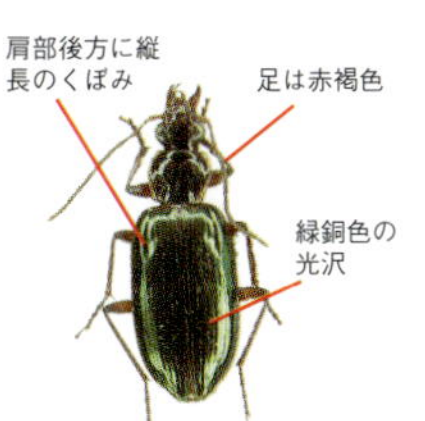

11. オオアオモリヒラタゴミムシ

12mm. 北〜九, 琉. 樹の葉上で見つかり花にも来る

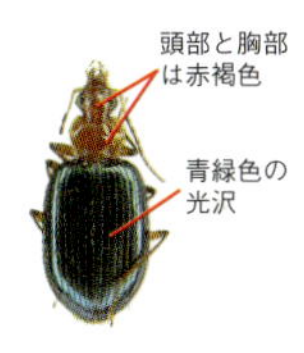

12. クビアカモリヒラタゴミムシ

8mm. 本〜九, ト, 奄. 樹の葉上で見つかり花にも来る

13. ツヤマルガタゴミムシ

8mm. 本, 九. 平地の草地に多い. 他によく似た種がいる

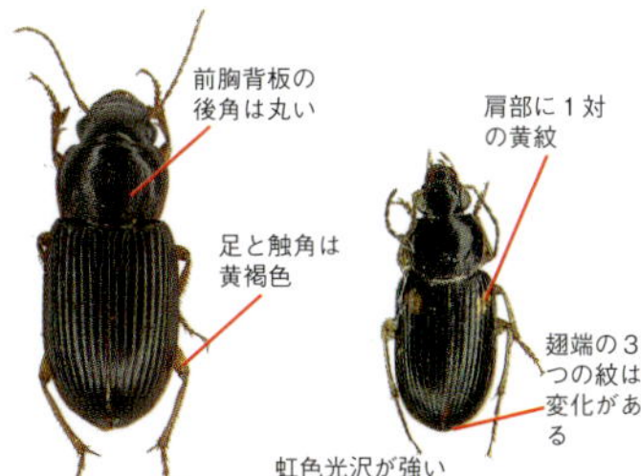

14. ウスアカクロゴモクムシ

13mm. 北〜九, 熊, ト, 沖. 平地の湿った草地や畑. 似た種が多い

15. イツホシマメゴモクムシ

6mm. 全土. 平地の草地や畑地. 灯火にも来る

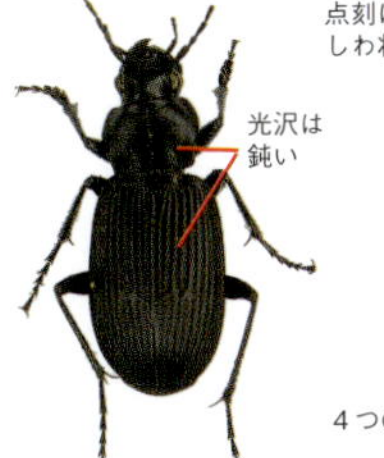

16. オオスナハラゴミムシ

24mm. 北〜九, 沖. 灯火によく来る

17. オオヨツボシゴミムシ

18mm. 本〜九, 琉. 平地〜低山地. より小型の似た種がいる

ハンミョウ科［1～7］ホソクビゴミムシ科［8、9］エンマムシ科［10・11］デオキノコムシ科［12］シデムシ科［13～17］ハネカクシ科［18～20］

1. スジアオゴミムシ
23mm. 北～九, ト, 沖. 平地～山地の森林に見られる

2. オオアトボシアオゴミムシ
17mm. 全土. 平地～山地の草原や畑地に見られる

3. フタモンクビナガゴミムシ
7.5mm. 本～九. 河原など水辺の草地に見られる

4. ヤホシゴミムシ
11mm. 北～九, 奄, 沖. 樹上でガの幼虫を捕食し, 花にも来る

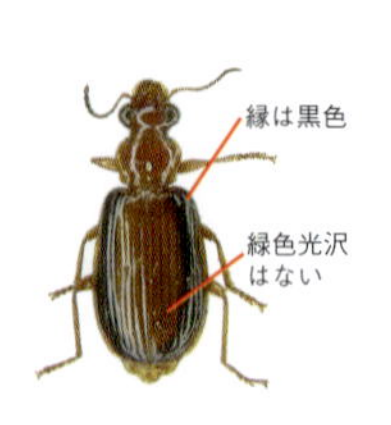

5. クロヘリアトキリゴミムシ
9mm. 本～九. 樹の葉上にいる. 黒筋に緑色光沢があるのはアオヘリアトキリゴミムシ

6. フタホシアトキリゴミムシ
4.5mm. 北～九, 熊. 樹上性で花にも来る

7. クビボソゴミムシ
21mm. 本～九. 平地～低山地の林床に見られる

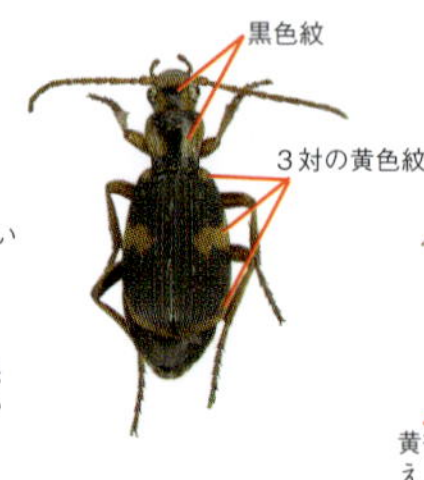

8. ミイデラゴミムシ
15mm. 北～九, 屋, ト, 奄. 平地～低山地の湿った土地に多い. 俗にヘッピリムシとも呼ばれる

9. オオホソクビゴミムシ
13mm. 北～九. 夜行性で平地～低山地の林床に見られる

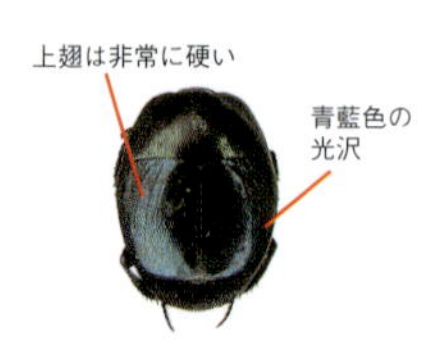

10. ルリエンマムシ
6.5mm. 北～九, 屋, 琉. 腐肉や糞に来てウジを食べる

11. エンマムシ
11mm. 北～九, 奄, 沖. 春～秋. 動物の死体や糞に発生するウジを食べる

12. エグリデオキノコムシ
7mm. 北～九. サルノコシカケやカワラタケのなかまなど, 多孔菌に集まる

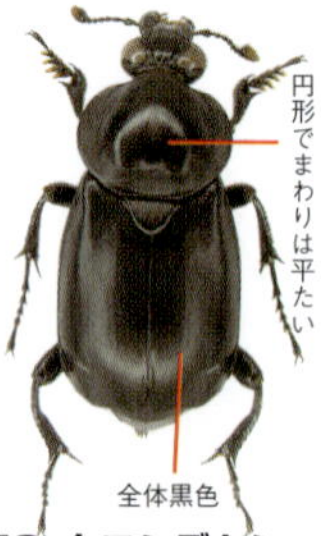

13. クロシデムシ
33mm. 北～九, 屋. 小動物の死体を土に埋めて卵を産みつける

14. ヨツボシモンシデムシ
17mm. 北～九, 屋. 次種とともに甲虫のなかまでは珍しく親が子育てをする

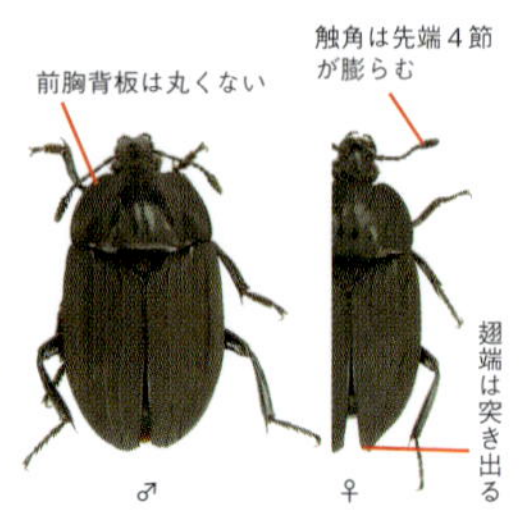

15. オオヒラタシデムシ
21mm. 北～九. 動物の死体やごみため.に集まる

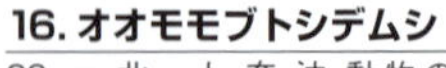

16. オオモモブトシデムシ
22mm. 北～九, 奄, 沖. 動物の死体や腐肉に集まる

17. チョウセンベッコウヒラタシデムシ
20mm. 本, 九. 鹿児島県内では各地で採集されているが少ない

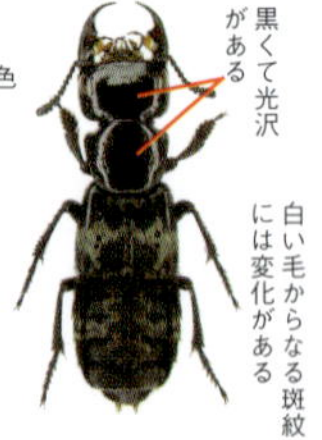

18. オオハネカクシ
18mm. 北～九, 屋, 沖. 腐廃物や糞にわくハエの幼虫などを捕食する

19. アオバアリガタハネカクシ
7mm. 全国. 成虫の体液が皮膚に付くと炎症を起こし水ぶくれになる. 夏, 灯火によく来る

20. アカバハネカクシ
17mm. 北～九. 動物の死体や糞に集まり, 他の虫の幼虫を食べる

＊クワガタムシは日本に39種が分布する. 鹿児島県には21種, そのうち4種は特産種で, いずれも奄美諸島に生息する. 地理的変異が知られ, 島ごとに亜種に分けられているものもある. 幼虫は朽ち木を食べるものがほとんどで, 期間は1年〜2年のものが多い. 成虫は年内に死ぬものから3〜4年生きるものまでいる.

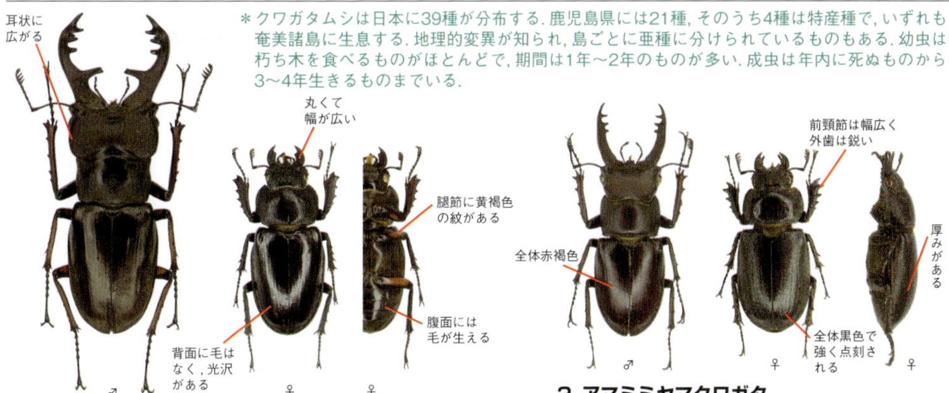

1. ミヤマクワガタ

♂40〜78mm, ♀25〜40mm. 北〜九, 黒島.6〜9月. 低山地〜山地のクヌギ・コナラなどの樹液に昼間集まり, 灯火にも来る

2. アマミミヤマクワガタ

♂24〜49mm, ♀27〜32mm. 奄美大島.6〜9月. 日没前後に生息地の樹上を活発に飛び回り, 木や電柱に止まる. 鹿県絶Ⅱ. 奄美市指定希少野生動物

3. ノコギリクワガタ

♂27〜74mm, ♀25〜37mm. 北〜九, 熊.6〜9月. クヌギやコナラなどの樹液に集まり, 灯火にもよく来る. 各地に普通

＊ノコギリクワガタは, 鹿児島県に4亜種がいる.

ノコギリクワガタ（北〜九,種子島,屋久島）
ミシマイオウノコギリクワガタ（硫黄島）
クロシマノコギリクワガタ（黒島）
クチノエラブノコギリクワガタ（口永良部島）

＊リュウキュウノコギリクワガタは, 鹿児島県に4亜種がいる.

アマミノコギリクワガタ（奄美大島,加計呂麻島）
トカラノコギリクワガタ（トカラ列島）
トクノシマノコギリクワガタ（徳之島）
オキノエラブノコギリクワガタ（沖永良部島）

4. リュウキュウノコギリクワガタ（アマミノコギリクワガタ）

♂24〜79mm, ♀25〜40mm. ト, 奄, 沖.6〜9月. クヌギやタブなどの樹液や腐った果実に集まり, 灯火にもよく来る. 普通

5. アマミシカクワガタ

♂22〜47mm, ♀20〜30mm. 奄, 徳, 沖.6〜9月. 樹液や腐った果実に集まり, 灯火にも来る. 少ない. 鹿県絶Ⅱ. 奄美市および徳之島3町指定希少野生動物

クワガタムシ科 [1～8]

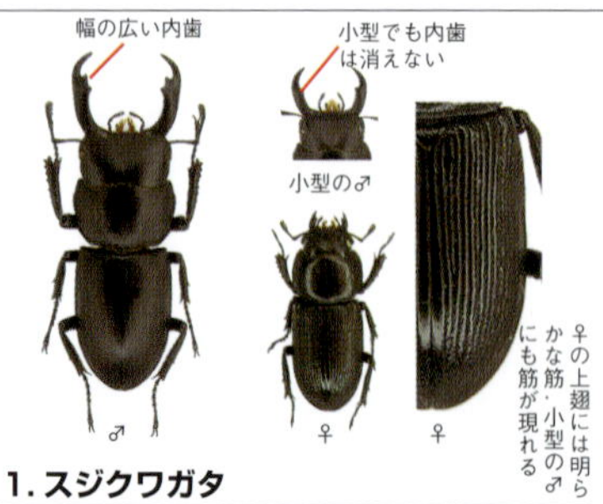

1. スジクワガタ

♂15～37mm, ♀14～20mm. 北～九, 熊.5～9月山地の樹液に集まり, 地上を歩いている個体が見つかることも多い. 灯火にも来る. 屋久島には亜種ヤクシマスジクワガタを産する

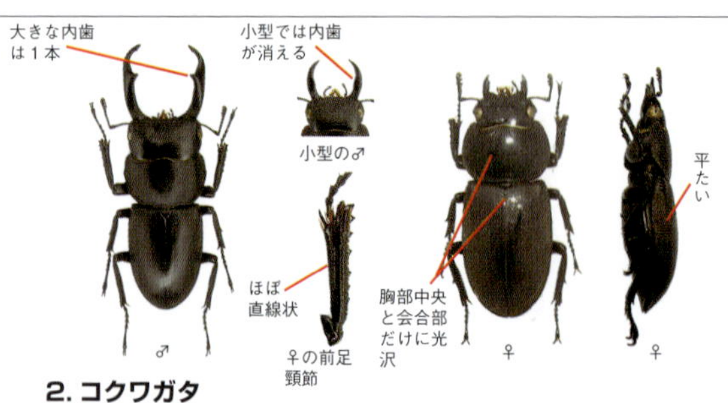

2. コクワガタ

♂22～53mm, ♀22～29mm. 北～九, 熊, ト.5～9月. クヌギやコナラなどの樹液に集まり, 灯火にもよく来る. クワガタムシでは最も普通. 鹿県に4亜種, コクワガタ(北～九), ヤクシマコクワガタ(甑, 種, 屋, 馬), トカラコクワガタ(中, 諏, 悪, 臥), ミシマコクワガタ(黒, 硫, 竹, 口永)

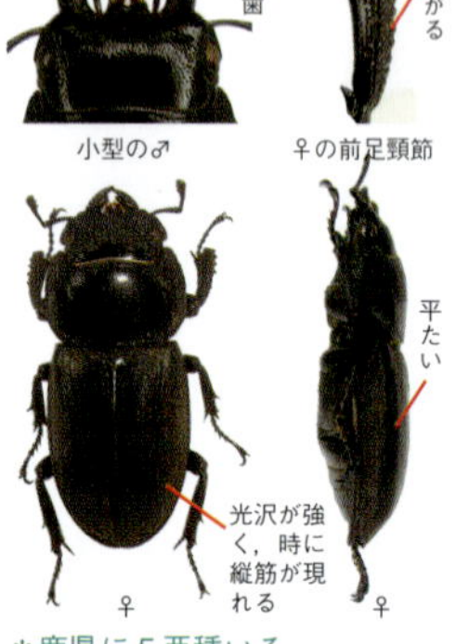

3. ヒラタクワガタ

♂29～73mm, ♀25～41mm. 本～九, 甑, 熊, 琉.5～10月. 平地～低山地の樹液に集まり, 灯火にもよく来る

＊鹿県に5亜種いる.
ヒラタクワガタ(本～九, 種, 屋, 黒, 硫, 竹), タカラヒラタクワガタ(宝, 小宝), アマミヒラタクワガタ(奄美大島, 加, 請), トクノシマヒラタクワガタ(徳, 与路), オキノエラブヒラタクワガタ(沖永)

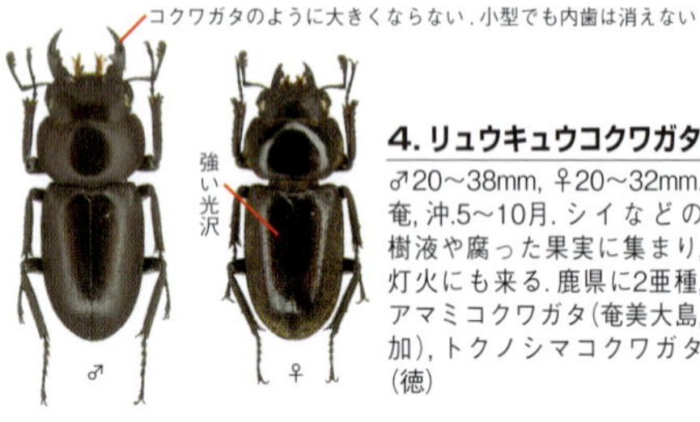

4. リュウキュウコクワガタ

♂20～38mm, ♀20～32mm. 奄, 沖.5～10月. シイなどの樹液や腐った果実に集まり, 灯火にも来る. 鹿県に2亜種, アマミコクワガタ(奄美大島, 加), トクノシマコクワガタ(徳)

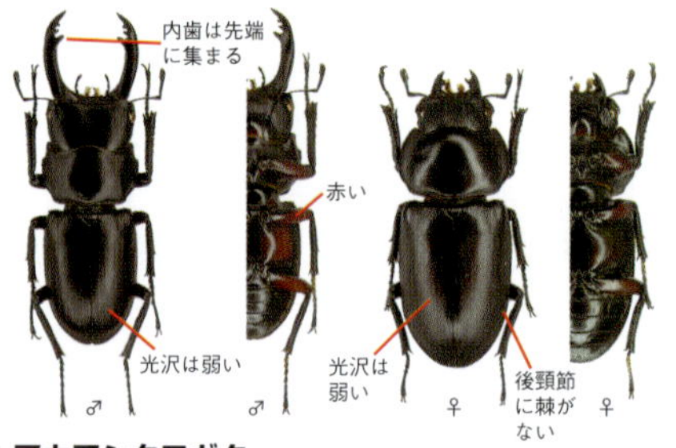

5. アカアシクワガタ

♂24～58mm, ♀25～38mm. 北～九.6～10月. 昼間, 山地のヤナギ類の樹液に集まり, 灯火にもよく来る

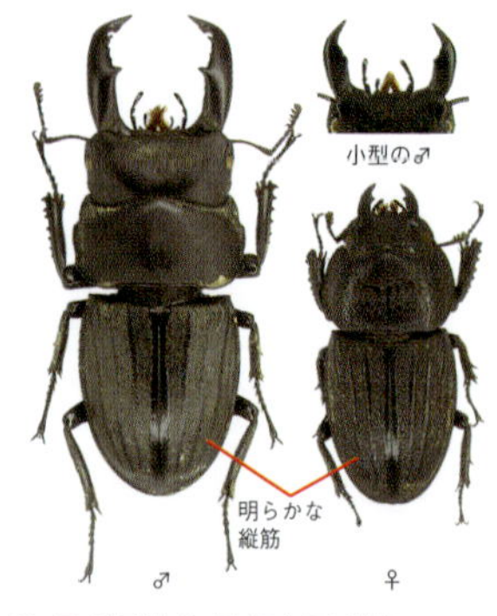

6. スジブトヒラタクワガタ

♂25～66mm, ♀27～37mm. 奄美諸島.6～10月. 樹液に集まり, とくにアカメガシワを好む. 鹿県準絶

7. オオクワガタ

♂27～76mm, ♀34～43mm. 北～九.6～8月. 人里に近い雑木林のクヌギやカシ類の大木の樹液に集まる. 鹿児島県ではきわめて稀. 写真は静岡県産. 国絶Ⅱ, 鹿県絶Ⅰ

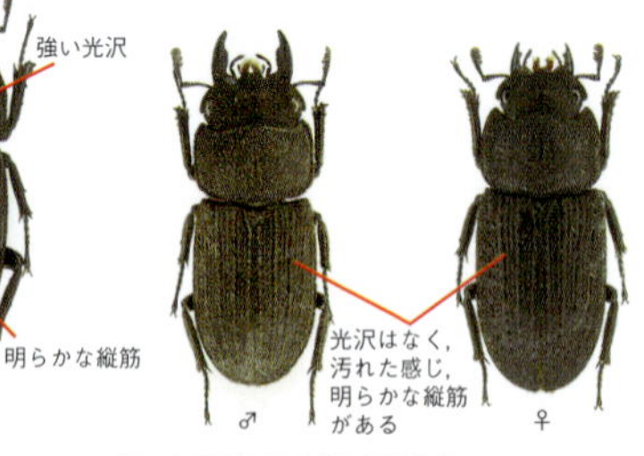

8. ヤマトサビクワガタ

♂20mm, ♀19mm. 徳之島, 大隅半島南端. 夏の後半に多く, 腐果によく集まる. 現在, 確実な産地は徳之島のみ. 鹿県絶Ⅱ. 徳之島3町指定希少野生動物

＊鹿児島県では未記録であるが，九州本土には他にヒメオオクワガタ，ツヤハダクワガタ，コルリクワガタ，ニセコルリクワガタが分布し，いずれも山地に見られる．

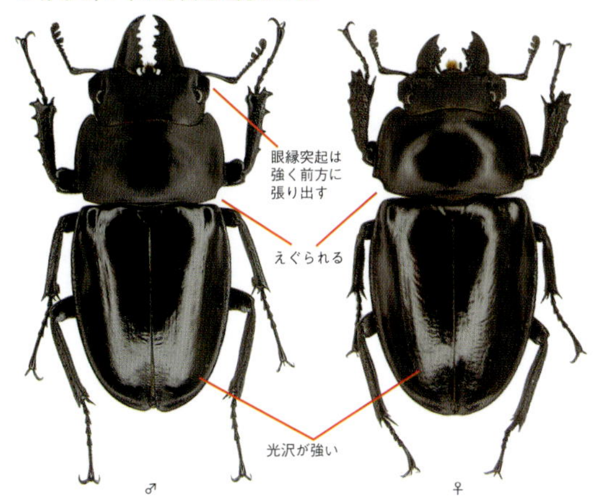

1. アマミマルバネクワガタ

♂45～64mm ♀42～52mm. 奄美大島，徳之島，請島.8～10月. 幼虫はシイ類の古木の芯部が朽ちてたい積した泥状部を食べて育つ. 成虫はほとんど飛ぶことはなく，夜間発生木をはうものや昼間発生木を離れて道路上を歩行するものが見つかる. 国絶ⅠB，鹿県絶Ⅰ. 奄美市および徳之島３町指定希少野生動物. 請島に産する亜種ウケジママルバネクワガタは国絶Ⅰ，鹿県絶Ⅰ. 国指定希少野生動物

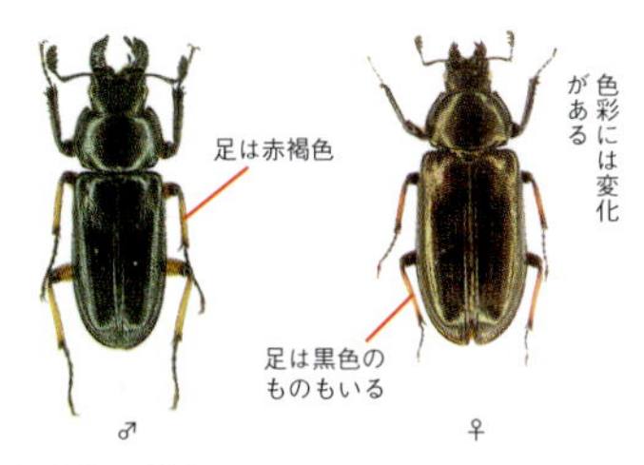

2. ルリクワガタ

♂13mm，♀11mm. 本～九.3～7月. ブナの生える高地に生息する. 鹿児島県では霧島山からしか見つかっていない

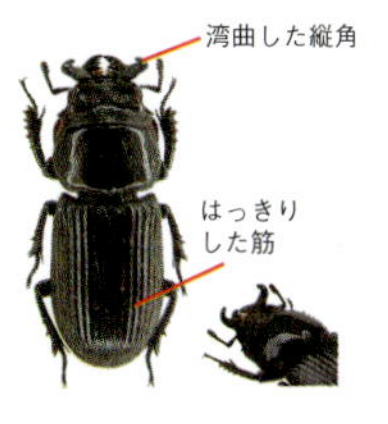

3. ルイスツノヒョウタンクワガタ

14mm. 本～九，熊，琉. 海岸近くの広葉樹の朽ち木の中に住み，成虫はほぼ1年中見られる

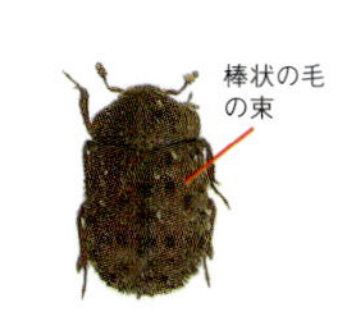

4. マダラクワガタ

5mm. 北～九，屋. 山地の赤腐れした朽ち木の中に住むが，大隅半島では低地で採集された記録もある

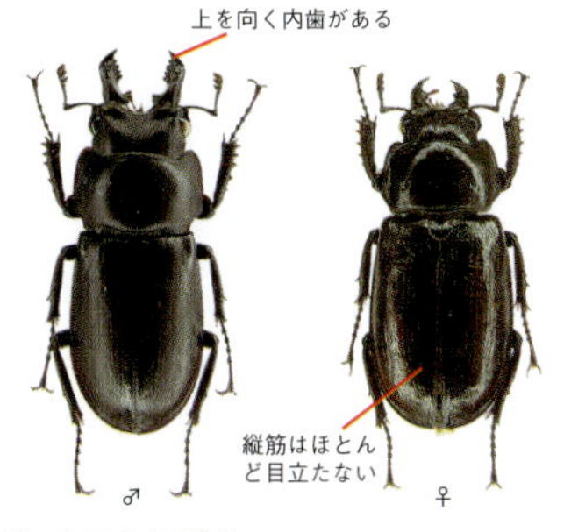

5. オニクワガタ

♂19mm，♀17mm. 北～九，屋.7～9月. 朽ち木より得られ，灯火にも来る. 県本土にいるのは亜種キュウシュウオニクワガタで鹿県準絶. また，屋久島には亜種ヤクシマオニクワガタを産する

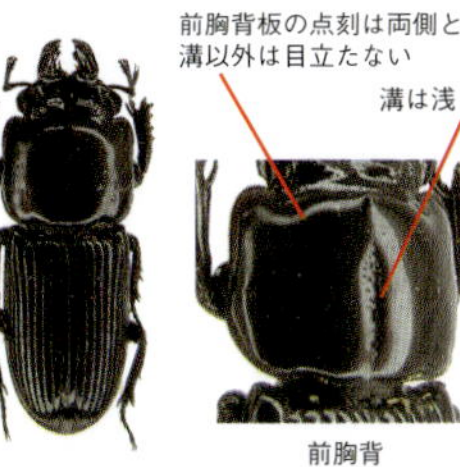

6. チビクワガタ

12mm. 本～九. 広葉樹の朽ち木の中に住み，成虫はほぼ1年中見られる

7. マメクワガタ

10mm. 本～九，熊，琉. 広葉樹の朽ち木に住み，成虫はほぼ1年中見られる

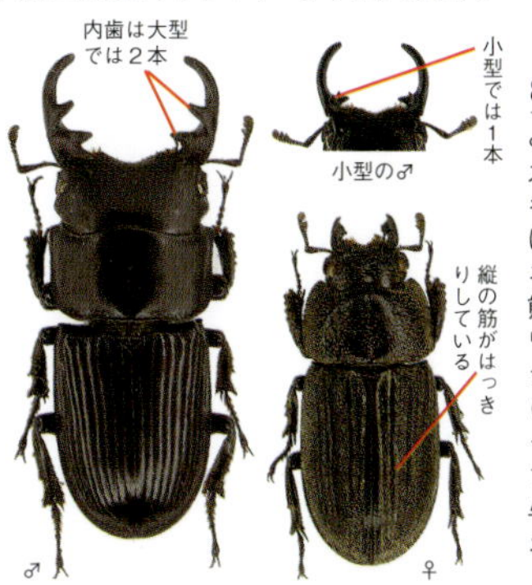

8. ネブトクワガタ

♂23mm，♀20mm. 本～九，熊，琉.5～10月. クヌギやコナラなどの樹液に集まる. 鹿県に6亜種，ネブトクワガタ（本～九，熊毛），トカラネブトクワガタ（諏，悪），ガジャジマネブトクワガタ（臥），ナカノシマネブトクワガタ（中），アマミネブトクワガタ（奄美大島，与路，徳），オキノエラブネブトクワガタ（沖永）

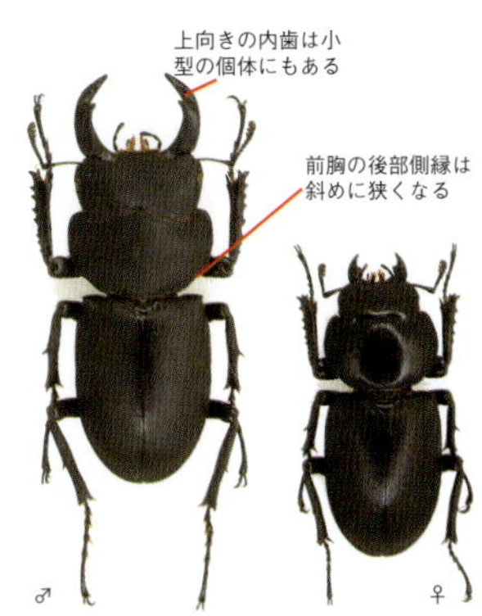

9. ヒメオオクワガタ

♂32～52mm，♀28～38mm. 北～九.6～10月. 特にヤナギ類の樹液に集まり，成虫で越冬する. 幼虫はブナの立ち枯れや倒木から見つかる. 鹿児島県では2007年に発見されたが，生息地は明らかにされていない

オオセンチコガネの頭楯は長目で台形

センチコガネの頭楯は短く半円形

1. オオセンチコガネ

19mm. 北～九, 屋. 動物の糞や死がいを食べる. 色彩に変化がある

2. センチコガネ

17mm. 北～九, 屋, 奄, 沖. 動物の糞や死がいを食べる

3. ムネアカセンチコガネ

12mm. 北～九. 牛糞などに集まり, 灯火にも来る

4. フチトリアツバコガネ

10mm. 九(南部), 琉球. 灯火に来る

5. アイヌコブスジコガネ

11mm. 北, 本, 九. 4～9月. 山地に生息する。鳥獣の古い死体に集まり, 灯火にも来る

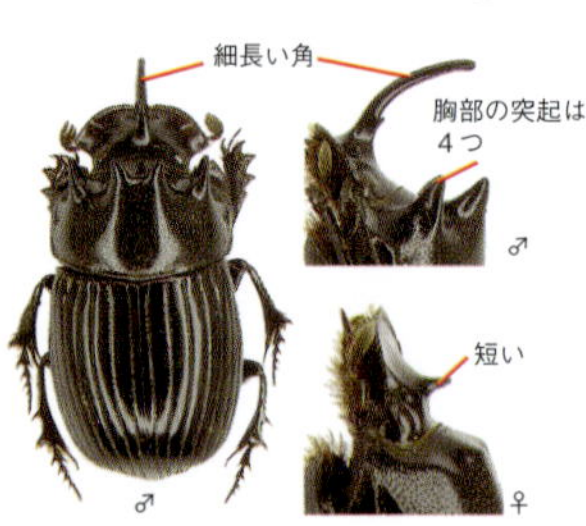

6. ゴホンダイコクコガネ

13mm. 北～九. 4～10月. 山地の獣糞に来る. 大隅半島南部では8月, サルの糞に多かった

7. ダイコクコガネ

23mm. 北～九, 口永良部島. 6～10月. 放牧地にみられ, 灯火に来る. 国準絶, 鹿県絶Ⅱ

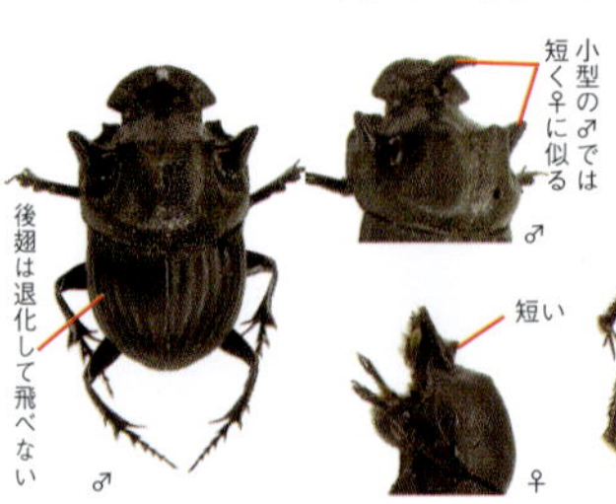

8. マルダイコクコガネ

16mm. 奄美大島, 徳之島. 10～3月. 獣糞に来る. 少ない. 国絶Ⅱ, 鹿県絶Ⅰ. 奄美市および徳之島3町指定希少野生動物

頭部に2本の横隆起線

鋭くとがる

9. カドマルエンマコガネ

9mm. 北～九, 熊, ト. 4～11月. 牛糞などに集まり, 灯火にも来る. 似た種が多い

まだら状の黒斑がある

10. セマダラマグソコガネ

5mm. 北～九. 平地～低山地の各種糞に集まる. 市街地の犬糞にも多い

片側4本の筋

11. セスジカクマグソコガネ

6mm. 本～九, 熊毛, ト, 沖. 牛糞などに来る. より小型の似た種がいる

12. ヒゲコガネ

35mm. 本～九. 河原などの砂地に住み, 灯火によく来る

13. オキナワシロスジコガネ

28mm. ト, 奄, 沖. 灯火に来る. 北～九の海岸近くの松林にはよく似たシロスジコガネがいる

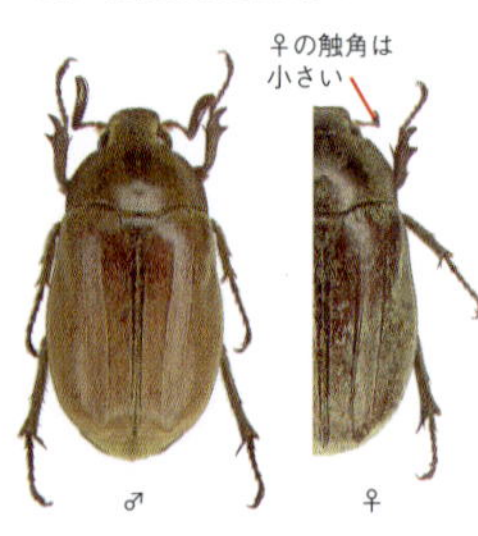

14. オオコフキコガネ

29mm. 本～九, 屋. 海岸や河川の近くに多い. 奄美にはよく似たアマミコフキコガネがいる

前頸節の外歯の比較

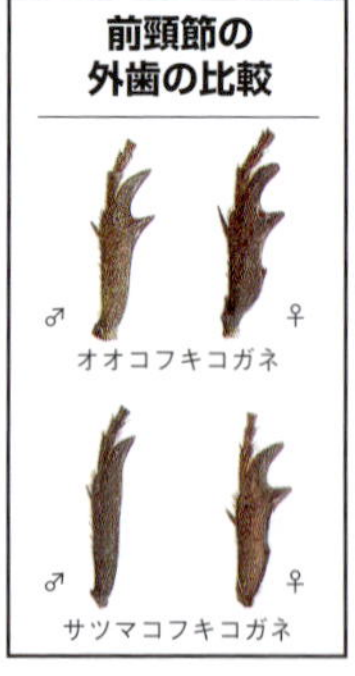

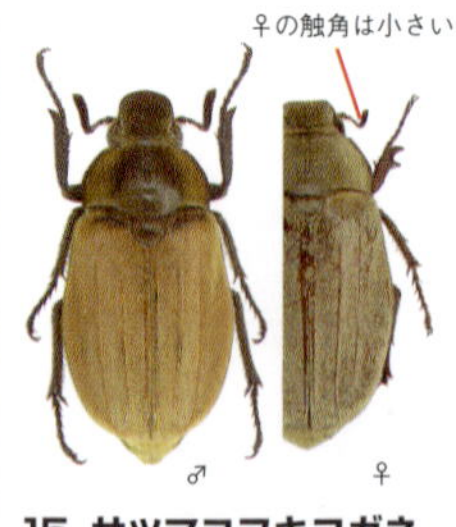

15. サツマコフキコガネ

30mm. 九, 熊毛. クリやクヌギの葉に群れることがある. 各地に普通

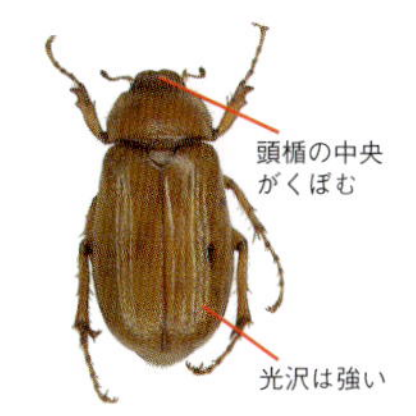

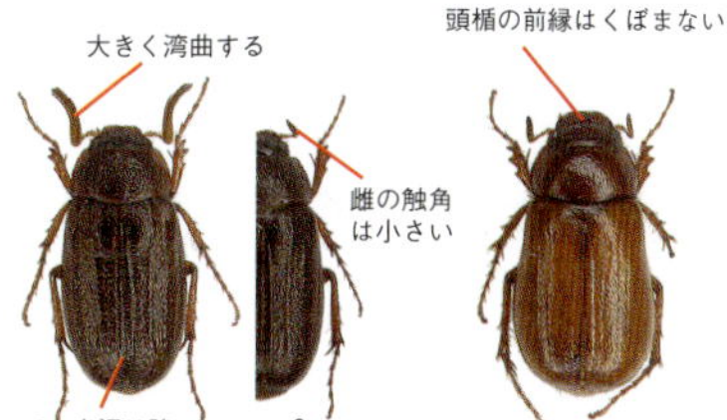

1. クロコガネ

20mm. 北～九. トカラや奄美大島にはそれぞれよく似た別種がいる

2. クリイロコガネ

20mm. 本～九. クヌギなど広葉樹の葉を食べる

3. オオキイロコガネ

18mm. 本～九.5月頃から現れ, 広葉樹の葉を食べる

4. ヒゲナガクロコガネ

13mm. 九. 夏に山地の灯火によく集まる

5. ナガチャコガネ

13mm. 北～九, 屋, 甑. 頭楯の前縁部はくぼまない

コガネムシ類の幼虫

畑や花壇の土の中からよく見つかる. よく似たクワガタムシの幼虫は朽ち木を食べるので普通土の中からは見つからない.

頭楯の前縁
は丸い
後足の爪に切れ
込み
上翅の内側
末端に棘状
毛の束

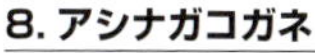

6. フタスジカンショコガネ

10mm. 九～沖永良部島. 前種の他にも似た種がいる

7. ヒメアシナガコガネ

9mm. 北～九, 屋. 色彩には多くの変異がある. 次の4～7の種とともに5月頃から現れ, シイやクリなど各種の花によく集まる

8. アシナガコガネ

7.5mm. 本～九, 屋. 頭楯は前方に向かって狭まり, 前縁はわずかにへこむ

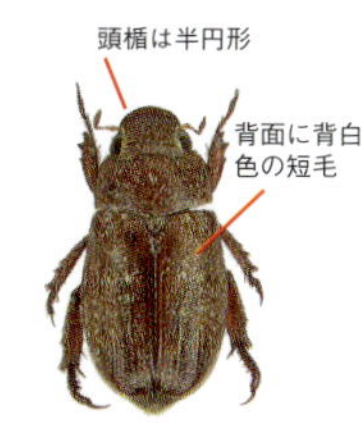

9. ビロウドコガネ

9mm. 北～九, 沖(南部)4月頃から現れる. 似た種がいる

10. コイチャコガネ

11mm. 北～九, 甑.5月から現れ, クヌギなどの葉を食べる. 普通

11. マメコガネ

11mm. 北～九, 屋.5月から現れ, ダイズやクヌギなどの葉を食べる. 普通

12. ツキガタマメコガネ

11mm. 奄, 徳, 沖.4～7月に現れ, 葉上に見られる

13. ナラノチャイロコガネ

10mm. 本～九.4～5月. 丈の低い草地を飛び回り, 各種広葉樹の葉を食べる

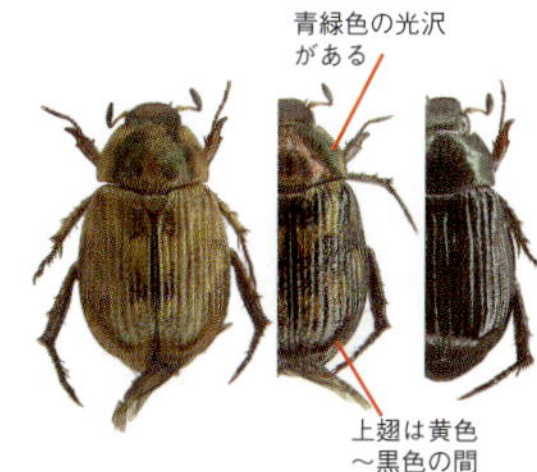

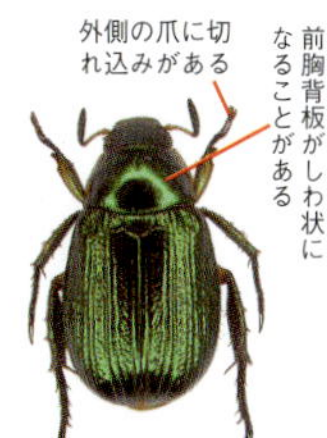

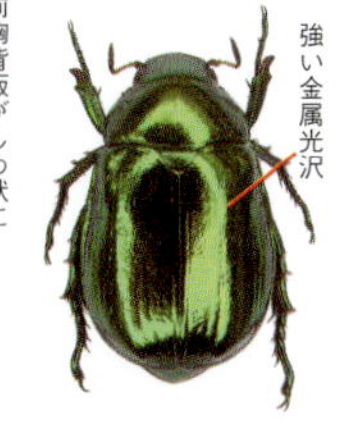

14. セマダラコガネ

11mm. 北～九.6月頃から現れ, 広葉樹の葉を食べる. 普通

15. ドウガネブイブイ

21mm. 北～九, 熊.6月頃から現れ, ブドウの葉を好んで食べる. 各地に普通

16. タケムラスジコガネ

15mm. 本～九.6月頃から現れ, 灯火によく来る

和名は竹村芳夫氏(鹿児島)にちなむ

17. コガネムシ

21mm. 北～九.6～7月に多く, 各種広葉樹の葉を食べる. 各地に普通

18. アオドウガネ

22mm. 本～九, 熊, 琉.6月頃から現れる. 普通. 奄美にはよく似たオオシマドウガネがいる

腹節の両側は縁取られない

上翅の縁取りは後方の角に達する

三角形の2紋は一つになることがある

第3腹節まで縁取られる

1. オオスジコガネ

19mm. 北～九. 色彩に変異がある.6月頃から現れ, 針葉樹の葉を食べる. 灯火にも来る

2. スジコガネ

18mm. 北～九, 屋, ト. 色彩に変異がある.6月頃から現れ, 針葉樹の葉を食べる. 灯火にも来る

3. サクラコガネ

18mm. 北～九, 屋.6月頃から現れる. 背面・腹面ともに色彩には変化がある

4. サンカクスジコガネ

15mm. 九, 熊, 琉.5月頃から現れる. 上翅は緑色～黄褐色

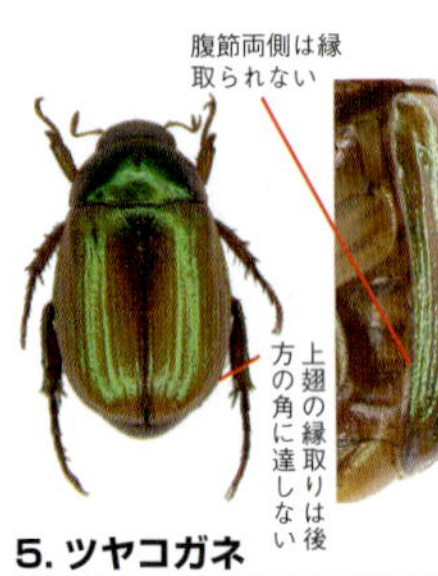

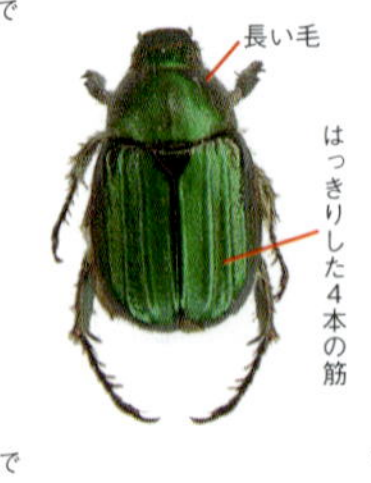

5. ツヤコガネ

16mm. 北～九, 屋.6月頃から現れ, 背面・腹面ともに色彩には変化がある

6. ヒメコガネ

15mm. 北～九, 熊, ト. 色彩には変化が多い.6月頃から現れ, 各種植物の葉を食べる. 普通

7. ヒラタアオコガネ

11mm. 本～九, 熊, 沖. 4月頃から現れ, 広葉樹の葉を食べる

8. ヒラタハナムグリ

5.5mm. 北～九, 屋, ト.4～8月. ♂は花に集まり, ♀は朽ち木に来る. 普通

♀の触角は小さい

♂ ♂ ♀ ♀

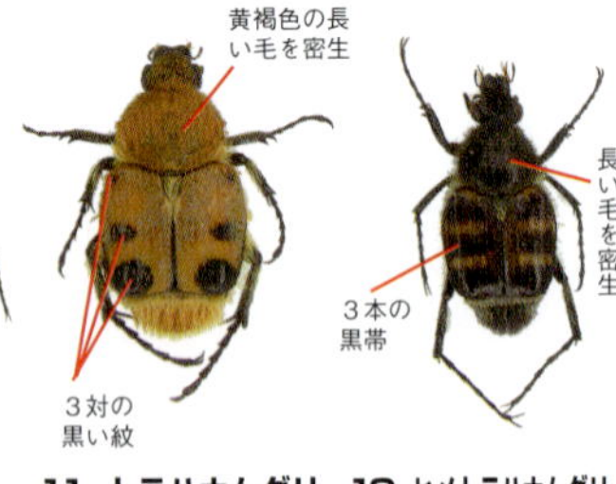

9. オオシマオオトラフハナムグリ

12mm. 奄, 沖.3～5月. 花に集まる. ♂には通常型と黒色型があり, ♀は♂の通常型に似るが, 稀に黒色型がいる

10. ジュウシチホシハナムグリ

12mm. 本～九, 屋.5～7月. 花に集まる. ♂♀ともに赤色型と黒色型がある

11. トラハナムグリ

13mm. 北 ～ 九.5～7月花に来る

12. ヒメトラハナムグリ

11mm. 北～九, 屋.5～8月. 花に来る

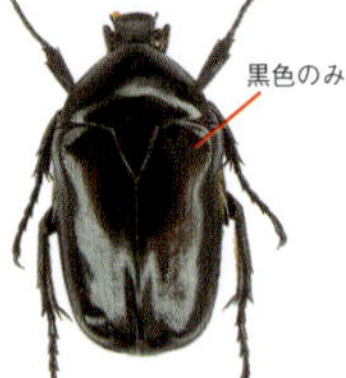

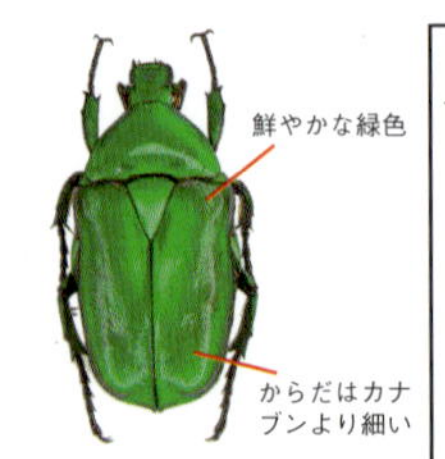

後足の基節間の距離

接するアオカナブン

離れるカナブン

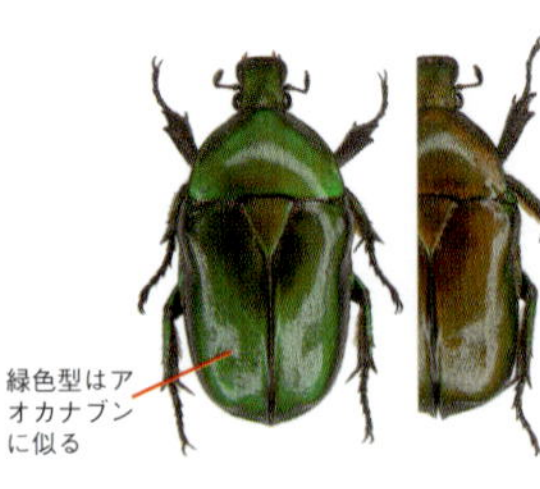

13. クロカナブン

27mm. 本～九, 甑, 熊 7～8月. 樹液や熟果に来る

14. アオカナブン

25mm. 北～九.7～8月. カナブンの緑色型に似る. 低山地～山地の樹液に集まる

15. カナブン

26mm. 本～九, 熊. 銅色～緑色まで色彩に変化が多い.7～8月. 樹液や熟果に普通

1. シラホシハナムグリ

20mm. 本～九.6～8月. 樹液や熟した果実に集まる. 鹿児島ではシロテンハナムグリより少ない

2. シロテンハナムグリ

21mm. 本～九, 熊, 琉.5～9月. 樹液や熟した果実に集まり, 花に来ることもある. 普通

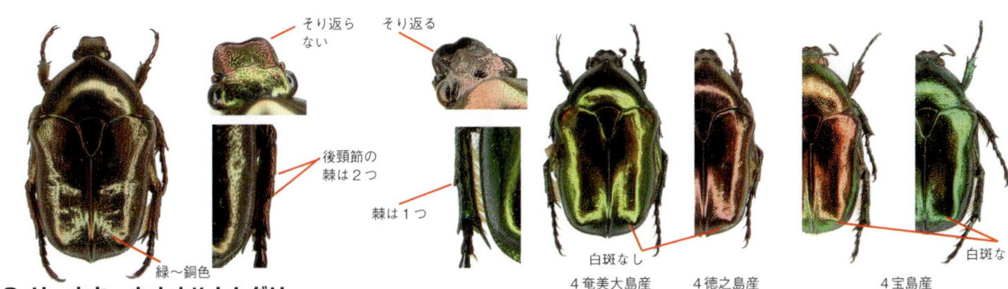

3. リュウキュウオオハナムグリ

26mm. 熊, 奄, 沖.3～7月. 樹液に集まるが少ない

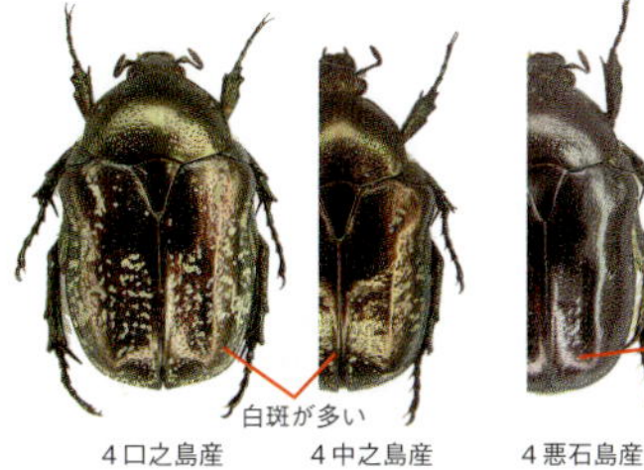

4. リュウキュウツヤハナムグリ

22mm. 九(南端), 琉.5～8月. 樹液や熟した果実に来る. 色や斑紋に変異が多いが, 産地により大体一定している

頭楯の比較

オオシマアオハナムグリ

イシガキシロテンハナムグリ

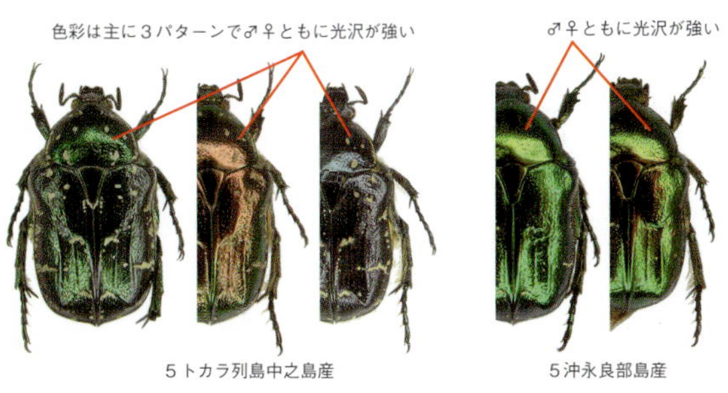

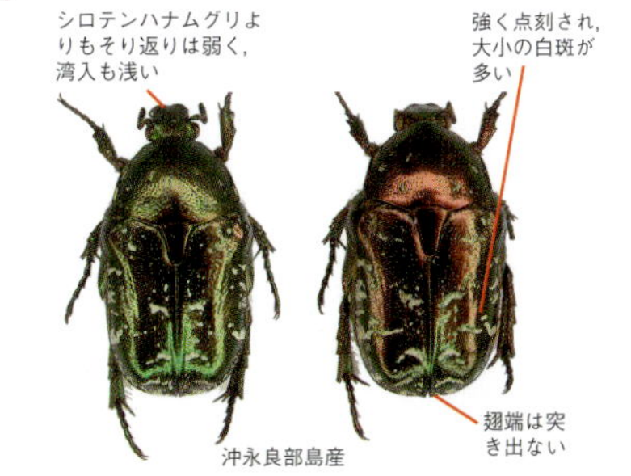

5. オオシマアオハナムグリ

19mm. ト, 奄, 沖.5～8月. 樹液や熟した果実に集まる. 色や斑紋に変異が多いが, 産地により一定している

6. イシガキシロテンハナムグリ

19mm. 喜界島, 沖永良部島, 沖.6～8月. 樹液や熟した果実に集まる. 色や斑紋に変異が多いが, 産地により一定している

コガネムシ科 [1～14]

カブトムシの亜種としてはオキナワカブトムシの他に，鹿児島県口永良部島の個体群が亜種ツチヤカブトムシとして，沖縄県久米島の個体群が亜種クメジマカブトムシとして記載されている

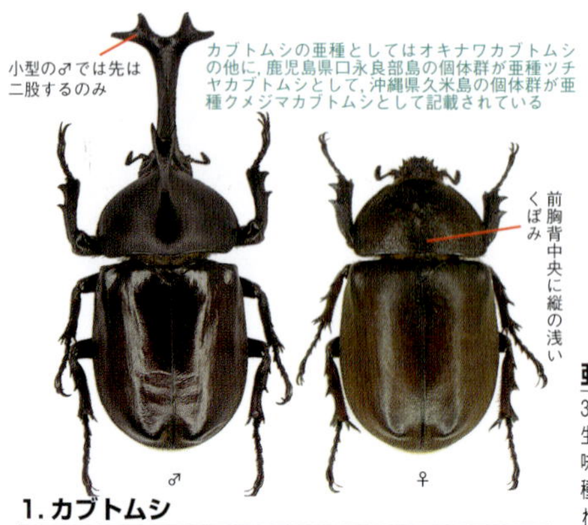

1. カブトムシ

43mm. 本～九, 熊毛, 沖.6～8月. 樹液に集まり, 灯火にもよく来る. 沖縄には, 亜種オキナワカブトムシを産する

亜種オキナワカブトムシ

30～45mm. 沖縄本島中北部に生息する小型の個体群. 体色は黒味が強く角の発達が悪い. 本土亜種との交雑により, その特徴が失われることが心配されている

国内から知られているカブトムシのなかま（カブトムシ亜科）は1～4の他, 4によく似たヒサマツカブトムシ（南大東島, 近年は採集例がない）と3によく似たツヤクロマルカブトムシ（トカラ列島）の合計6種

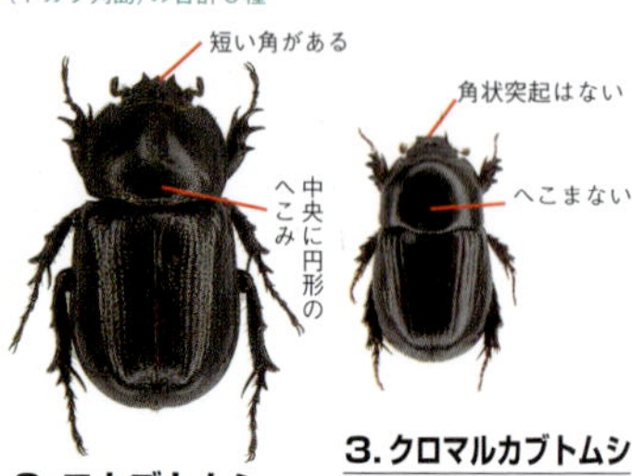

2. コカブトムシ

21mm. 北～九, 屋, 琉.4～10月朽ち木や腐葉土中にすみ, 灯火にも来る

3. クロマルカブトムシ

14mm. ト（宝島）, 沖永良部島, 沖（粟国島）.5～6月. 灯火に来る. 稀

4. サイカブトムシ（タイワンカブトムシ）

38mm. 奄美以南. 冬を除きほぼ周年. 幼虫はヤシ類の幹やサトウキビの根を食べる大害虫. 近年, 九州本土（鹿児島県および宮崎県）でも稀に採集されている

国指定天然記念物・国内希少野生動植物種（種の保存法）として採集が禁じられているが, 生息地となる原生林の保護には万全を期すことが望まれる

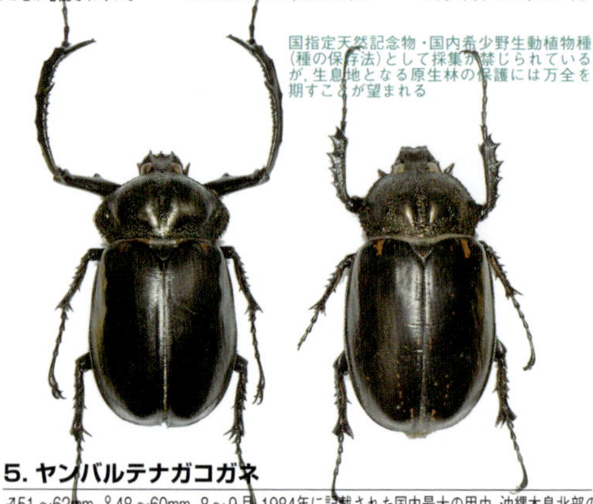

5. ヤンバルテナガコガネ

♂51～62mm, ♀48～60mm. 8～9月. 1984年に記載された国内最大の甲虫. 沖縄本島北部の原生林に生息し, 大木にあいた樹洞に堆積した腐植質で幼虫が育つ. 国絶Ⅰ. 国指定希少野生動物

6. オオチャイロハナムグリ

27mm. 本～九, 屋.7～8月. 山地の大木の洞や立ち枯れの中に住み, 山頂に飛来することもある. 成虫は独特の臭気を出す. 稀. 国・鹿県準絶

7. クロハナムグリ

13mm. 北～九, 沖（八重山諸島）.4～8月. 春に多く, 花に来る

8. アカマダラハナムグリ

17mm. 本～九.5～8月. 樹液や花に来るが, 稀. 近年, 鹿児島市内で採集された. 鹿県絶Ⅰ

9. ナミハナムグリ

17mm. 北～九, 屋.4～7月. 花に来る

10. アオハナムグリ

17mm. 北～九, 屋.5～9月. 花に来る

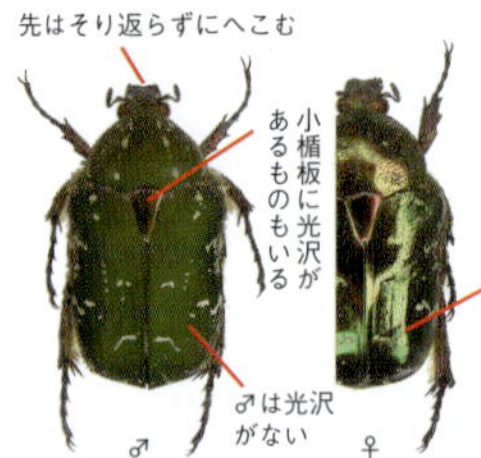

11. キョウトアオハナムグリ

22mm. 本～九, 屋.6～7月. 樹液に集まる

12. ホソコハナムグリ

10mm. 本～九, 屋.5月頃から現れ, 花に集まる

13. アオヒメハナムグリ

14mm. 本～九, 屋, 琉. 稀に赤色型がいる

14. コアオハナムグリ

12mm. 北～九, 屋. 色彩には変化がある. 春と秋に多く, 花に来る. 普通

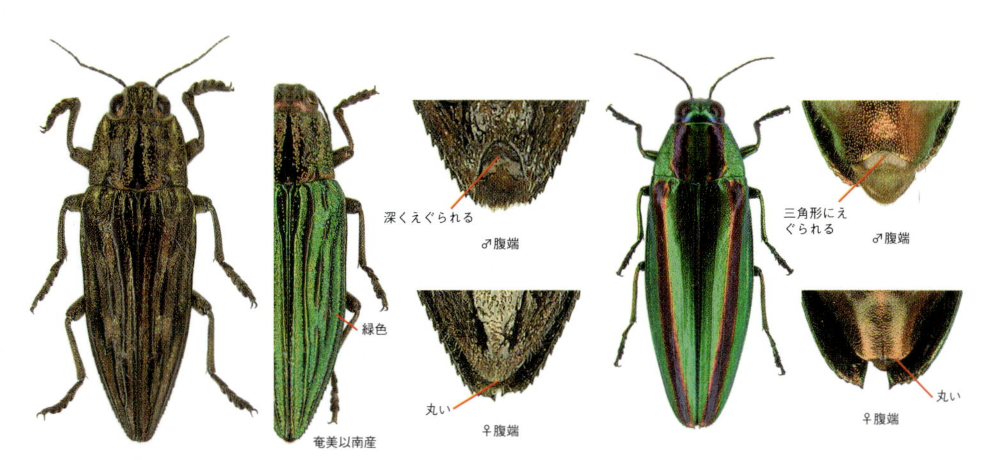

1. ウバタマムシ

32mm. 本～九, 熊, 琉.5～8月. マツ類の枯木につく. 奄美以南に産するものは亜種アオウバタマムシと呼ばれる

2. タマムシ

33mm. 本～九, 熊, 琉.7～8月. エノキ, サクラなどの枯れ材につく

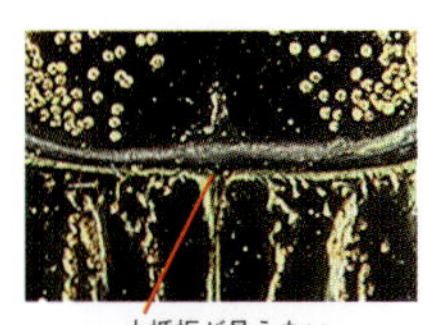

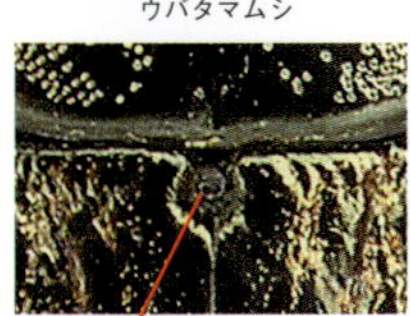

3. サツマウバタマムシ

30mm. 本～九, 甑, 熊, 琉.4～8月. マツ類の枯れ材につく. ウバタマムシと混生することがある

タマムシの飼育法

成虫を飼育するには, えさとしてエノキの生葉を与える必要がある. エノキの葉はしおれやすいので管理が大変であるが, うまく飼育すると2～3週間は生きる.

食いつきが悪い時は筒に成虫を入れ, エノキの葉を詰めて強制的に葉をかじらせ, 慣れさせるとよい.

4. アヤムネスジタマムシ

20mm. 本～九, 熊, ト, 沖.4～8月. スダジイやマテバシイなどの枯木につく

5. アオムネスジタマムシ

25mm. 奄美以南.5～8月 モモタマナにつく

6. アオマダラタマムシ

23mm. 本～九.6～7月 モチノキなどの枯木につく

7. モンキタマムシ

10mm. 本, 九.4月末～5月ウメなどの葉上でみつかるが局地的. 鹿児島県枕崎市ではよく見られる

8. ルリナカボソタマムシ

9mm. 九(南部), 甑, 熊, 奄. 5～7月. ホウロクイチゴなどの葉上にいる

9. ミドリナカボソタマムシ

10mm. 奄美以南.3～8月. アカメガシワの葉上にいる

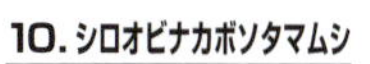

10. シロオビナカボソタマムシ

7mm. 北～九.4～7月クマイチゴなどキイチゴ類の葉上にいる

1. クロナガタマムシ

13mm. 北〜九, 屋. ミズナラ, クヌギにつく

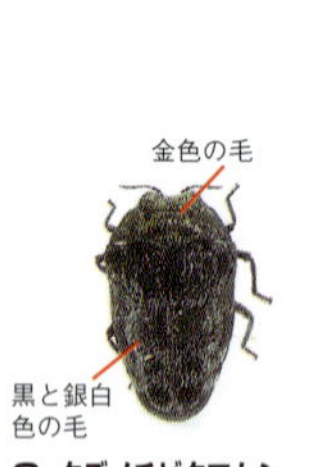

2. クズノチビタマムシ

3.5mm. 本 〜 九, 熊.4月頃から現れ, クズの葉上に普通

3. オオフタモンウバタマコメツキ

29mm. 本〜九, 甑, 屋, 琉. 灯火によく来る

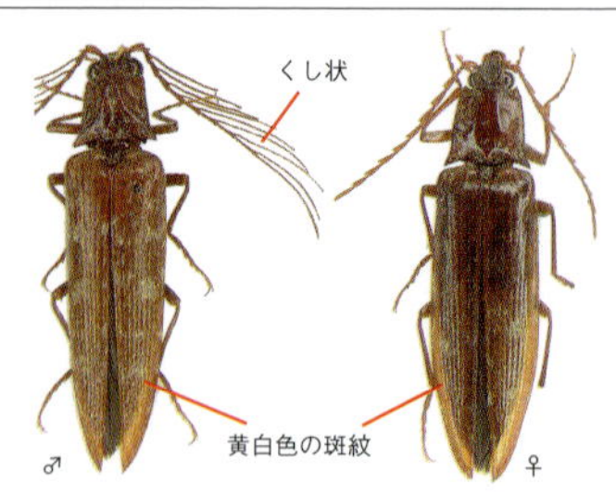

4. ヒゲコメツキ

24mm. 北〜九, 屋. 花を訪れ, 灯火にも来る. 奄美〜沖縄本島にはよく似たアマミヒゲコメツキがいる

5. サビキコリ

14mm. 北〜九, 熊, 沖. 灯火に来る

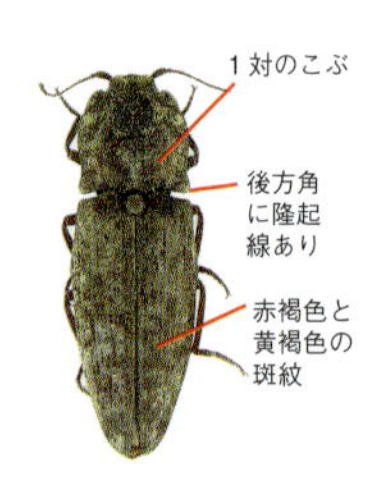

6. シロモンサビキコリ

15mm. トカラ南. 灯火に来る

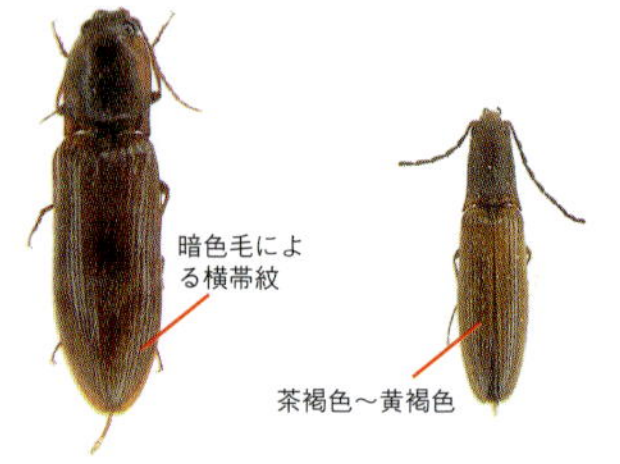

7. オオツヤハダコメツキ

19mm. 北〜九, 屋.6〜8月に現れ, 灯火によく来る

8. キバネホソコメツキ

7.5mm. 北〜九, 甑. 早春から現れ, 花に集まる. 似た種が多い

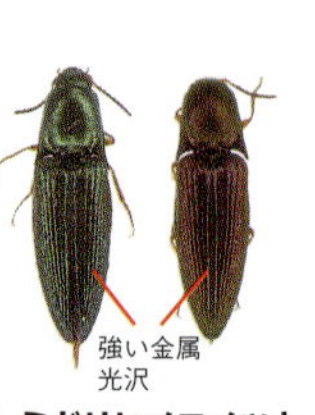

9. ミドリヒメコメツキ

7.5mm. 北〜九. 早春, 花に集まる. 色彩に変化が多い

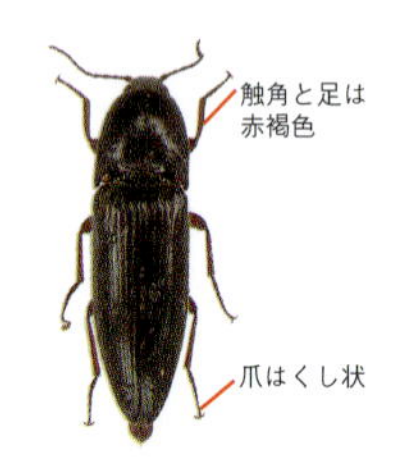

10. アカアシオオクシコメツキ

17mm. 北〜九, 熊, ト, 奄美.4〜8月. 花に集まり, 灯火にも来る. 普通

11. キンイロジョウカイ

22mm. 本〜九. 花上や葉上で他の昆虫を捕食する

12. ヒメキンイロジョウカイ

18mm. 本〜九. 花上や葉上で他の昆虫を捕食する

13. ジョウカイボン

16mm. 北〜九.4〜8月. 花上や葉上で他の昆虫を捕食する. 普通

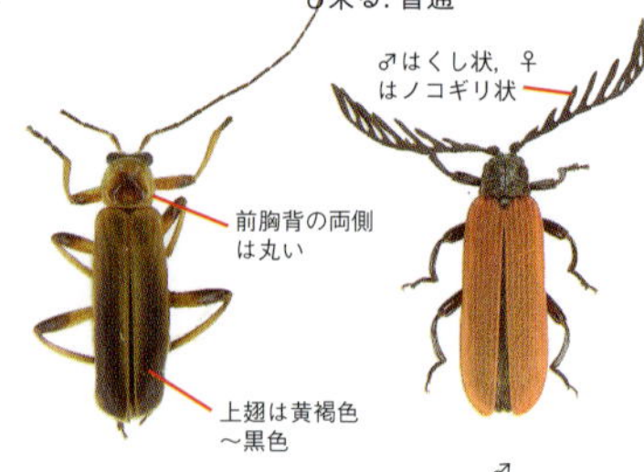

14. マルムネジョウカイ

10mm. 本〜九.4月頃から現れ, 花上や葉上に普通

15. カクムネベニボタル

10mm. 本〜九.5〜8月. 葉上に見られる. 体から悪臭のある液を出す

16. ツマグロツツカッコウムシ

6.5mm. 本〜九, 屋, 琉. 6〜8月. 枯れ木に集まり, 灯火にも来る

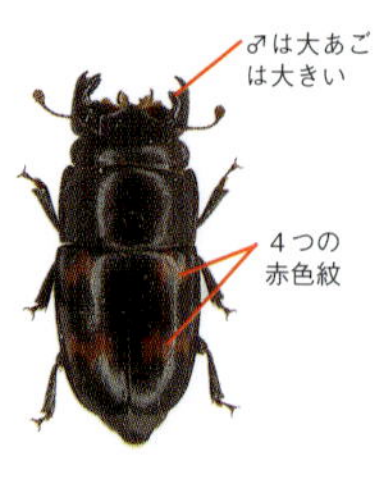

17. ヨツボシケシキスイ

9mm. 北〜九.6月頃から現れ, 樹液に集まる

18. アカマダラケシキスイ

7mm. 本〜九, 甑, 熊, 琉. 樹液や腐った果実に集まる

19. ヨツボシオオキスイ

13mm. 北〜九. 樹液に集まる

20. ヒメマルカツオブシムシ

2.5mm. 全土. 毛織物の害虫. 野外では花上に見られる

＊鹿児島県に分布するテントウムシのなかまは約80種. ここに取り上げたのはそのうちの15種で, 中型～大型種ばかりであるが, 実際には3mm 以下の小型種が多い. 幼虫・成虫とも一部には葉を食べるものがいるが, 多くはアブラムシ類, カイガラムシ類, ハダニ類などを捕食する天敵として有用. 斑紋に変異の多い種があるので同定には注意を要する

幼虫(上)と蛹(下)

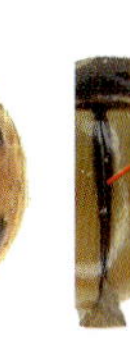

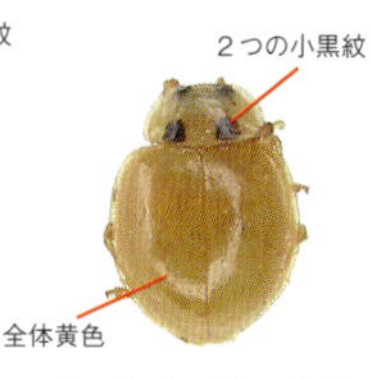

1. ナナホシテントウ
7mm. 北～九, 熊, 琉.3～11月に現れ, アブラムシ類を捕食する. 草地や畑地に多く, 斑紋は安定している. 各地に普通

2. ヒメカメノコテントウ
4mm. 北～九, 熊, 琉.3～11月に現れ, アブラムシ類を捕食する. 斑紋には変化がある

3. チャイロテントウ
4mm. 九, 甑, 屋, 琉. 屋久島以南では普通に見られる

4. キイロテントウ
4.5mm. 本～九, 屋, 琉.4～10月に現れ, ウドンコ病菌などの菌類を食べる

ナミテントウの幼虫

5. ナミテントウ
6.5mm. 北～九. 斑紋には変異が多く, 図示した以外にも様々な模様が現れる. 各地に最も普通でアブラムシ類を捕食する

6. クリサキテントウ
6.5mm. 本～九, 屋, 琉. ナミテントウにきわめてよく似ており, 斑紋や形態による区別は困難. 幼虫は異なる. マツ類の樹上に見られる

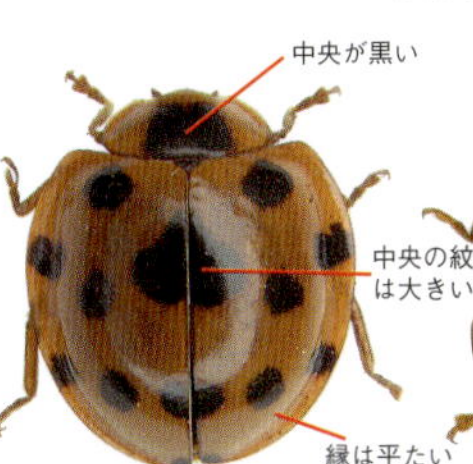

7. ダンダラテントウ
5.5mm. 本～九, 熊, 琉. 斑紋には変異が多い.3～11月に現れ, アブラムシ類を捕食する. 各地に普通

8. オオテントウ
12mm. 本～九, 屋, 奄, 沖.3月から現れ, アブラムシ類を捕食する. 国内では最大級の大きさ. 少ない

9. ハラグロオオテントウ
12mm. 本～九. アブラムシ類を捕食する. 4月中旬, 山間のサクラの巻いた葉の中から多数得られたことがある

10. カメノコテントウ
10mm. 北～九.5～10月に現れ, ハムシ類の幼虫を捕食する

11. オオフタホシテントウ
6mm. 九(南端部), 甑, 琉. 斑紋にはやや変化がある. アブラムシ類を捕食する

12. ヒメアカホシテントウ
4mm. 北～九. 各種カイガラムシ類の有力な天敵

13. アミダテントウ
4mm. 本～九, 甑. アオバハゴロモの幼虫を捕食する. 斑紋は安定している. 普通

14. シロジュウシホシテントウ
5.2mm. 北～九. 斑紋には別種と思えるほど異なる3つの型がある

15. ニジュウヤホシテントウ
6mm. 本～九, 屋, 琉.4～10月. ジャガイモなどナス科の害虫

コメツキモドキ科 [1,2] ゴミムシダマシ科 [3~8] ハムシダマシ科 [9~11] クチキムシ科 [12~15] クビナガムシ科 [16] ナガクチキムシ科 [17] アカハネムシ科 [18] ハナノミ科 [19,20]

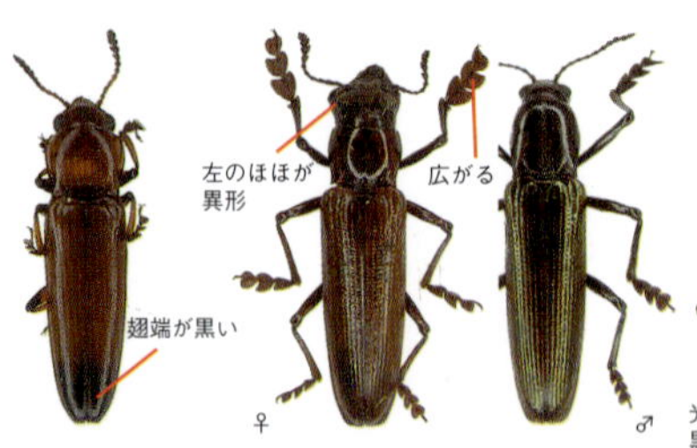

1. ツマグロヒメコメツキモドキ
7.5mm. 本, 九.5月頃から草上で見つかる

2. ニホンホホビロコメツキモドキ
16mm. 本～九, 口永良部島, ト(中之島).4～10月. メダケに集まる

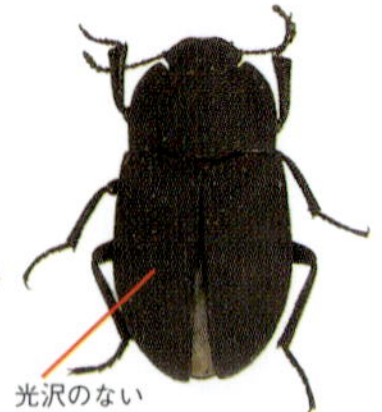

3. ヒメカクスナゴミムシダマシ
10mm. 本～九. 砂地の枯れ草の下などにいる. 大小の似た種が多い

4. ヨツボシゴミムシダマシ
10mm. 北～九.4～10月. 枯れ木上で見つかる. 屋久島以南にはよく似た別種がいる

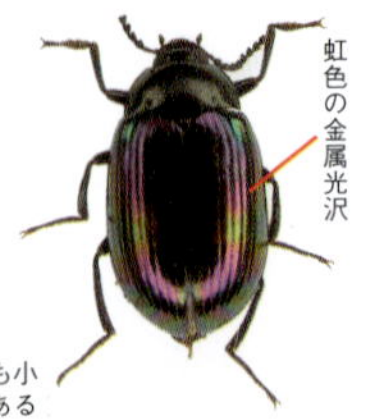

5. ナガニジゴミムシダマシ
10mm. 本～九, 熊, 琉.3～11月 倒木やキノコ類に集まる. 次種の他にも似た種がいる

6. ヒメニシキキマワリモドキ
9mm. 本, 九, 熊, 奄, 沖. 枯れ木上でみつかる

7. キマワリ
18mm. 北～九, 屋. 森林の大木や枯れ木に普通. 奄美と徳之島にはそれぞれよく似た別種がいる

8. シワナガキマワリ
20mm. 本～九, 熊. 倒木にみられる

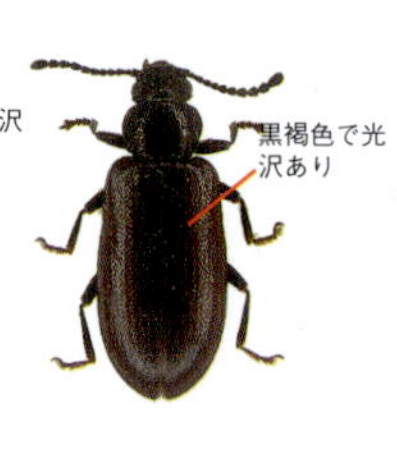

9. ヒゲブトゴミムシダマシ
9mm. 北～九, 甑, 屋, 琉. 枯れ木を歩きまわる

10. ハムシダマシ
7mm. 北～九, 屋. 樹木の葉上に普通

11. アオハムシダマシ
10mm. 本～九, 屋. 山地の花に集まる. 奄美以南にはアマミアオハムシダマシがいる

12. オオクチキムシ
15mm. 北～九, 屋. 朽ち木上に見られる

13. クリイロクチキムシ
8mm. 本～九. 朽ち木上に見られる. 似た種がいる

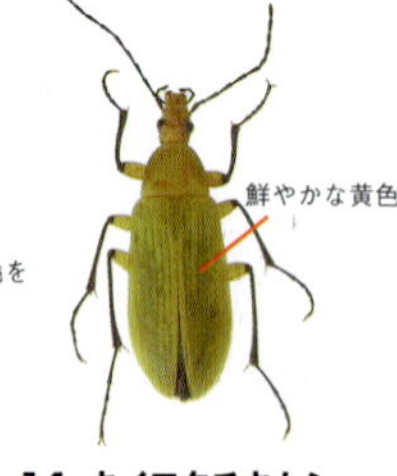

14. キイロクチキムシ
13mm. 本～九. 樹木の花や朽ち木に集まる. 鮮やかな黄色はキイロゲンセイに擬態しているという

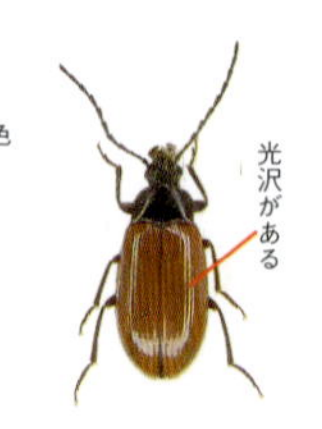

15. アカバネツヤクチキムシ
5mm. 本～九.4月から現れ, 葉上や花上に多い

16. クビナガムシ
11mm. 本～九. 山地の花に集まる. 色彩には変化がある

17. アオオビナガクチキ
6.5mm. 本～九, 屋.5月頃からみられ, 樹木の花上に普通

18. アカハネムシ
14mm. 北～九, 屋, 奄. 枯れ木や葉上にみられる. ベニボタルのなかまに擬態しているという

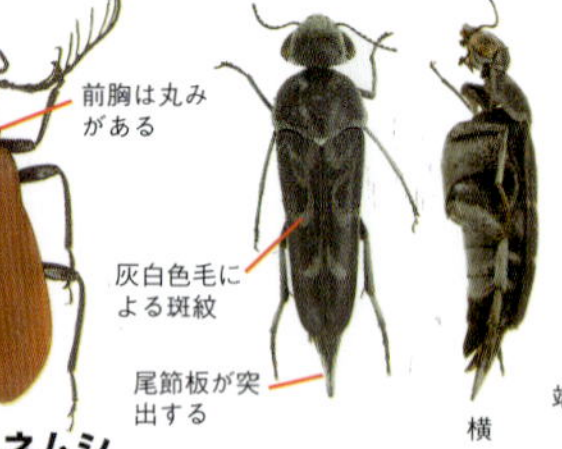

19. ザウテルオビハナノミ
12mm. 屋久島以南.6～8月. 倒木上などにみられる

20. クリイロヒゲハナノミ
12mm. 本～九, 熊, 奄, 沖.7～9月. 灯火にも来る

カミキリモドキの中には体液にカンタリジンを含むものがいて，これが皮膚につくと炎症を引き起こす

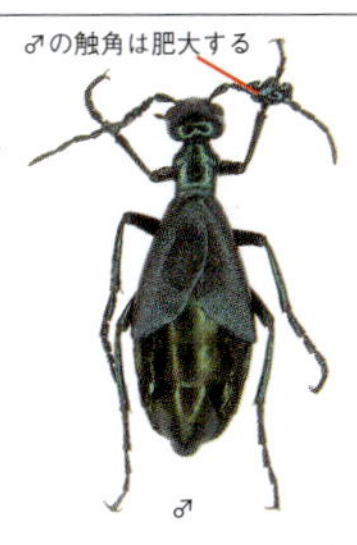

1. キイロカミキリモドキ

14mm. 北～九. 花に集まり, 灯火にも来る

2. フタイロカミキリモドキ

7.8mm. 四, 九, 屋, 琉.4～7月. 花に集まる. 似た種に後腿節を含め全体濃藍色のモモブトカミキリモドキがいる

3. キムネカミキリモドキ

9.8mm. 奄, 沖.4～7月. 花に集まる

4. ヒメツチハンミョウ

9～23mm. 本～九. 幼虫はハナバチ類の巣に寄生し, 成虫は早春に見られる

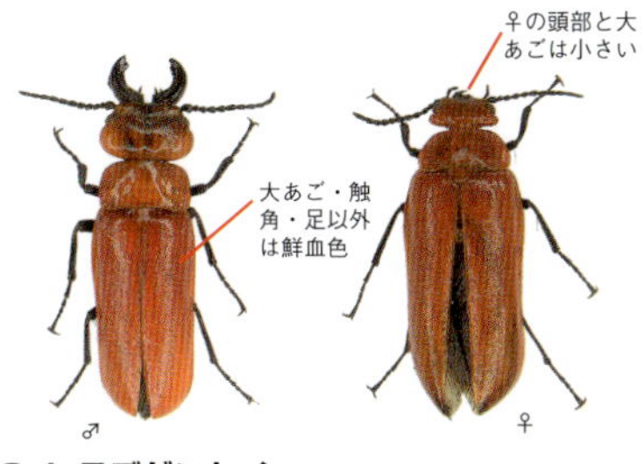

5. マメハンミョウ

16mm. 本～九. 幼虫はバッタ類の卵塊に寄生し, 成虫は夏に見られる

6. ヒラズゲンセイ

18～30mm. 本～九, 徳, 沖. 幼虫はクマバチの巣の中で, クマバチの幼虫を食べて育つ. 成虫は6～8月に見られる. 鹿県準絶

クマバチの巣をうかがうヒラズゲンセイの♂と巣中のクマバチ
侵入しようとするヒラズゲンセイに対して, クマバチは腹部を入口に向けて内側からフタをし, 小刻みに体を振るわせる行動をとった

＊カミキリムシの中には, 幼虫がミカンなどの生木に食い入る(「鉄砲虫」と呼ばれる)ものがいることから, 一般に害虫のイメージが強い. しかし, 実際はこのようなものはわずかで, ほとんどの幼虫は枯れ木を食べ, 有機物の分解を早めて森の更新を推し進めるという重要な役割を果たしている. 普通は年1回の発生で, 幼虫で冬を越すが, 中には成虫で越冬するものもいる. 鹿児島県からは亜種を含めて約400種が知られている

9. ベーツヒラタカミキリ

30mm. 本～九, 熊, 琉.6～9月. 夜間, 立ち枯れなどをはい回る

10. ノコギリカミキリ

35mm. 北～九, 甑, 屋.5～9月. 灯火によく来る. よく似たニセノコギリカミキリの後頸節上縁には溝がない

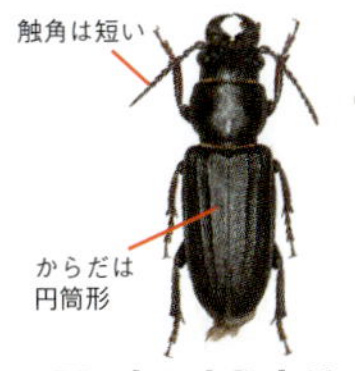

7. ウスバカミキリ

43mm. 北～九, 甑, 熊, 琉.6～9月夜間, 立ち枯れなどをはい回り, 灯火にもよく来る

8. ホソカミキリ

25mm. 北～九, 屋.6～9月. 夜行性で灯火によく来る

11. コバネカミキリ

20mm. 北～九, 熊, 奄. 夏に現れ, 灯火によく来る

12. クロカミキリ

19mm. 北～九, 熊.5～11月. 灯火によく来る

カミキリムシ科 [1〜19]

1. キバネニセハムシハナカミキリ
6mm. 本〜九, 甑.4〜5月. カエデ類など各種の花に普通

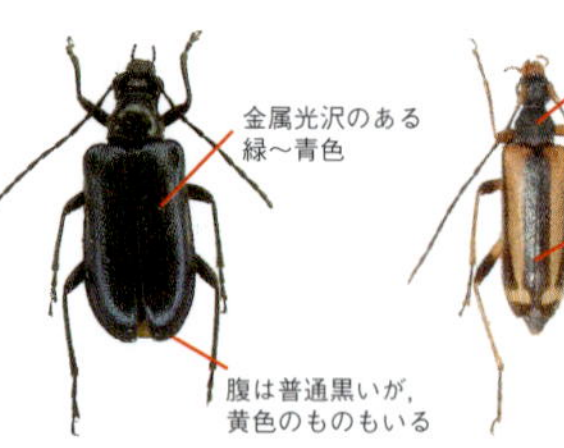

2. ヒナルリハナカミキリ
7.5mm. 本〜九. 4〜7月. 各種の花に集まる. 温帯樹林に普通

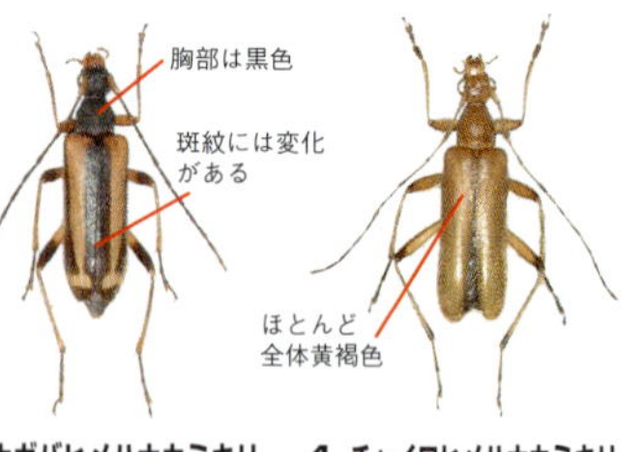

3. ナガバヒメハナカミキリ
8mm. 本〜九.5〜7月 低山地〜山地の花に集まる. 似た種が多い

4. チャイロヒメハナカミキリ
7.5mm. 本〜九.4〜8月 低地〜山地の花に集まる

5. フタオビチビハナカミキリ
6mm. 北〜九.4〜7月 低山地〜山地の花に集まる

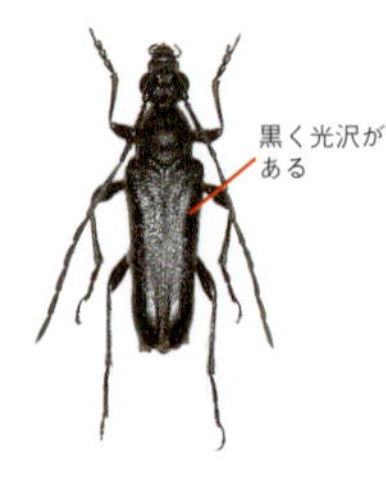

6. ミヤマクロハナカミキリ
11.5mm. 本〜九, 屋.5〜8月. ノリウツギなど各種の花に集まる

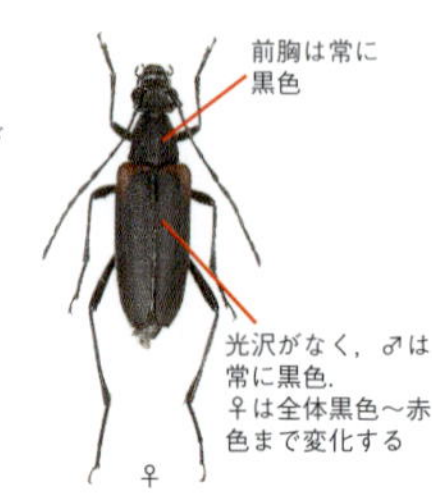

7. ツヤケシハナカミキリ
10.5mm. 北〜九, 甑, 屋.4〜8月. 各種の花の他, マツ類の倒木にも集まる

8. ヤツボシハナカミキリ
15mm. 北〜九, 熊.4〜8月. 各種の花に集まる. 普通

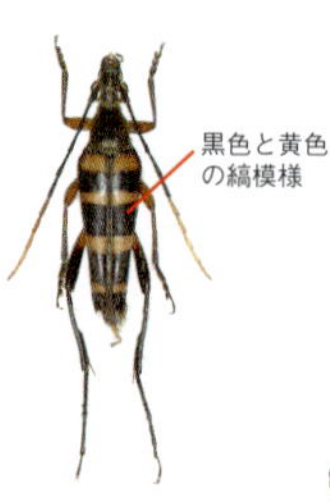

9. ヨツスジハナカミキリ
15mm. 全土.6〜9月. 各種の花に集まる. 普通

14. ミヤマカミキリ
45mm. 北〜九, 甑, 屋.6〜8月. 夜間樹液に集まり灯火にも来る

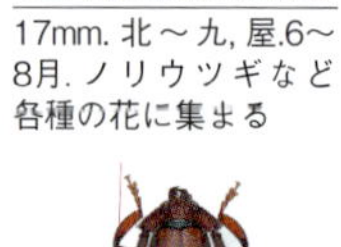

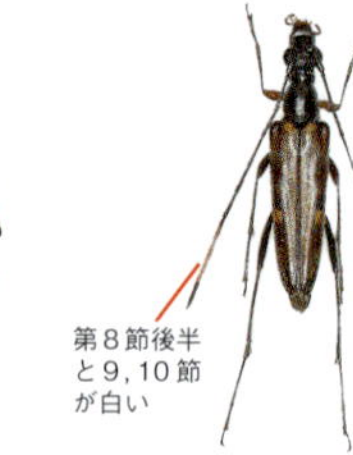

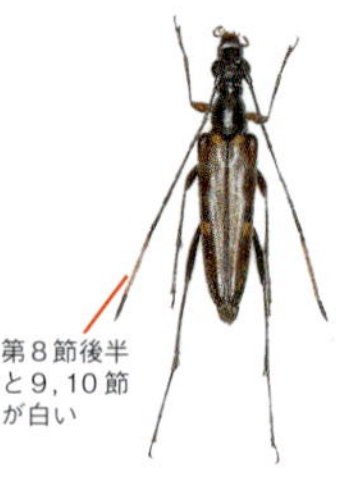

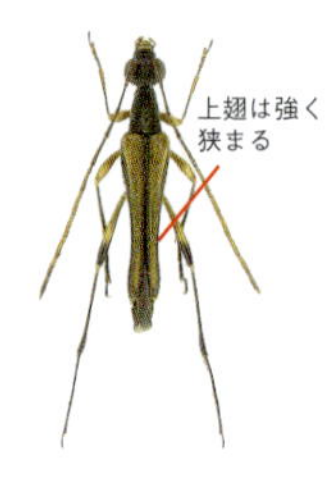

10. フタスジハナカミキリ
17mm. 北〜九, 屋.6〜8月. ノリウツギなど各種の花に集まる

11. オオヨツスジハナカミキリ
27mm. 北〜九, 屋.7〜8月. リョウブなど各種の花に集まる

12. ニンフホソハナカミキリ
11.5mm. 北〜九, 甑.5〜8月. ショウマ類など各種の花に集まる

13. ホソハナカミキリ
8.2mm. 本〜九, 甑.5〜7月. 日陰のノリウツギなどの花に集まる

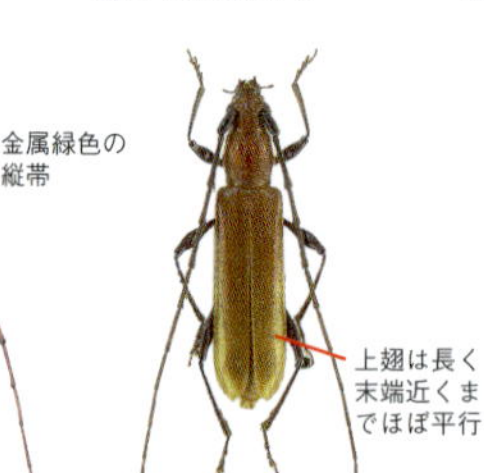

15. アオスジカミキリ
25mm. 本〜九, 甑.6〜8月. 夜間ネムノキの衰弱木に集まり, 灯火にも来る

16. トビイロカミキリ
14mm. 本〜九, 甑, 熊, ト. 5〜8月. クリなどの花に集まり, 灯火にも来る

17. アメイロカミキリ
9.5mm. 本〜九, 熊, 琉.5〜8月. クリやアカメガシワなど各種の花に来る

18. チャイロヒメカミキリ
14mm. 四, 九, 熊, 琉.5〜8月. 伐採枝に集まり, 灯火にもよく来る

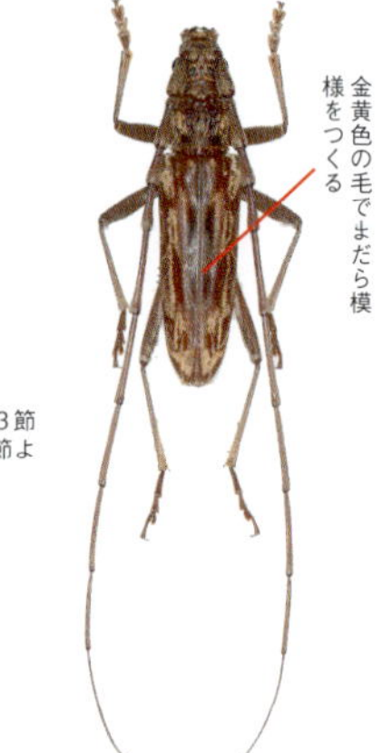

19. キマダラカミキリ
29mm. 本〜九, 屋.6〜8月. 夜間樹液に集まり, 灯火や花にも来る

1. ヒゲナガヒメカミキリ

9mm. 本～九, 琉. 3～11月. 各種枯れ枝に普通に見られ, 灯火にもよく来る

2. スネケブカヒロコバネカミキリ

12mm. 本～九. 夏季に現れ, ノリウツギなど各種の花に集まる. 鹿児島では近年発見されたばかりで稀

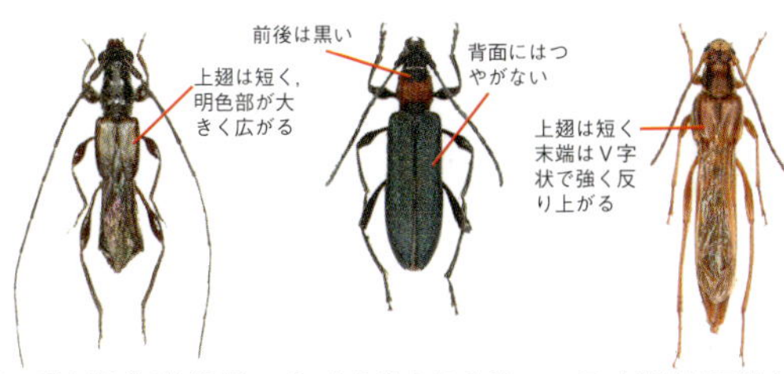

3. コジマヒゲナガコバネカミキリ

7mm. 本～九, 甑, 屋. 4～5月. カエデ類の花に好んで集まる

4. ホタルカミキリ

8.5mm. 北～九, 甑. 4～7月. カエデやクリの他, ネムの枯れ枝に見られる

5. トガリバホソコバネカミキリ

20mm. 本～九, 屋. 初夏～盛夏にサワフタギなどの衰弱木に集まる. 少ない

6. ルリボシカミキリ

23mm. 北～九, 屋. 6～9月. 各種広葉樹の伐採木や枯れ木に集まる. 鹿児島では稀. 鹿県準絶

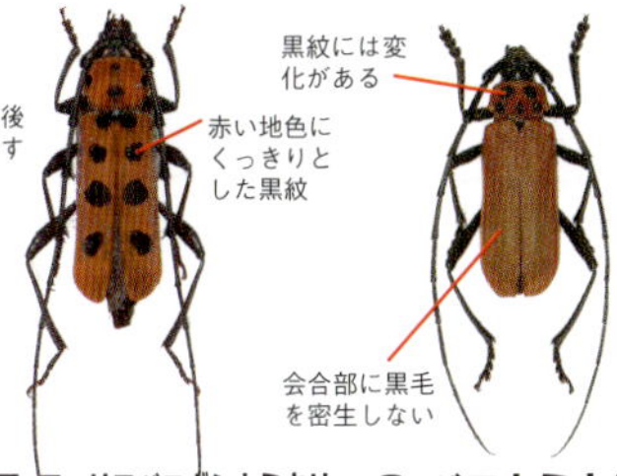

7. フェリエベニボシカミキリ

28mm. 奄. 6～7月. オキナワウラジロガシの倒木から採集されるが稀. 鹿県絶Ⅱ. 奄美市指定希少野生動物

8. ベニカミキリ

15mm. 北～九, 屋. 4～6月. クリなどの花に集まり, 幼虫は枯れた竹を食害. 普通

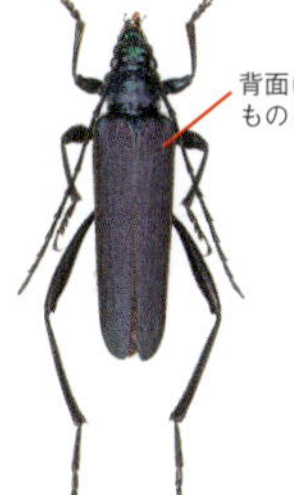

9. ムラサキアオカミキリ

25mm. 九(南部), 屋. 6～7月. クリなどの花に来るほか, 食樹イロハモミジの樹上を飛ぶ

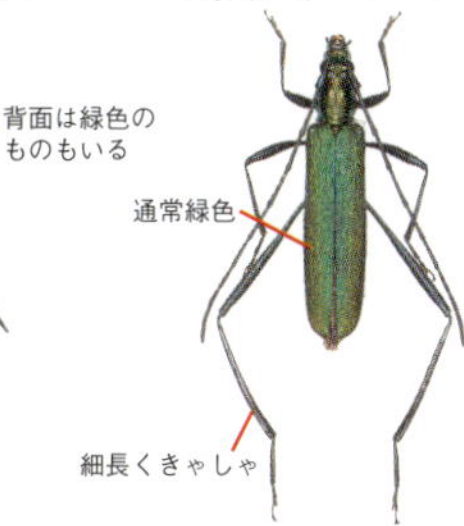

10. ミドリカミキリ

18mm. 北～九, 屋. 5～8月. ノリウツギなど各種の花に来る. 屋久島にはよく似たヤクシマミドリカミキリもいる

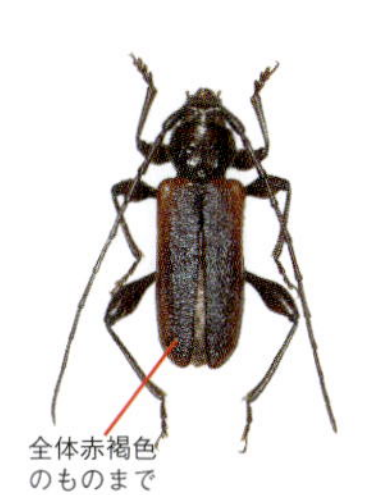

11. ヒメスギカミキリ

10mm. 北～九, 甑, 熊, 琉. 早春から現れ, スギやヒノキの新しい伐採木に集まる

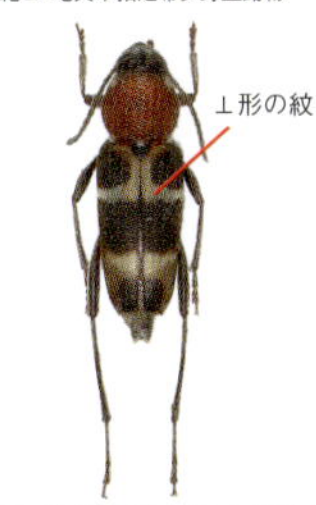

12. クビアカトラカミキリ

11mm. 北～九, 屋. 6～9月. 広葉樹の伐採木に集まる. よく似たブドウトラカミキリは栽培種のブドウに集まる

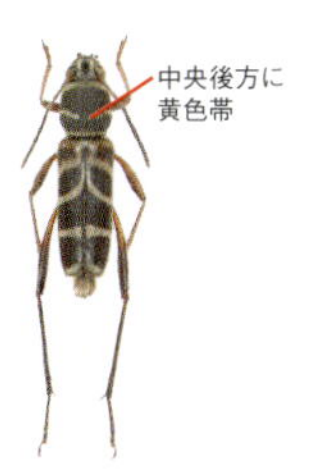

13. ニイジマトラカミキリ

12mm. 本～九, 甑, 屋. 6～8月. 各種広葉樹の伐採木に集まる

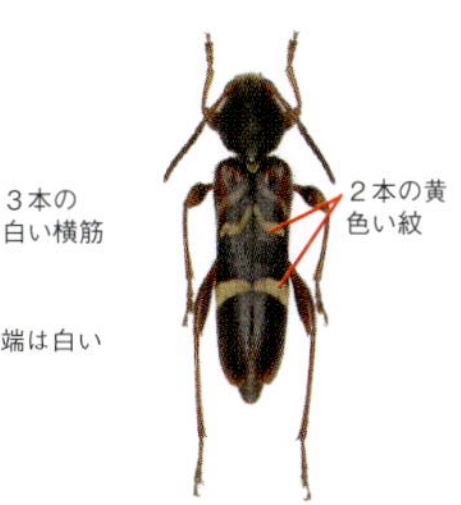

14. ウスイロトラカミキリ

17mm. 北～九, 甑. 6～9月. 各種広葉樹の伐採木に集まる

15. キスジトラカミキリ

14mm. 北～九, 屋. 5～8月各種広葉樹の伐採木やクリなどの花に集まる

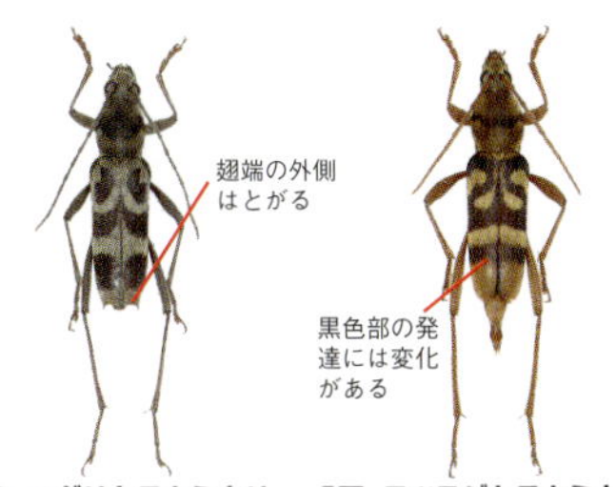

16. エグリトラカミキリ

11mm. 北～九, 熊. 5～8月. 広葉樹の伐採木や花に来る. 普通

17. ヨツスジトラカミキリ

16mm. 本～九, 甑, 熊, 琉. 5～9月. 各種の花や伐採木に普通

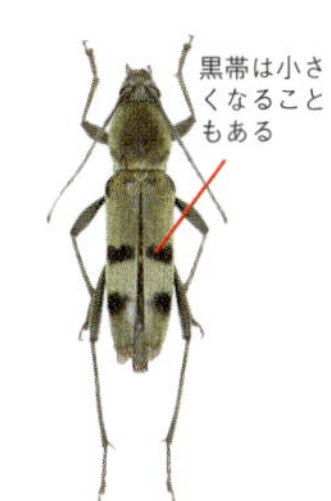

18. フタオビミドリトラカミキリ

12mm. 本～九, 甑, 熊, 琉. 5～8月. 各種の花や伐採枝に普通

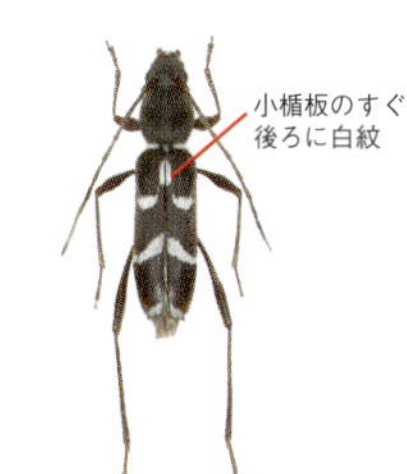

19. ヒメクロトラカミキリ

6mm. 北～九, 屋, 奄, 沖. 4～7月. カエデ類の花や広葉樹の伐採木に普通

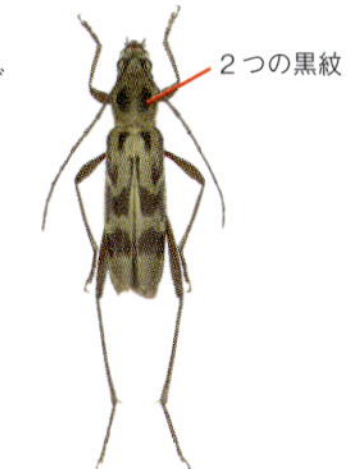

20. キイロトラカミキリ

17mm. 本～九, 熊, ト(中). 5～6月. クリなどの花や広葉樹の伐採木に集まる

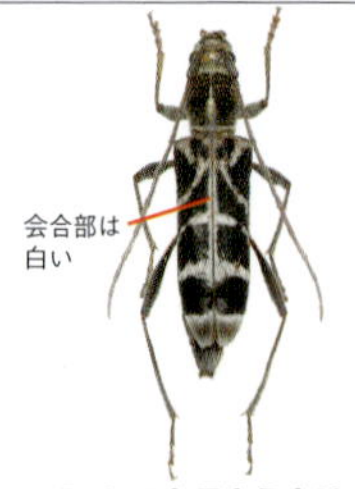

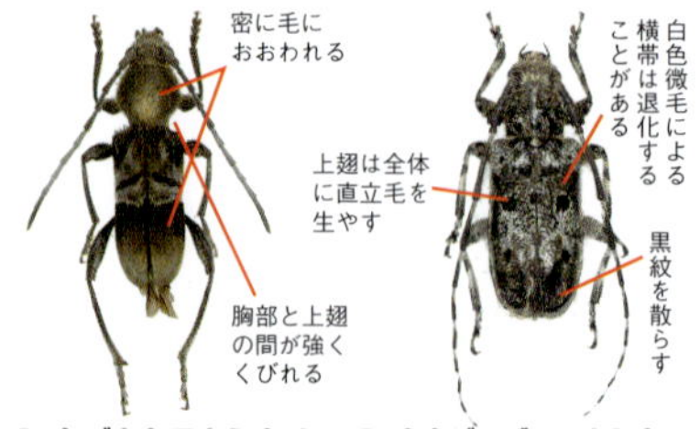

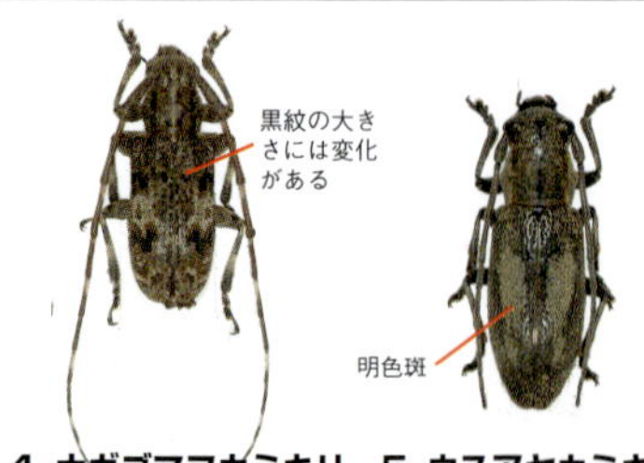

1. シロトラカミキリ
13mm. 北～九.5～8月 春に多く各種の花に来る

2. ケブカトラカミキリ
10mm. 四, 九, 種, 屋. 4～7月. 幼虫はイヌマキの生木を食害する

3. カタジロゴマフカミキリ
14mm. 北 ～ 九, 熊.6～8月. 各種枯れ枝に集まるほか, 時に灯火にも来る

4. ナガゴマフカミキリ
17mm. 北～九, 甑, 熊, 奄.5～9月. 広葉樹のやや古い伐採木に集まり, 灯火にも来る

5. ウスアヤカミキリ
13mm. 本, 九, 甑, 熊, 琉. 早春から秋までみられ, 枯れたススキやタケ類に集まる

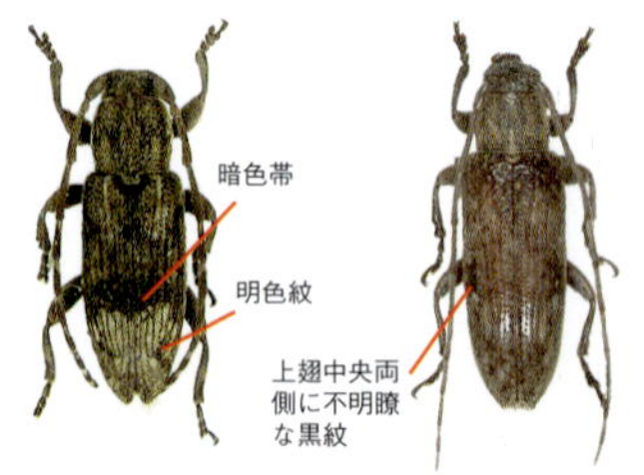

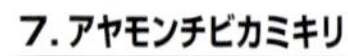

6. アトモンチビカミキリ
7.5mm. 四, 九, 甑, 熊, 琉.3月から出現. 各種の枯れ枝に普通

7. アヤモンチビカミキリ
14mm. 四, 九, 甑, 熊, 琉.3月から出現. 各種の枯れ枝に普通

8. シロスジドウボソカミキリ
16mm. 本～九, 甑, 熊, 琉.3～9月. 広葉樹の伐採枝に集まる

9. トガリシロオビサビカミキリ
20mm. 北～九, 甑, 熊. 春～秋. 広葉樹の枯れ木やフジの枯れヅルに集まり, 灯火にも来る

10. コブバネサビカミキリ
11mm. 熊, 琉.4～10月 各種広葉樹の伐採枝に集まる

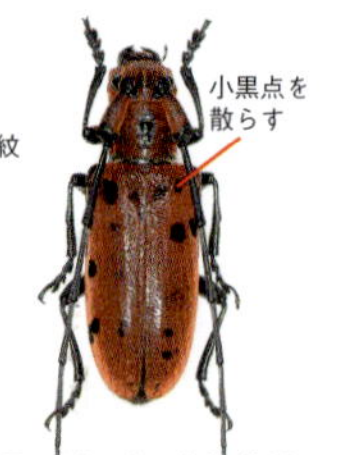

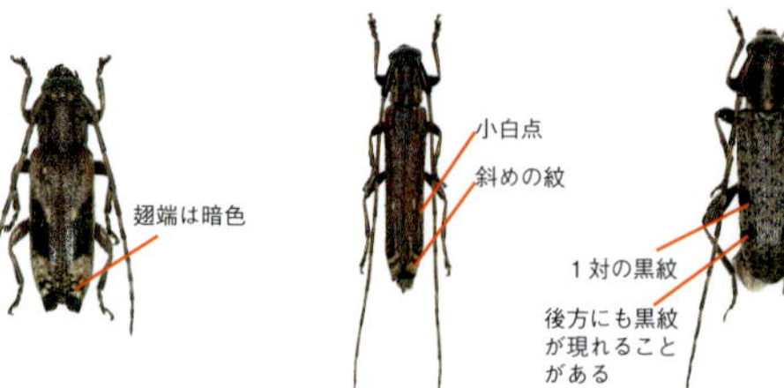

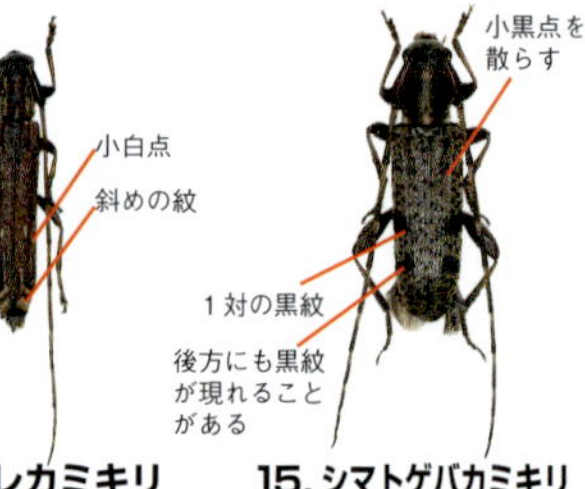

11. サビアヤカミキリ
20mm. 九(南部), 熊, 琉. タケ類に集まる

12. ホシベニカミキリ
22mm. 本 ～ 九, 熊, 喜界島. タブノキなどクス科の枝や葉を食べる

13. コゲチャサビカミキリ
9.5mm. 本～九, 甑, 熊, 琉. 春～秋. 各種の枯れ枝に集まる

14. オビレカミキリ
12mm. 九, 甑, 熊, 琉.3～7月. 各種広葉樹の枯れ枝に集まる

15. シマトゲバカミキリ
9mm. 四, 九, 甑, 熊, 奄, 沖.4～7月. 各種広葉樹の伐採枝に集まる

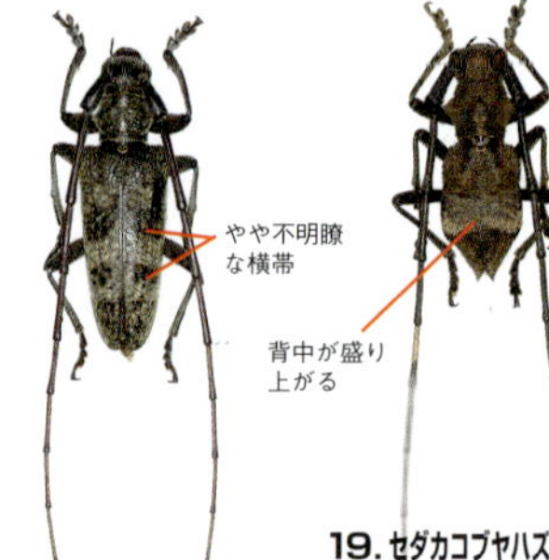

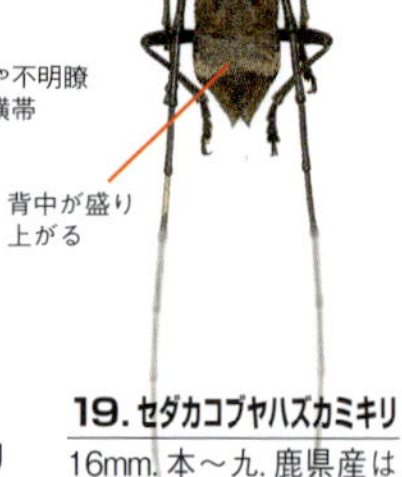

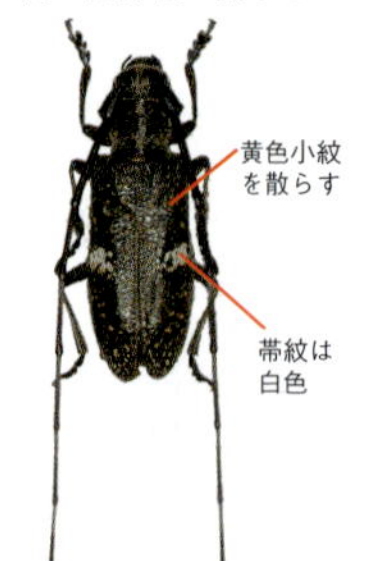

16. タカサゴシロカミキリ
12mm. 本～九, 熊, 奄.5～8月. ノグルミやアカギに集まり, 灯火にも来る

17. ムツボシシロカミキリ
14mm. 九, 甑, 熊, 琉.5～9月. ガジュマルやアコウに集まり, 灯火にも来る

18. センノキカミキリ
30mm. 北～九, 甑, 熊, 琉. 夏～秋. ヤツデなどウコギ科の枝をかじり, 灯火にも来る

19. セダカコブヤハズカミキリ
16mm. 本～九. 鹿県産は亜種ソボセダカコブヤハズカミキリに含まれ, 霧島山, 紫尾山, 高隈山, 甫与志岳に分布. 鹿県準絶

20. ヒメヒゲナガカミキリ
14mm. 北 ～ 九, 甑, 熊.5～8月. 各種広葉樹の伐採枝に集まる

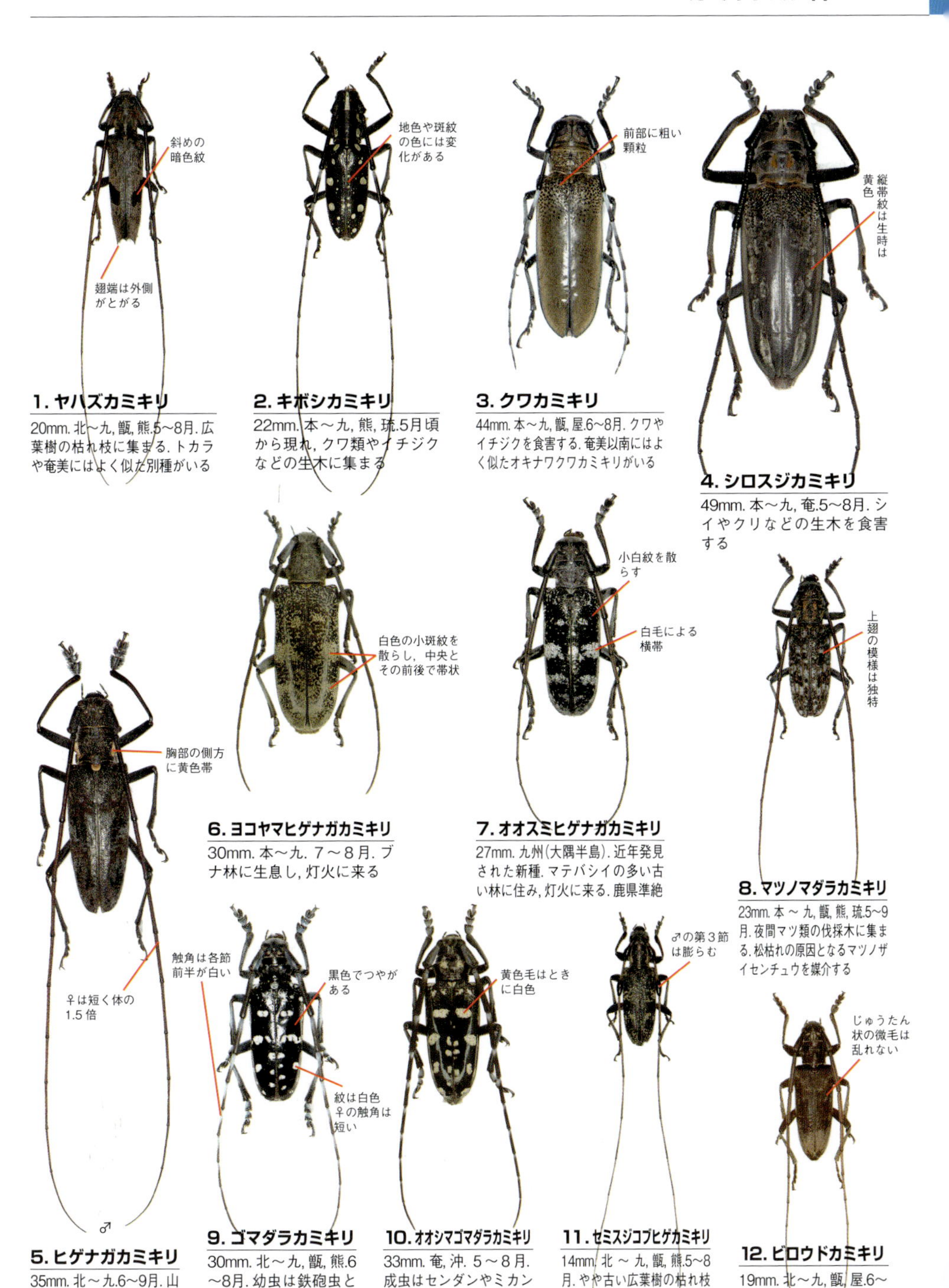

1. ヤハズカミキリ

20mm. 北〜九, 甑, 熊.5〜8月. 広葉樹の枯れ枝に集まる. トカラや奄美にはよく似た別種がいる

2. キボシカミキリ

22mm. 本〜九, 熊, 琉.5月頃から現れ, クワ類やイチジクなどの生木に集まる

3. クワカミキリ

44mm. 本〜九, 甑, 屋.6〜8月. クワやイチジクを食害する. 奄美以南にはよく似たオキナワクワカミキリがいる

4. シロスジカミキリ

49mm. 本〜九, 奄.5〜8月. シイやクリなどの生木を食害する

5. ヒゲナガカミキリ

35mm. 北〜九.6〜9月. 山地のモミなどの新しい倒木に集まり, 灯火にも来る

6. ヨコヤマヒゲナガカミキリ

30mm. 本〜九. 7〜8月. ブナ林に生息し, 灯火に来る

7. オオスミヒゲナガカミキリ

27mm. 九州(大隅半島). 近年発見された新種. マテバシイの多い古い林に住み, 灯火に来る. 鹿県準絶

8. マツノマダラカミキリ

23mm. 本〜九, 甑, 熊, 琉.5〜9月. 夜間マツ類の伐採木に集まる. 松枯れの原因となるマツノザイセンチュウを媒介する

9. ゴマダラカミキリ

30mm. 北〜九, 甑, 熊.6〜8月. 幼虫は鉄砲虫と呼ばれ, ミカン類などの生木に食い入る大害虫

10. オオシマゴマダラカミキリ

33mm. 奄, 沖. 5〜8月. 成虫はセンダンやミカンの木に集まり, 幼虫はこれらの生木を食害する

11. セミスジコブヒゲカミキリ

14mm. 北〜九, 甑, 熊.5〜8月. やや古い広葉樹の枯れ枝や立ち枯れに集まる. トカラ以南にはよく似た別種がいる

12. ビロウドカミキリ

19mm. 北〜九, 甑, 屋.6〜8月. 各種伐採木に見られるが, 時に灯火にも来る

カミキリムシ科［1〜9］ハムシ科［10〜20］

1. アトモンマルケシカミキリ
5.5mm. 北〜九, 甑, 熊. 4〜8月. 各種広葉樹の枯れ枝から得られる

2. ヤツメカミキリ
15mm. 北〜九, 熊.5〜8月 ウメやサクラの幹や葉に集まり, 灯火にも来る

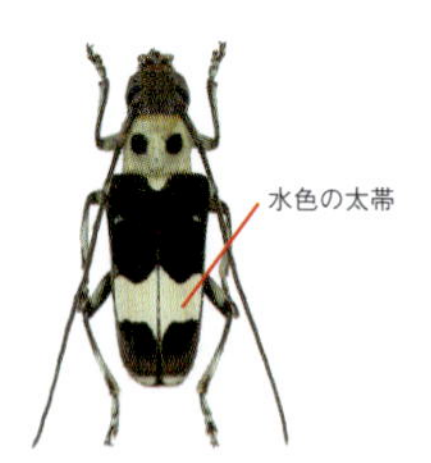

3. ラミーカミキリ
13mm. 本〜九, 熊, 奄.5〜7月. ラミーやカラムシの葉や幹を食べる

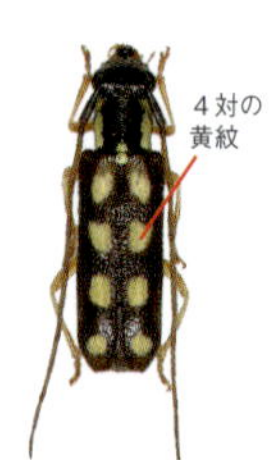

4. キモンカミキリ
8mm. 北〜九.6〜8月. オニグルミやサワグルミの葉を食べ, これらの伐採木に集まる

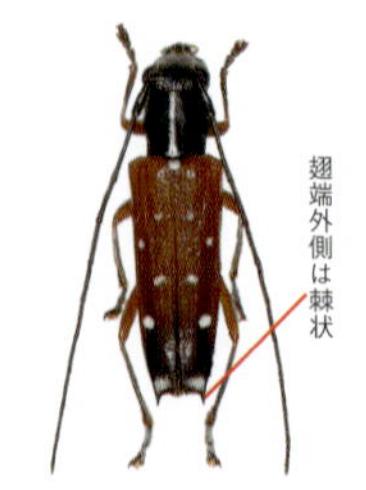

5. シラホシカミキリ
11mm. 北〜九, 甑, 熊.5〜8月 ガマズミやアジサイ類の生葉を食べ, 伐採枝にも集まる

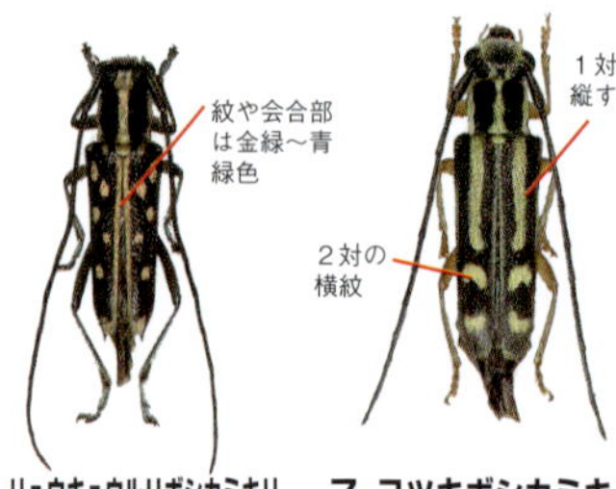

6. リュウキュウルリボシカミキリ
12mm. 四, 九, 熊, 琉.4〜7月. ブドウ類の生葉を食べる

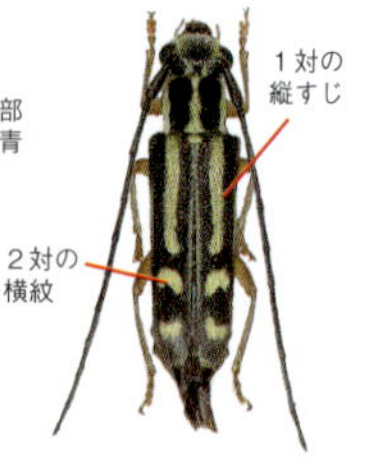

7. ヨツキボシカミキリ
9.5mm. 北〜九, 熊.5〜7月. ヌルデの生葉を食べる

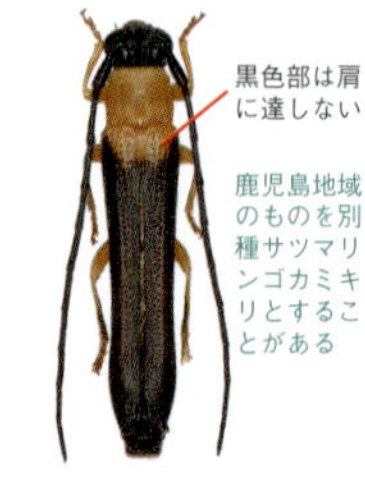

8. リンゴカミキリ
17mm. 本〜九, 熊.4〜7月. サクラ類の生葉を食べる

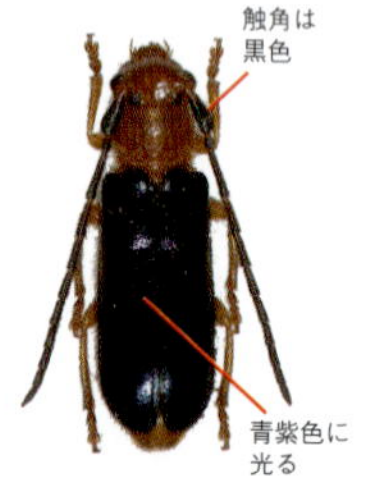

9. ルリカミキリ
10mm. 本〜九, 屋. 初夏から現れ, ナシなどの生葉を食べる

10. アカクビナガハムシ
8.5mm. 本〜九.6月に現れる. 食草はサルトリイバラやシオデ

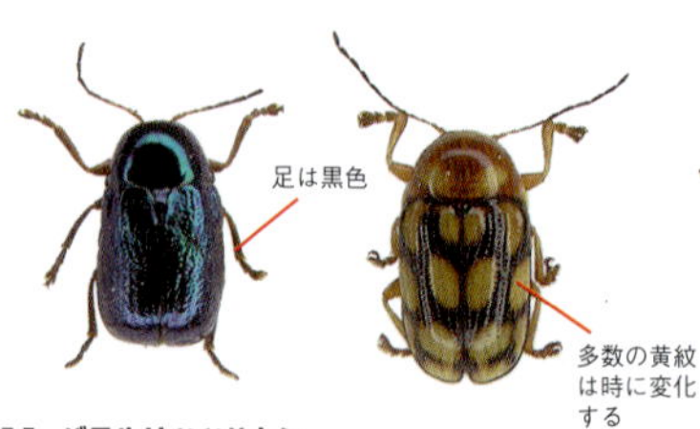

11. バラルリツツハムシ
4mm. 本〜九.4月頃に現れ, 食草はバラ類. よく似た種に足が黄褐色のキアシルリツツハムシがいる

12. キボシツツハムシ
3.5mm. 本〜九, 琉. 各種葉上に見られる

13. ムシクソハムシ
3mm. 本〜九.4月頃に現れる. 食草はコナラ, ヤナギ, サクラなど

14. トビサルハムシ
7mm. 本〜九, 奄, 沖.5月頃に現れる 食草はクリやクヌギなど

15. アカガネサルハムシ
6.5mm. 北〜九, 甑, 熊, 琉.5月頃に現れる. ブドウの害虫として有名

16. セアカケブカサルハムシ
7mm. 四, 九, 甑, 熊, 琉. 食草はマルバニッケイ

17. ヤナギハムシ
8mm. 北〜九. 春から初夏. 川沿いのヤナギ類に見られる

18. ヨモギハムシ
8.5mm. 北〜九, 甑, 熊, 琉.5〜11月. 食草はヨモギ

19. イチモンジハムシ
7.5mm. 本〜九. 食草はイヌビワ, オオイタビなど. 奄美以南にはよく似たオキナワイチモンジハムシがいる

20. イチゴハムシ
4.5mm. 北〜九, 琉.5月頃に現れる. 食草はタデ類, イチゴなど

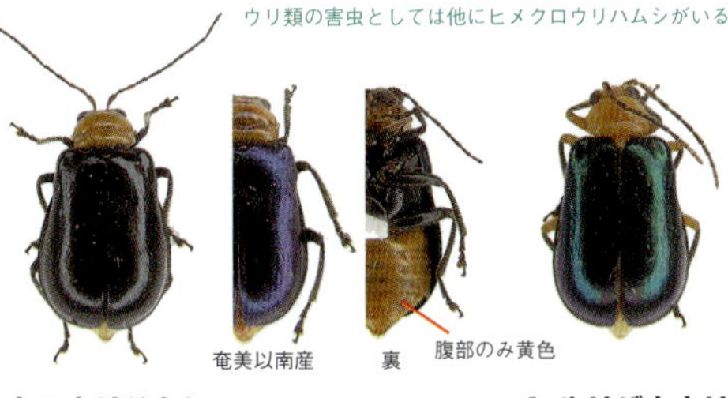

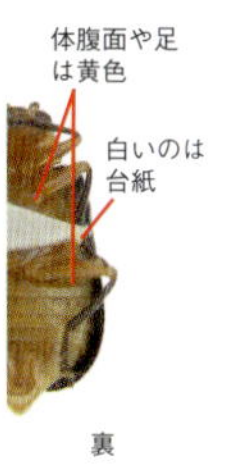

1. ウリハムシ
6.5mm. 本～九, 甑, 熊, 琉. キュウリやスイカなどウリ類の害虫

2. フタイロウリハムシ
8mm. 奄美以南. ウリ類の害虫

3. クロウリハムシ
6mm. 本～九, 屋, 奄, 沖.4月頃に現れる. ウリ類の害虫

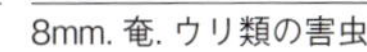

4. ルリバネウリハムシ
8mm. 奄. ウリ類の害虫

5. ホタルハムシ
3.5mm. 北～九.6月頃に現れる. 食草はマメ類, ウリ類など

6. カミナリハムシ
5mm. 本～九, 甑, 琉.4月頃に現れる. 食草はチョウジタデ

7. コマルノミハムシ
3.5mm. 北～九.4月頃に現れる. 各種の花に集まる

8. キイロタマノミハムシ
2.5mm. 本～九. 食草はアケビやボタンヅルなど

9. タテスジヒメジンガサハムシ
5mm. トカラ以南.4月頃に現れる. 食草はサツマイモ, ハマヒルガオなど

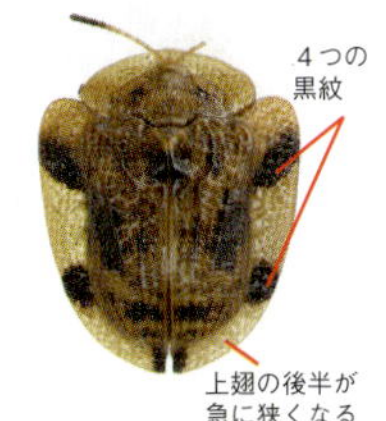

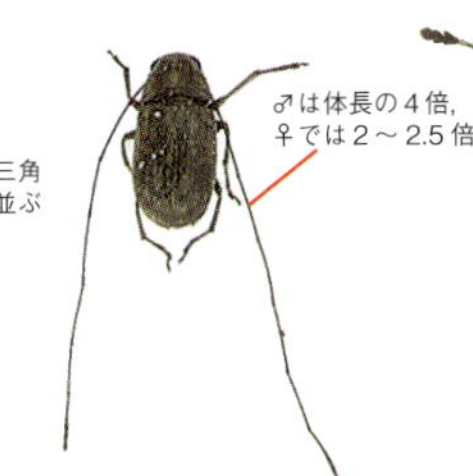

10. イチモンジカメノコハムシ
8mm. 本～九, 沖永良部, 沖.6月頃に現れる. 食草はムラサキシキブなど

11. ヨツモンカメノコハムシ
8mm. 九, 屋, 奄, 沖. 食草はサツマイモやノアサガオなど

12. カタビロトゲハムシ
5.0mm. 本～九.4月頃に現れる. クヌギやカシ類などの葉上にみられる

13. イトヒゲナガゾウムシ
3mm. 本～九, 屋, 琉.5～9月. シイなどの枯れ枝にみられる

14. ウンモンヒゲナガゾウムシ
12mm. 本～九, 屋, ト, 沖.3～8月. 枯れ木に集まる

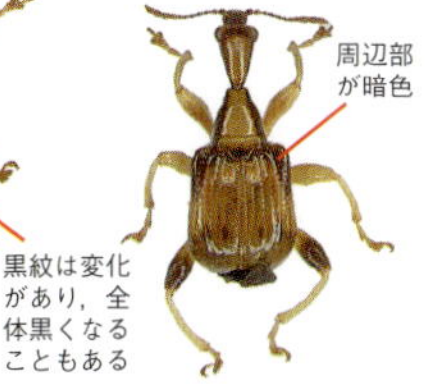

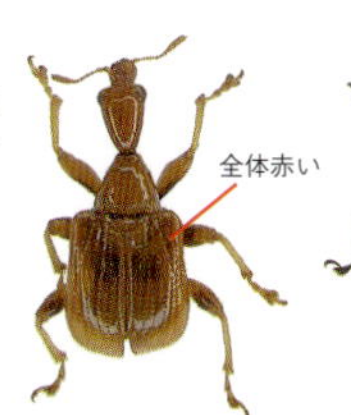

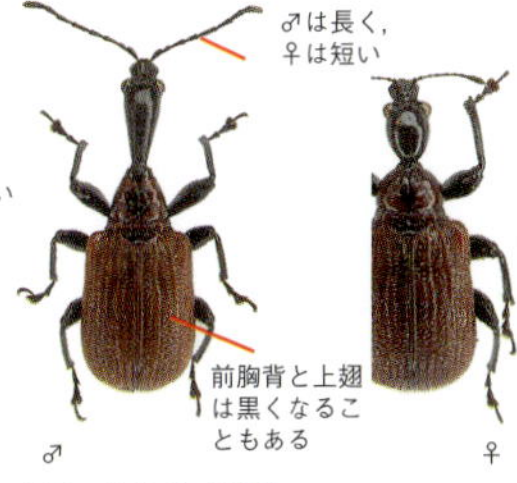

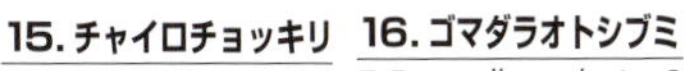

15. チャイロチョッキリ
6.5mm. 本～九.5～6月クヌギなどの葉上で見つかる

16. ゴマダラオトシブミ
7.5mm. 北～九.4～8月. クヌギ, クリなどの葉を巻く

17. ウスモンオトシブミ
7mm. 北～九.6～8月エゴノキなどの葉を巻く

18. ウスアカオトシブミ
6.5mm. 北～九.6～7月リョウブ, ウツギなどの葉を巻く

19. オトシブミ
9mm. 北～九.5～8月. コナラやハンノキなどの葉を巻く

オトシブミ科 [1] ミツギリゾウムシ科 [2, 3] ゾウムシ科 [4～13] オサゾウムシ科 [14～16] ナガキクイムシ科 [17]

クヌギの葉を巻いてつくられたヒメクロオトシブミの揺籃(ようらん). 中に卵を産み, 幼虫はこの中で育つ. 種類によっては葉をかみ切って地面に落とす

1. ヒメクロオトシブミ

5mm. 本～九.4～7月. クヌギ, バラなどの葉を巻く

胸は赤色

上翅は青藍色の光沢

2. アリモドキゾウムシ

6.5mm. トカラ列島以南. サツマイモの大害虫で, 根茎部を食い荒らす. 薩摩半島で発生したこともある. ヒルガオ類で発生することもある

大あご状

棒状

♂

♀

3. ミツギリゾウムシ

10～23mm. 本～九, 熊, 琉. 広葉樹の枯れ木につく. トカラ列島悪石島の固有種ヨツモンミツギリゾウムシなど大小の似た種がいる

4. ミヤマヒゲボソゾウムシ

8.5mm.北～九.5～7月山地で広葉樹の葉を食べる

5. アオヒゲナガゾウムシ

5.5mm. 本～九.5月頃より現れ, 広葉樹の葉を食べる

6. シロコブゾウムシ

14mm. 本～九.5～8月フジなどマメ科植物に多い

7. ホソヒョウタンゾウムシ

8.5mm. 屋, 奄, 沖. 写真は灰褐色の鱗片が脱落している. 似た種が多い

8. コフキゾウムシ

5.5mm. 本～九, 奄, 沖. 4月から現れ, クズなどマメ科植物に普通

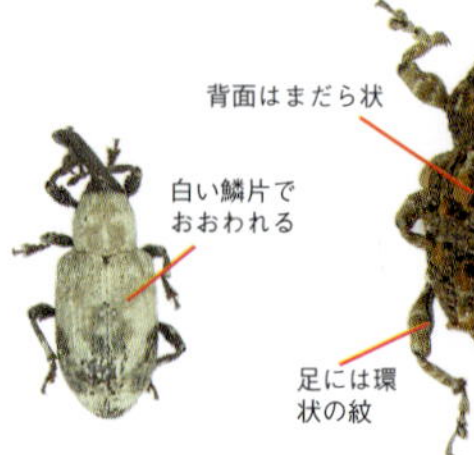

9. カツオゾウムシ

12mm. 北～九, 沖.6～8月. タデ類に多い

10. クリシギゾウムシ

8mm. 本～九.8～10月クリにつき, 灯火にもよく来る

11. オジロアシナガゾウムシ

9.5mm. 本 ～ 九.4～8月. クズの葉上でよくみかける

12. シロアナアキゾウムシ

7.5mm. 九, 熊, 琉. 灯火に来る

13. マダラアシゾウムシ

16mm. 本～九.5～8月クヌギやウルシなどに集まる

14. オオゾウムシ

12～29mm. 全土.6～9月. 樹液に集まり, 灯火にも来る

15. ホオアカオサゾウムシ

8.5mm. 本 ～ 九, 中之島.4月頃から現れ, マダケ類の葉上に見られる

16. コクゾウムシ

3.2mm. 世界中に分布. コメ, ムギ, トウモロコシなど穀物の害虫で, 台所のお米にもしばしば発生する

薩摩半島金峰山2007年8月茶色になった山肌

白い木くずが出ている被害木

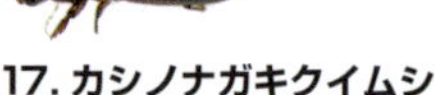

17. カシノナガキクイムシ

4.5mm. 本～九, 沖. 5～10月. マテバシイやアカガシなどの生木に坑道を掘り, 幼虫の餌となる特殊な菌を栽培する. 近年被害木を見ることは少なくなった.

1.ガムシ

32～40mm. 北～沖縄. 幼虫時代は肉食だが成虫は水草を食べる. ガムシは牙虫のことで, 腹板に長いトゲ状突起に由来する. 灯火にもよく飛来する. 各地で激減している. ゲンゴロウに似ているが体に厚みがあり黄帯はない

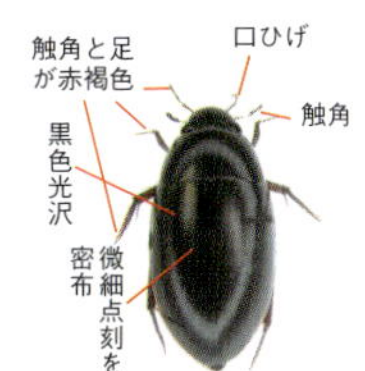

2.ヒメガムシ

9～12mm. 本～沖縄. 平地の池沼, 水田, 小川等に普通に見られる. 成虫は水草, 藻を食べるが, 幼虫はボウフラなどを食べる

3.オオミズスマシ

7～12mm. 北～沖縄. 池や暖流に住み, 時に大群となる. 成虫は水面をぐるぐる円を描いて泳ぎ, 水面に落ちた虫などを食べる

4.コガシラミズムシ

3.1～3.6mm. 北～九. 平地の池沼, 水田に普通. 水草や藻の間で見つかる. 糸状藻を食べる. 触ると丸まる

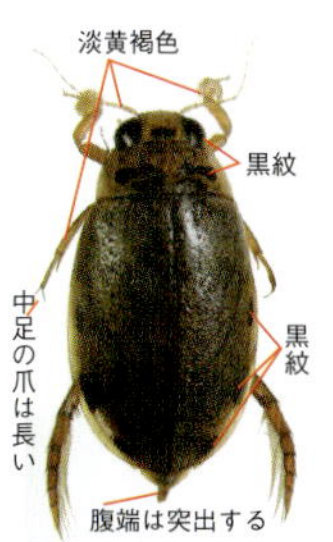

7.ハイイロゲンゴロウ

10～16.5mm. 北～沖縄. 各地に普通.
よく飛ぶ. 荒れ地の水溜, 汚い池, プール等

8.ヒメゲンゴロウ

11～12.5mm. 日本全土に最も普通. あらゆる水域で見られ, 灯火にも飛来する

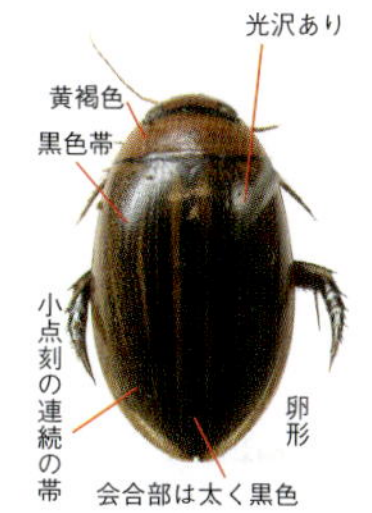

9.コシマゲンゴロウ

9～10mm. 北～九. 平地の池沼, 水田に普通. 灯火にも飛来する

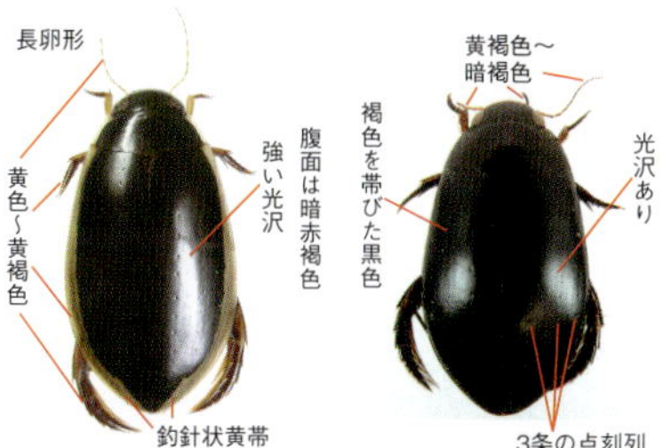

5.コガタノゲンゴロウ

24～29mm. 本～沖縄. 水草のある池沼や溜池. 放棄水田. 鹿県では比較的よく見られる. 国/絶Ⅰ, 鹿県/準絶

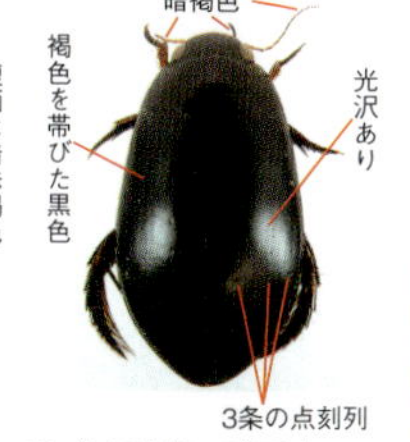

6.クロゲンゴロウ

20～25mm. 本～九. 山地の池沼や溜池. 鹿県ではコガタノゲンゴロウより少ない

ゲンゴロウ類の雌雄の区別

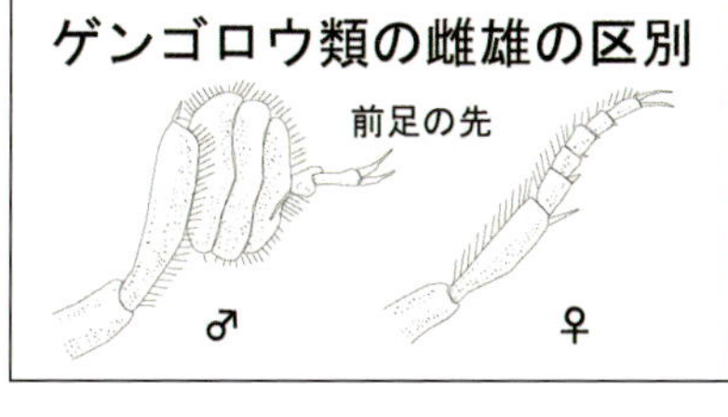

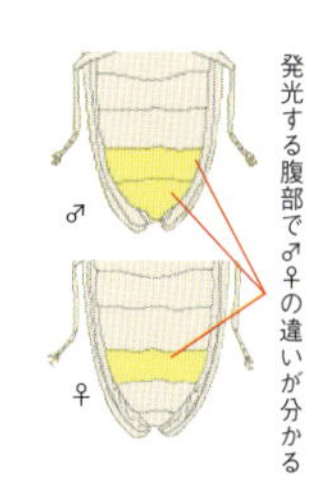

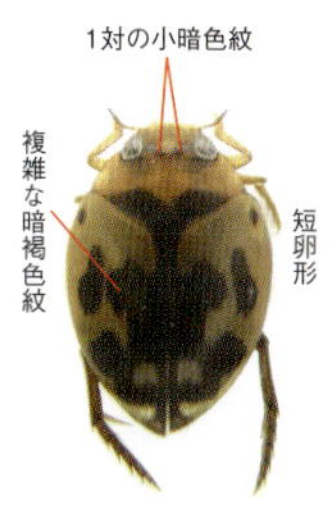

10.ケシゲンゴロウ

3.8～5mm. 北～沖永. 池沼, 水田, 湿地などの水域に広く生息. 灯火にも飛来する

11.シマゲンゴロウ

12.5～14mm. 北～トカラ. 各地で激減. 近年は良好な里山的環境でしか見られなくなった. 灯火にも来る

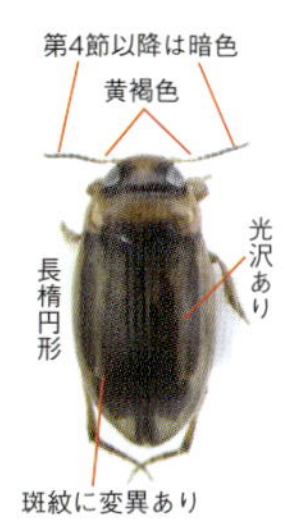

12.チビゲンゴロウ

2mm内外. 日本全土. 水田に最も普通のゲンゴロウ. 個体数も多い. 灯火にも飛来する

＊鹿児島県のホタル科は21種で，このうち成虫がよく光る種はここに紹介した3種です．ホタルといえば，水辺を思い浮かべますが，ほとんどの種は陸性で幼虫は小さいカタツムリなどを食べています．成虫になると水以外は口にしません

鹿児島本土の光るホタル
幼虫は水生
幼虫は陸生
縦黒条線は中央部が十字
縦黒条線が太い
複腹が大きくめだつ

13.ゲンジボタル

10～18mm. 本～九. 里山や平地の流水. 幼虫は水生でカワニナを食べる

14.ヘイケボタル

7～10mm. 北～九. 平地の池や水田. 幼虫は水生でタニシやモノアラガイを食べる

15.ヒメボタル

5.5～10mm.
本～屋久島.
里山や平地の林間

1.タガメ

46～65mm. 本～沖縄. 平地や丘陵地の池沼や水田.1980年頃までは鶴田ダム, 藺牟田池, 薩摩町, 大口市, 栗野町, 串良町, 大崎町, 高山町, 日吉町, などで記録があるが, 近年は激減. 国/ 準絶, 鹿県/ 絶Ⅱ

2.ミズカマキリ

40～45mm（呼吸管を除く）. 北～沖縄. 平地の池沼, 水田で他の水生昆虫類を捕食する

3.ヒメミズカマキリ

24～32mm(呼吸管を除く). 北～沖縄. 抽水植物の多い水中に住む. ときに河川の暖流部にもみられる

4.タイコウチ

30～38mm. 本～沖縄. 平地の池沼, 水田, 用水路などでも見られる

卵を背負ったコオイムシ♂

5.コオイムシ

17～20mm. 本～九. 平地や里山の池沼や水田など比較的浅い解放水面を好む. 国/ 準絶, 鹿県/ 準絶
※オオコオイムシ(23～26mm 九州)タイワンコオイムシ(与論島, 沖縄島)にも要注意

6.オオアメンボ

19～27mm. 本～九. 池沼などの止水域, 緩流に生息し, 日陰を好む

7.ナミアメンボ

11～16mm. 北～トカラ(奄美以南は亜種アマミアメンボ). 各地に普通に見られる

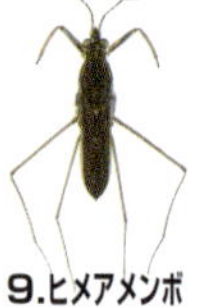

8.コセアカアメンボ

11～16mm. 北～沖縄. 平地から低山地の比較的薄暗い緩流で見られる

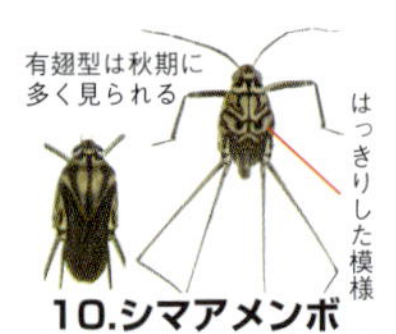

9.ヒメアメンボ

9～12mm. 北～トカラ. 池沼や水田, 一時的な水溜などの開放的な水面に普通

10.シマアメンボ

4.8～6.8mm. 北～徳之島. 河川の流れに生息し, 山間の渓流に多い. 沖縄以南にはタイワンシマアメンボが生息

11.マツモムシ

12～14mm. 北～九. 平地の池沼, 水田で小昆虫類を捕食する. 腹面を上にして泳ぐ

12. ヤマトシリアゲ

前翅長13～20mm. 本～九. 低山地, 山麓帯に普通. 春と秋に出現

15. ハマベハサミムシ

18～36mm. 北～沖縄. 完全に無翅. 都市や農村のゴミためや海岸の打ち上げにもいる

16. オオハサミムシ

25～30mm. 河川, 海浜等の石の下や土の中で幼虫や卵と共に見つかる

▲アリジゴク（ウスバカゲロウの幼虫）

▲アリジゴクの巣

13. ウスバカゲロウ

前翅長35～45mm. 北～沖縄. 幼虫は神社の縁の下や大木の根元などで巣をつくる. いわゆるアリジゴク

幼虫(孫太郎虫)

14. ヘビトンボ

開張85～95mm. 北～九. 成虫は灯火によく飛来する. 幼虫は清流の石下にすみ他の水生昆虫を補食し3年かけて成虫になる. この科はほかにクロスジヘビトンボ, ヤマトクロスジヘビトンボ, モンヘビトンボなどの記録あり

＊数字mmは全長：樹に止まっている時の頭先から羽の先までの長さ

1. アブラゼミ

58mm. 北～屋久島. 里山，人里に多い. 7月中旬～9月下旬，時に10月にも鳴く. ジージリジリ・・・.

2. ミンミンゼミ

59mm. 北～九，甑島. 山地の樹林に局地的. その原因は不明. 海辺の樹林に生息することもある. 7月下旬～9月. ミーン，ミン，ミン，ミー

3. クマゼミ

67mm. 関東以南. 7月中旬～9月上旬. 市街地にも多い. 午前中によく鳴く. シャア，シャア，シャア，シャア

＊同属は他に，ヤエヤマクマゼミ（石垣島，西表島）

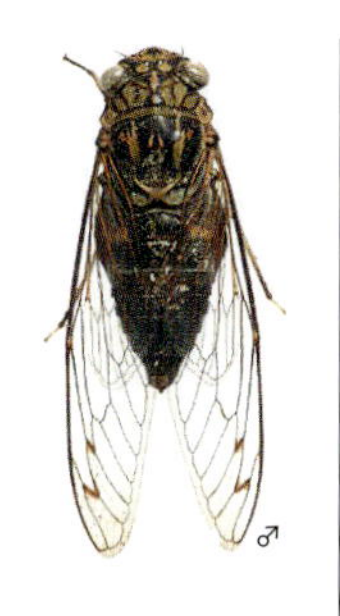

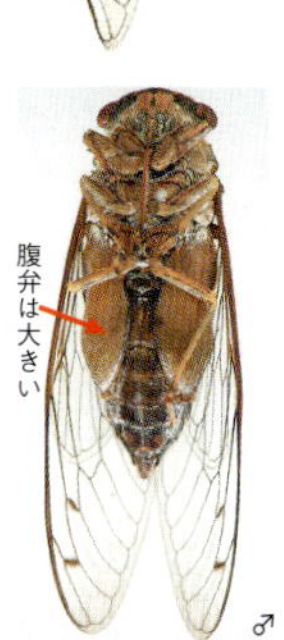

5.クロイワツクツク

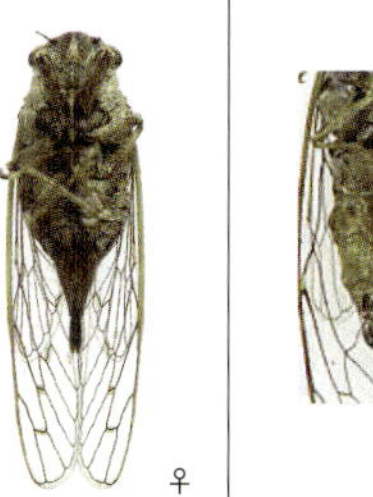

6.ハルゼミ

7.ヒメハルゼミ

8. ヒグラシ

46mm. 北～九（鹿県本土では標高約300m以上）と奄美大島. 屋久島と宝島に各1頭の記録. 6月中旬～9月. 樹林に多い. カナ，カナ，カナ・・・ケケケ・・・

＊他に近縁属のタイワンヒグラシ（石垣島，西表島）

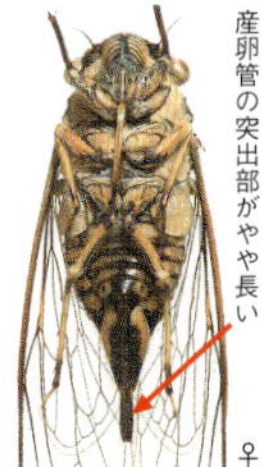

4.ツクツクボウシ

4. ツクツクボウシ

44mm. 北～トカラ列島横当島. 7月下旬～10月. ツクツクボーシ，ツクツクボーシ・・・ツクリョーシ，ツクリョーシ，ジー

5. クロイワツクツク

45mm. 大隅半島南部，宇治家島～沖縄本島（与論島を除く）. 平地樹林に多い. 7～11月. ゲーイッ，ゲーイッ! ジュルルル・・・

6. ハルゼミ

35mm. 本～九. 各地のマツ林に生息. マツの減少と薬剤散布で激減. 4月～6月. ムゼームゼームゼームゼー・・・（合唱）

7. ヒメハルゼミ

35mm. 関東以南. 古い照葉樹林にやや局地的. 6月上旬～7月下旬. ギーオ，ギーオ，ギーオ・・・（合唱）

＊同属には他に，イワサキハルゼミ（石垣，西表，与那国島）

9. ニイニイゼミ

35mm. 北～沖縄本島（喜界島，沖永良部島，与論島を除く）. 樹林に多い. ぬけがらは土で汚れている. 6月下旬～9月.

チィ---------，シ-------

セミ科［ぬけがらの比較］アオバハゴロモ科［1］ハゴロモ科［2］アワフキムシ科［3］ヘリカメムシ科［4～6］マルカメムシ科［7］カメムシ科［8～10］ホシカメムシ科［11］サシガメ科［12］

＊セミの♂には腹弁があるが♀にはない．♂は鳴くが♀は鳴かない

1. アオバハゴロモ
5.5～7mm．本～沖縄．各種の植物に集団でつく

2. ベッコウハゴロモ
6～8mm．本～沖縄．ウツギなどの雑木に多い

3. ハマベアワフキ
10～11mm．日本全土．平地のイネ科雑草間に普通

4. クモヘリカメムシ
15～17mm．本～沖縄．イネ科雑草に多い

5. ホソヘリカメムシ
14～17mm．北～沖縄．マメ類に多い

6. ホオズキカメムシ
10～13.5mm．本～沖縄．ナス科植物に多い

7. マルカメムシ
5mm内外．本～屋久島．マメ科に寄生し，ダイズ，アズキも加害する

8. ツヤアオカメムシ
14～17mm．本～沖縄．ミカン，カキ，ナシ，ウメなどを吸汁加害する

9. チャバネアオカメムシ
10～12mm．本～沖縄．各種の樹木でみられるが時に大発生し，灯火に夥しい数飛来することもある

10. クサギカメムシ
14～18mm．本～沖縄．クサギやその他の植物でみられる

11. オオホシカメムシ
15～19mm．本～沖縄．アカメガシワなど．灯火によく集まる

12. ヨコヅナサシガメ
16～24mm．本～九．幼虫はサクラ・エノキなどの凹部に群生．近年北上中

スズメバチ科［1～8］ハキリバチ科［9］ツチバチ科［10］ドロバチ科［11～12］アナバチ科［13］ミツバチ科［14～19］

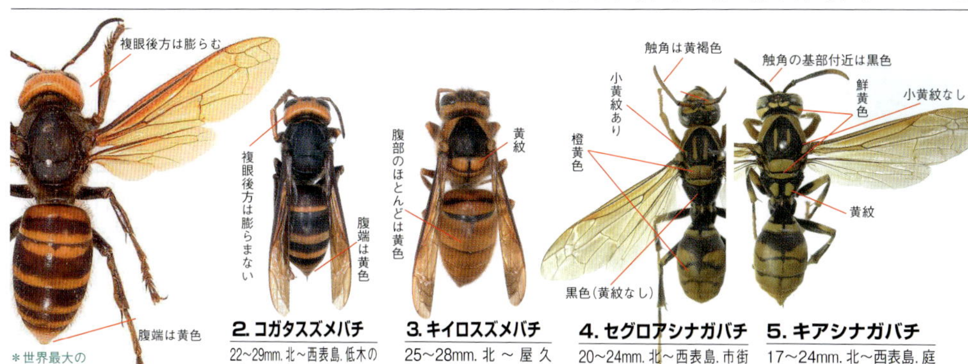

1. オオスズメバチ

27～45mm. 北～屋久島. 地中や樹洞に営巣. クヌギなどの樹液を好む. 攻撃性は極めて強く, 刺されると激痛が引き起こされる. 鹿児島市街地でも見かける

＊鹿児島県では, ここに示す6種のスズメバチ類の他に非常にまれなモンスズメバチを含め7種が生息する

2. コガタスズメバチ

22～29mm. 北～西表島. 低木の枝, 人家の軒先などに営巣. ヒトに対する攻撃性はあまり強くない

3. キイロスズメバチ

25～28mm. 北～屋久島. やや山地性で軒先, 崖などに大きな巣を作る

4. セグロアシナガバチ

20～24mm. 北～西表島. 市街地でも普通に見られる. 樹木の小枝や人家の軒先に営巣する

5. キアシナガバチ

17～24mm. 北～西表島. 庭木・潅木に巣をつくることが多い. やや攻撃性が強い

9. オオハキリバチ

17～23mm. 北～石垣島. ドロバチなどの巣跡や竹筒に営巣

6. キボシアシナガバチ

12～16.5mm. 北～屋久島. 巣は樹木の葉裏に作られ, 規模は小さい. 繭のキャップは鮮黄色

7. ヤマトアシナガバチ

13～18.5mmn. 本～西表島. 樹木の葉裏に小さく目立たない巣を作る. 繭のキャップは黄～黄緑色. 地域による体色変化がある

8. フタモンアシナガバチ

11.5～16.5mm. 北～沖縄島. 民家の外壁や小木の幹に営巣する

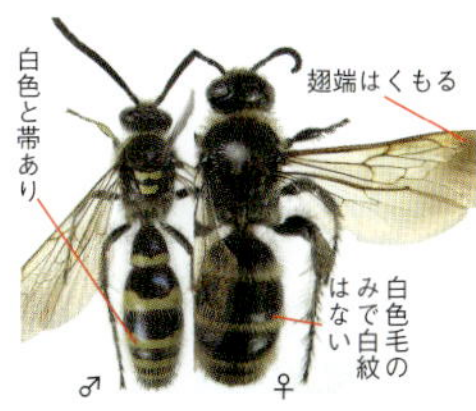

10. ヒメハラナガツチバチ

♂11～19mm, ♀15～22mm. 本～与那国島. 各地に普通. スジコガネ類, マメコガネ類　などの幼虫に寄生産卵

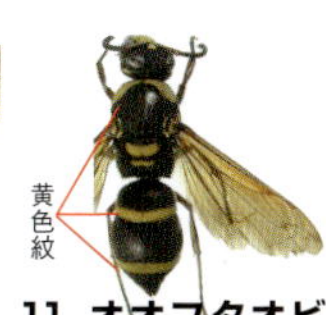

11. オオフタオビドロバチ

16mm内外. 北～与那国島（亜種多数）ハマキガやメイガなどの幼虫を狩り, 幼虫の餌として育室に貯食する

12. スズバチ

18～30mm. 北～屋久島. 泥で鈴のような形をした壺状の巣を作る

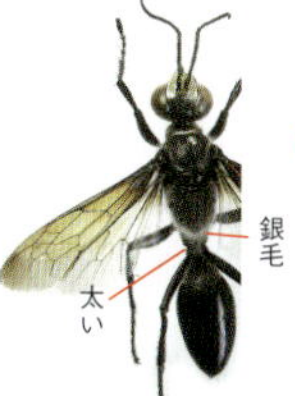

13. クロアナバチ

25～30mm. 本～与那国島. 土中に営巣. キリギリス科を巣に運び産卵

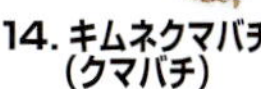

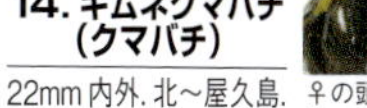

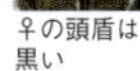

14. キムネクマバチ（クマバチ）

22mm内外. 北～屋久島. 枯れ枝などに巣を作る

15. ニッポンヒゲナガハナバチ

14mm内外. 北～屋久島. 春季に出現しレンゲに普通. 触角が長いのは♂のみで, ♀は短い

16. ナミルリモンハナバチ

13～15mm. 本～屋久島. 秋に出現しコシブトハナバチに寄生

17. スジボソコシブトハナバチ

12～16mm. 本～沖縄. 秋に出現する

18. セイヨウミツバチ

13mm内外. 北～石垣島. 鹿児島でも古くから養蜂されている

19. ニホンミツバチ

13mm内外. 本～奄美. 山地の方がよく見られる

アリ科 [1～4] ガガンボ科 [5] カ科 [6～7] ユスリカ科 [8] ミズアブ科 [9～10] アブ科 [11] ツリアブ科 [12] ムシヒキアブ科 [13] ハナアブ科 [14～16] ショウジョウバエ科 [17] イエバエ科【18】 クロバエ科 [19]

1. クロオオアリ

7～12mm. 北～トカラ. 裸地や路傍など開けた場所に営巣し入口は地表に直接開け, 地表にいる昆虫類を捕えるほか, アブラムシやカイガラムシにも集まる. 黒褐色で大型

頭胸部に網目状のしわがある

2. オオシワアリ

3mm. 本州南岸～沖縄. 鹿県本土では林縁部, 公園, 並木などに生息. 琉球列島では普通種

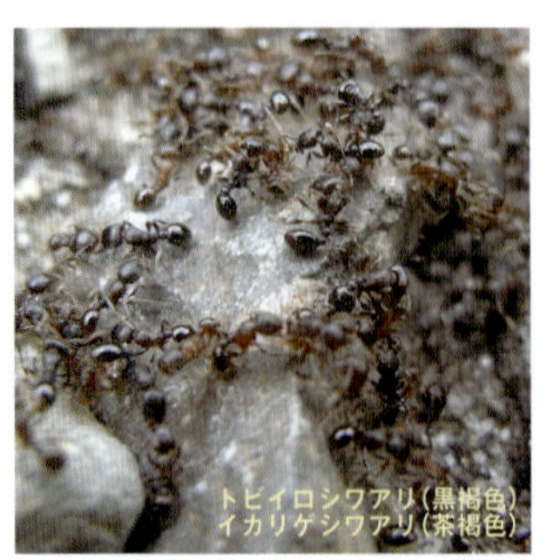

3. トビイロシワアリ

2.5mm. 北～屋. 草地など開けた場所で石下などに営巣する. 最普通種

4. イカリゲシワアリ

2.5mm. 九州南部～沖縄. 開けた場所に生息し, 石下, 倒木下などに営巣

日本産アリ類は約270種. 鹿児島県本土で約100種. 南西諸島で約200種が記録されています. 大きさも様々で1mm 以下～10mm 以上. 生息環境も土中だけでなく, 朽木中や竹筒中, 樹上など様々です. 普通は女王が卵を多産しコロニーを作ります. 時期になると新女王は雄アリと共に結婚飛行を行います. ここでは庭先や公園でも見られる身近な種だけを紹介しています. もっと知りたい時にはアリの専門書(「南西諸島産有剣ハチ・アリ類検索図説」(山根正氣など, 1999) や「日本産アリ類全種図鑑」(学研, 2003) など) やインターネットで調べてみましょう.

5. ミカドガガンボ

40mm 内外. 本～九. 日本最大のガガンボ

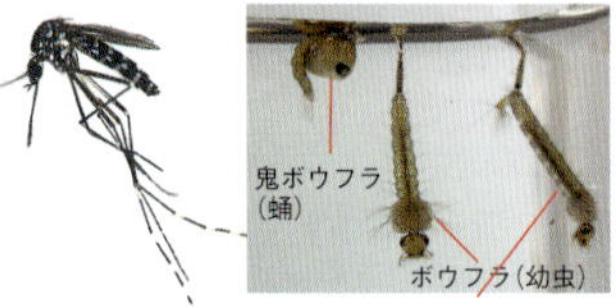

6. ヒトスジシマカ

4.5mm 内外. 本～沖縄. 竹の切株などで繁殖. 好んで人を刺す

7. オオクロヤブカ

2.8～5.4mm. 本～沖縄. 古タイヤや空カンなどの人工容器で発生する

8. セスジユスリカ

6mm 内外. 日本全土. 下水などにきわめて普通. 人は刺さない

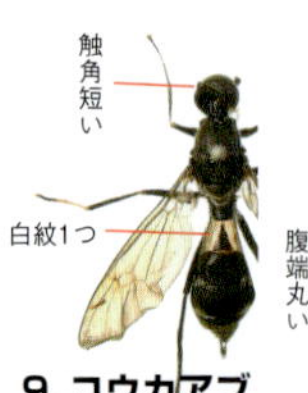

9. コウカアブ

11～22mm. 本～沖縄. 便地や畜舎に発生

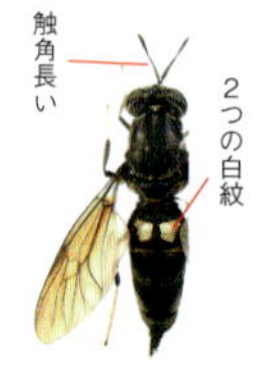

10. アメリカミズアブ

15～18mm. 本～沖縄. ごみためなどの有機物分解中に5～9月に発生する

11. ヤマトアブ

17～23mm. 北～屋. 7～9月に人畜をおそう. 最も普通に生息. 他にも数種いる

12. ビロウドツリアブ

8～12mm. 北～沖縄. 春に現れ林縁部でよく見かける

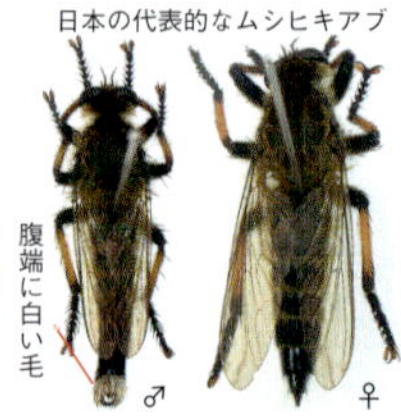

13. シオヤアブ

23～30mm. 北～九. 6～9月に各地で普通. 特にコガネムシ類を捕食する

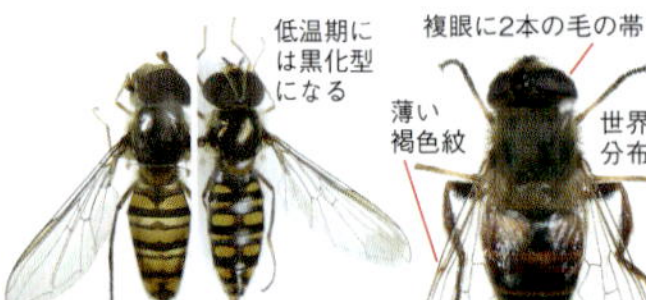

低温期には黒化型になる

14. ホソヒラタアブ

11mm. 北～九. 5～9月. 最も普通に見られる

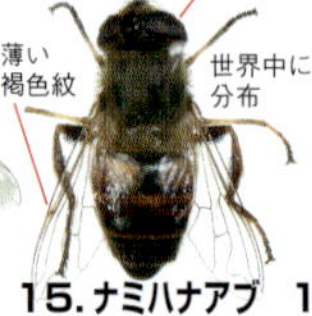

15. ナミハナアブ

14～15mm. 北～沖縄. 4～10月に出現. 世界共通種

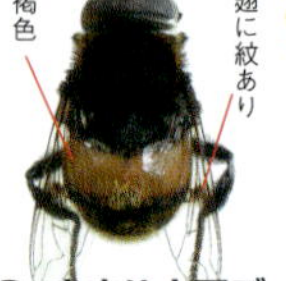

16. オオハナアブ

11～16mm. 北～沖縄. 4～11月. 成虫は花を訪れるが, 幼虫は水生

17. キイロショウジョウバエ

2mm. 日本各地. 家屋内に多く特に秋に多い. 幼虫は腐果実などで育つ

18. イエバエ

6～8mm. 全世界に分布する最も普通の種. 家屋や畜舎に多い

19. オオクロバエ

9～13mm. 北～沖縄. 日本全土に普通. 秋に中国大陸から飛来し冬に多い

屋内に住むゴキブリ

1. クロゴキブリ

25～30mm. 本～沖縄. 家屋内に最も普通

2. ワモンゴキブリ

30～35mm. 本・九～沖縄. 家屋や石垣のすき間に群生

黒条の先端は丸い

3. チャバネゴキブリ

11～12mm. 日本全国. 完全な家屋内常在で, 世界共通の屋内害虫. 日本には江戸の末期に侵入したといわれる

黒条の先端は尖る
黒条は細く下方で開く

4. ヒメチャバネゴキブリ

10mm内外. 九～沖縄. 地表生活性で海岸の松林内の堆積物などに常に群居

有翅型

5. オオゴキブリ

37～41mm. 本～屋. 各種樹木の腐朽材の内部で家族生活

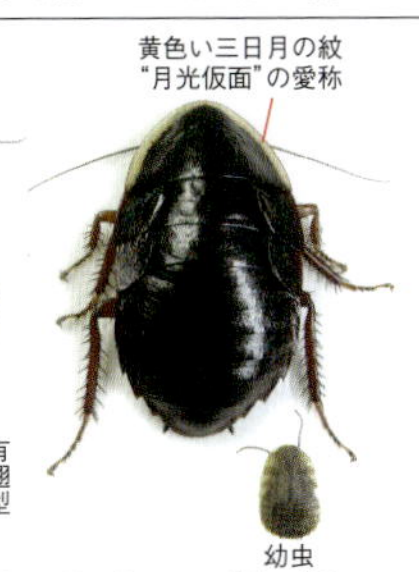

6. サツマゴキブリ

25～35mm. 九州南部以南. 朽木の樹皮下や岩の割目にすむ

7. ツノトンボ

開張63～75mm. 本～九. 体はトンボに似ているが, 触角が長く棍棒状

8. ツマグロカマキリモドキ

開張32mm. 本～九.5月下旬から9月に草原で見られる

9. クロタニガワカゲロウ

12mm内外(幼虫). 北～九. 河川上流域の流れの速い場所に生息

10. マエグロヒメフタオカゲロウ

15mm内外(成虫). 北～九.1年に1回早春に羽化する. 幼虫は上流域の流れの緩やかな場所に生息

11. キベリトウゴウカワゲラ

30mm前後(幼虫). 本～九. 流れが緩やかな渓流に多い. 幼虫期間は2～3年で6～9月に羽化

12. カワゲラの一種(成虫)

カワゲラ科の幼虫は, 主に流水に住む. 成虫は水辺の植物や礫下に潜むが, 飛翔する姿も観察される.

13. ヒトジラミ

3～3.5mm. 頭髪に寄生する. 近年保育所や小学校などで集団発生している

14. シミ目

原始的な昆虫で, 翅が無く, 体長は1cm内外. 生息場所は, 落葉層, 樹皮下など屋外性のものが大部分であるが, 屋内性の種類には, ヤマトシミ, セイヨウシミ, マダラシミなどがあり, いずれも書籍, 衣類, 食品などを加害する

ノミ目は南西諸島に8種

15. ネコノミ

2～2.5mm. 世界各地に分布, 特に熱帯地方に多く, 多種の野生哺乳動物から記録がある. 主に, イヌ・ネコに寄生するが, ヒトも刺す, ヒトノミは希少種になった. 他にイヌノミ, ニワトリノミなど

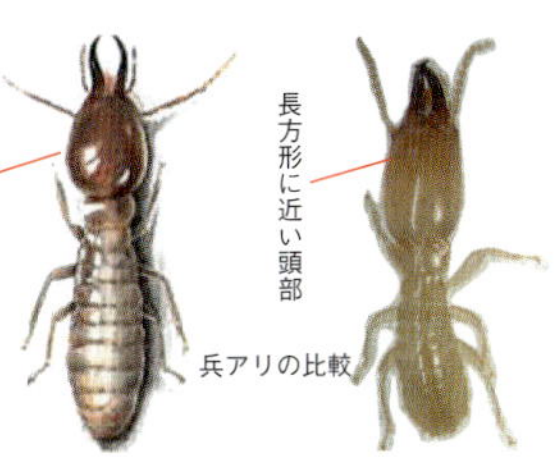

16. イエシロアリ

4～10mm. 本州(千葉県以西)～沖縄. 被害は建物全体におよび, 極めて激しい. 地中などに巨大な巣を造る.

17. ヤマトシロアリ

4～7mm. 北～沖縄. 普通種. 被害の多くはこのシロアリ. 多湿な場所を好み, 被害は床下に多い. 巣内の個体数は2～3万匹

18. コケシロアリモドキ

8mm内外. 南九州～沖永. 雌は無翅, 雄は通常有翅. スギやクス, サクラなどの樹皮のくぼみにクモのような巣を張り, 樹皮などを食べてほぼ一生をこの絹の巣の中で過ごす. 前脚の先端から出される絹は, 世界でもっとも細い絹であろう. 鹿児島市内でも古い樹林, 古木などで見る

サクラの樹皮に営巣するコケシロアリモドキ

19. アザミウマ目

1～10mm.1～2mm位の種類がもっとも多い. 形は細長く, 細い翅には長い総毛(縁毛)を多数備える. 世界で約5,000種, 日本では, 約500種が既知種. 南西諸島では約90種記録. 主に植物の葉や花に生息し, ミナミキイロアザミウマなどウイルスを媒介する

(1)昆虫はどこにいる?

昆虫は, わたしたちの身のまわりにたくさんいます. でも, ほとんどの昆虫は1cmより小さく, 注意して見ないと気がつかないものです. よく目にする比較的大きなものばかりでなく, 小さな昆虫にも目を向けてみましょう. 林や草むらなど身近なところから探してみましょう.

〔樹林の昆虫〕

クヌギの木を中心に, 春から夏にかけて見られた昆虫の, ほんの一部です. 1本の木のまわりに何種類の昆虫がいるものでしょうか.

樹液にくるスミナガシとカナブン

樹皮にいるキマワリ

コミスジ

クマゼミ

キボシツツハムシ

ムラサキシジミ

ツマキリヘリカメムシ

葉の裏にいるハネナシコロギス

樹皮の下に隠れているナガニジゴミムシダマシとモンキゴミムシダマシ

この他にも, 樹液にノコギリクワガタやコクワガタ, ネブトクワガタ, カブトムシ, ヨツボシケシキスイ, オオスズメバチなどがやってきます. 常緑のカシ類の森にも, 樹下の落ち葉から梢の先まで, 一生を森で暮らす虫や, ひとときをここで過ごす虫たちが見られます.

〔草むらの昆虫〕

畑のまわりの草むらで，春から夏にかけて見られた昆虫です．季節ごとにいろいろな草花が咲き，明るいところの好きな昆虫がいました．

ヒメアカタテハ

ハナアブ

クロバネツリアブ

セリ科の植物にいたキアゲハの幼虫

ベニシジミ

ツチイナゴ

サトウラギンヒョウモン（？）

ツノトンボ

ヒメジャノメ（交尾）

この他，ツマキチョウやモンシロチョウ，タテハモドキ，アカタテハ，ヒメウラナミジャノメ，カメムシの仲間，テントウムシの仲間などがたくさん見られます．草むらにも，ここだけで生活する虫たちが住んでいることに注目しましょう．

〔池や沼の昆虫〕

春から夏にかけての池のようすです. 水面, 水中, さらにまわりの植物などに, いろいろな虫がいました.

ベニトンボ

水面を泳ぐアメンボ

産卵中のキイトトンボ

水面のオオミズスマシ

水中にいたハネビロトンボの幼虫

水草の上にいるジュンサイハムシ

ムスジイトトンボ

池の上空やまわりには, シオヤトンボやハラビロトンボ, シオカラトンボ, オオシオカラトンボ, ショウジョウトンボ, チョウトンボなど, たくさんのトンボがいて, 水中には, そのヤゴ(幼虫)やコガシラミズムシ, ハイイロゲンゴロウなどの水生昆虫もいます. 底の泥の中には何がいるでしょうか.

〔川の昆虫〕

川には, 池や沼とは違った顔ぶれ, 流水中で生活する水生昆虫がいました.

コオニヤンマ

オニヤンマ

コハンミョウ

河原に多く見られた
エリザハンミョウ

水中にいる
コヤマトンボの幼虫

上流の細い川に住む
シマアメンボ

成熟していない
マユタテアカネ

ハグロトンボ

水面にはアメンボやミズスマシが泳いでいました. 水中の水草や, 川底の小石や泥にも多くの虫がいますが, 流れの速い瀬と遅い淵では, 違う種が見られます.

〔海岸の昆虫〕

春から夏にかけての海岸です. 何もいないように見える波打ちぎわや砂浜, 岩場にも, そしてまわりの草むらにも, ここだけでしか見られない昆虫がいました.

ハマスズ(砂と同じ色をしているため, 目立たない)

イカリモンハンミョウ(交尾)

ハラビロハンミョウ

河口の湿地にいたセグロアシナガバチ

ソテツの葉上のセトウチフキバッタ

セリ科の花にみられるアカスジカメムシ

ハマゴウの葉上のハマゴウハムシ

砂浜近くの林床を歩き回るオオヒョウタンゴミムシ

注意深く見てみると, 砂の色によく似ているヤマトマダラバッタ, 海浜性のアカアシコハナコメツキ, ウミベアカバハネカクシ, またヒメスナゴミムシダマシなど, ゴミムシの仲間がたくさんいます. 全国的に少なくなっているオオヒョウタンゴミムシも, こんなところに住んでいます. 近くの岩場にはシロヘリハンミョウもいました.

(2) 採集用具

採集に必要な用具は専門店などで購入できますが，工夫して自作してみましょう．

【捕虫網】

枠———四つ折り式やスプリング式の小さくできるものがある
30, 36, 42, 50, 60cm 径のものがある（36cm 程度が使いやすい）

ネット—ナイロンや絹製がある（軽くて丈夫なものを選ぶ）トンボなど素早い虫には目の粗いもの，水生昆虫には目の小さい素材を選ぶ．子供用の網を買うときは，深さが直径の2倍くらいのものを

柄———木，竹，金属やグラスロッド，カーボンロッド式がある．35cm（縮形）から6.5m（伸形）まである

※もちろん捕虫網は，工夫して自作することもできます．

枠———丈夫な針金を使う．魚釣り用のたも網の枠が代用可能

ネット—風を切りやすい布などを縫って使う．服の裏地などもよい

柄———竹が比較的手に入りやすい．市販の釣り用たも網の柄を使うことができる

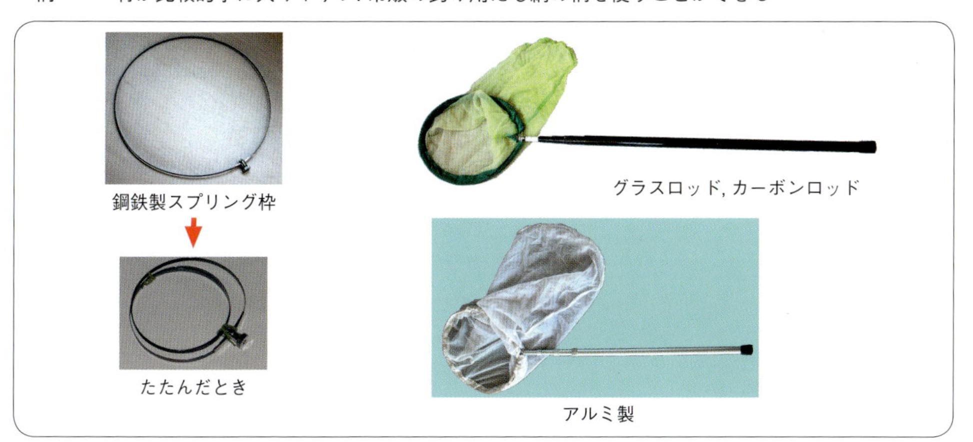
鋼鉄製スプリング枠
たたんだとき
グラスロッド，カーボンロッド
アルミ製

【その他の用具】

①三角ケース（金属製・革製がある）
②三角紙（三角ケースの中に入れる）※作り方は113頁を参照
③毒ビン（殺虫管．この中に綿にしみこませた酢酸エチルなどを入れる）
④毒つぼ（大きな虫を殺す）
⑤吸虫管（数mm 以下の小さな虫を捕る）
⑥密閉容器（タッパーなど）　⑦ピンセット，ポリ袋など

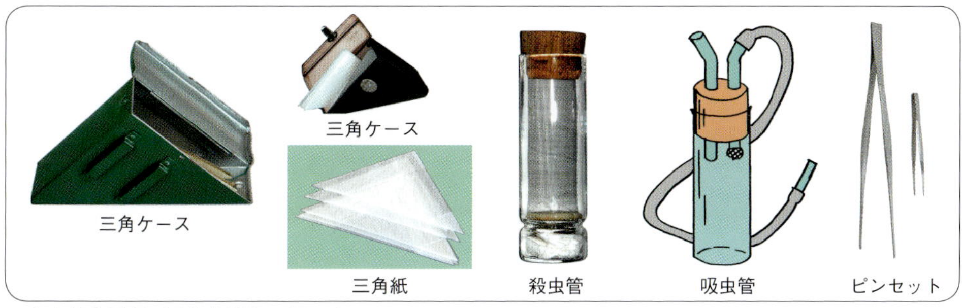
三角ケース　三角ケース　三角紙　殺虫管　吸虫管　ピンセット

※主な採集用具・昆虫文献取り扱い店
・身近にないときはインターネットなどを利用。（志賀昆蟲普及社・むし社・昆虫文献六本脚　など）

昆虫はとても種類が多いので，名前を確認しようと思ったら標本にするのがベストです．また，飼っていた虫も死んだら標本にして残しておくと，後でいろいろなことを調べることができます．美しいから，おもしろい形をしているから集めてみよう，という場合でも，標本作りは必要です．せっかく採集してきたものですから，きちんと標本にして活用しましょう．

(1)標本作りに必要な用具

標本を作るためには，最低いくつかの用具が必要です．自分で作れるものもあれば，市販品を買わなければならないものもあります．

①展翅板(てんしばん)：チョウ，ガ，トンボ，ハチ，アブ，バッタなどの羽を広げるためのものです．
②展足坂：甲虫やバッタなどの足，触角をそろえるためのもの．トンボやハチ，アブなどの標本作りにも使います．市販品もありますが，厚さ5cm程度の発泡スチロールでもいいです．
③昆虫針：長さ4cm程度の針．頭が玉状になった有頭針とそれがない無頭針があります．昆虫の大きさによって0号(細い)から5号(太い)まであり，種類によって使い分けます．(必ず買わなければならないもので，縫い針や虫ピンは後でサビなどがでて，せっかくの標本がだめになってしまいます)

> 例：カブトムシ，アゲハなど(5号) カナブン，トンボ，タテハチョウなど(4号)
> ゴミムシ，シジミチョウなど(3号) 前記以外の体の小さい昆虫(2～0号)

④玉針：展翅や展足をするときに固定するために使います．頭に玉がついたものがよく，たくさんあった方がいいです．
⑤展翅テープ：種類に合わせて3種類くらいの幅があると便利です．

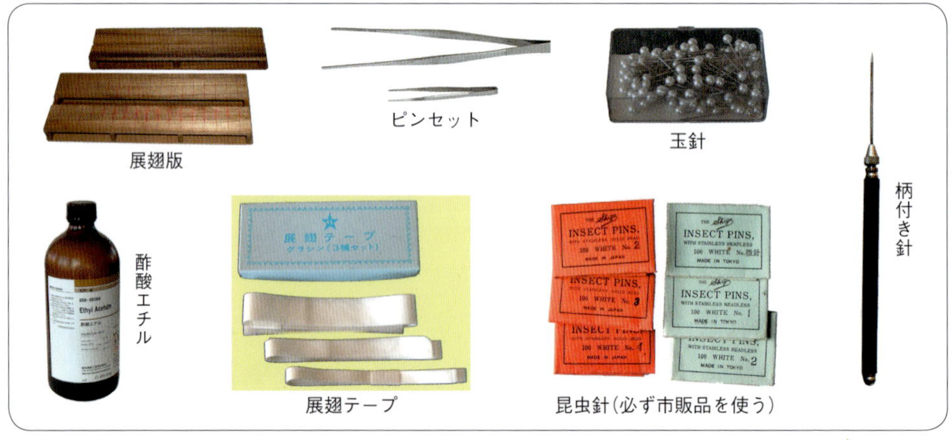

展翅版　ピンセット　玉針　柄付き針　酢酸エチル　展翅テープ　昆虫針(必ず市販品を使う)

⑥ピンセット：先のとがったものがよい．
⑦柄付き針：展翅板を使って昆虫の羽などを整えるのに必要です．昆虫針を割りばしに縛り付けて作ることもできます．
⑧酢酸エチル：野外で採集した虫を殺すための薬です．(大人の人に薬局で買ってもらいましょう)
⑨その他
・タトウ紙(四角紙)
・ポリフォーム
・トンボなどの標本作りには，しっぽが折れないようにするためにエノコログサな

よく使われるエノコログサの穂

どイネ科の茎の芯を入れます. 秋のうちにたくさん採って乾燥させておくとよいでしょう.
・できあがった標本に採集データラベルを付けるため, 平均台があると便利です(111頁参照).

(2)標本の作り方

採集してきた昆虫は, 殺した後, 形を整えてできるだけ早く乾燥させるか, アルコールに浸けて保存する方法(幼虫など)があります. ここでは乾燥させる方法を紹介しましょう. 死んだ虫は大きさによって標本の作り方を変えます.

昆虫を生かしたまま持ち帰りたい時は, 1頭ずつに分けて持ち帰るといいです. 小さなものはフイルムのケースや密閉容器を利用します. 直射日光などが当たって中が蒸れたりしないよう気を付ければ, とくに換気用の穴を開ける必要はありません. 市販の飼育ケースなどに一度にたくさん入れると中で暴れたり, 虫によっては食べられたりすることがあります. どうしてもいっしょに入れるときは, 中に草や木の枝などを入れて, 虫同士が触れあわないようにする工夫が必要です.

飼っていた昆虫が死んだのを標本にする時は, 死後すぐに標本にします. そのままにしておくと足や頭がとれたり, 腐ってにおいがしたりします.

①殺虫管を使う

採集した昆虫を標本にする時は, 図のような殺虫管(ビン)に入れて持ち帰ります. 甲虫, カメムシ, ガなどは酢酸エチルを入れた殺虫ビンの中で完全に殺しておきます. 薬品がないときは, 密閉容器などに入れて冷凍させてもいいです. 標本にする時は外に出した後, 常温になるまでふたを開けないでそのままにしておきます. 標本にする前に水やお湯で洗うとカビが生えにくくなります.

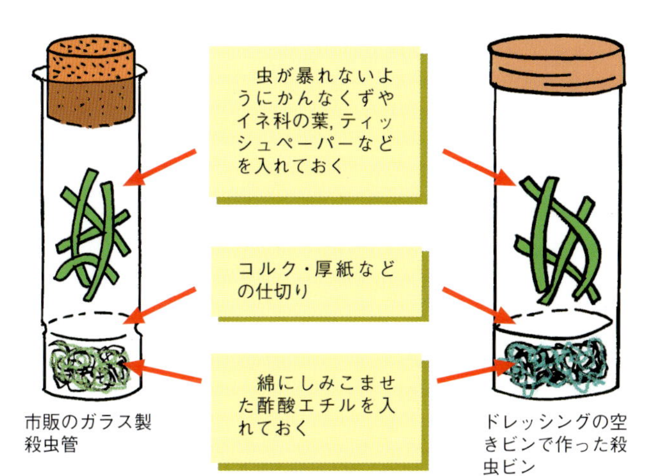

②甲虫類(1cm以上のもの), セミ

だいたい1cmより大きなものは, 図のように右上翅に昆虫針を刺します.

セミも特に羽を広げなくても標本が作れます. 甲虫と同じように背中のところに針を刺して, 展足板の上で足を整えて乾燥させます.

体の大きいものは乾燥後くるくる回ることがあるので, そのときは裏からボンドなどで目立たないように固定します.

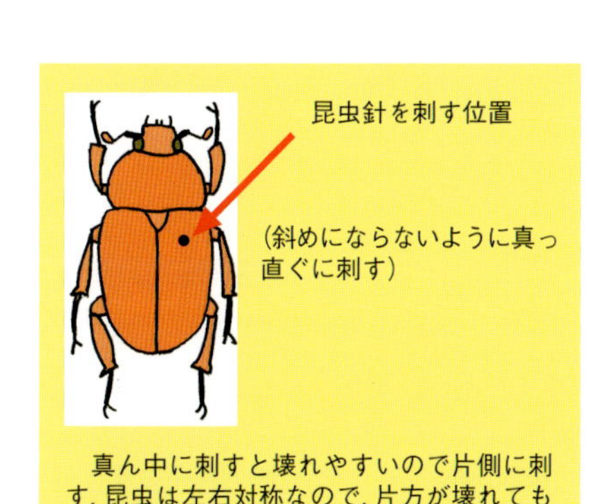

昆虫針を刺す位置
(斜めにならないように真っ直ぐに刺す)
真ん中に刺すと壊れやすいので片側に刺す. 昆虫は左右対称なので, 片方が壊れても反対側が残り, 後で残った方を調べることができる

展足図(断面図)

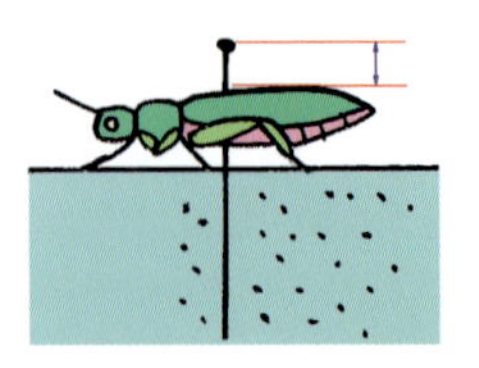

・発泡スチロールに真っ直ぐに，おなかがつくまで刺す．虫の背面に出ている長さをそろえると(1cm 前後)，標本箱に入れたときにきれいに見える

展足図(上面図)

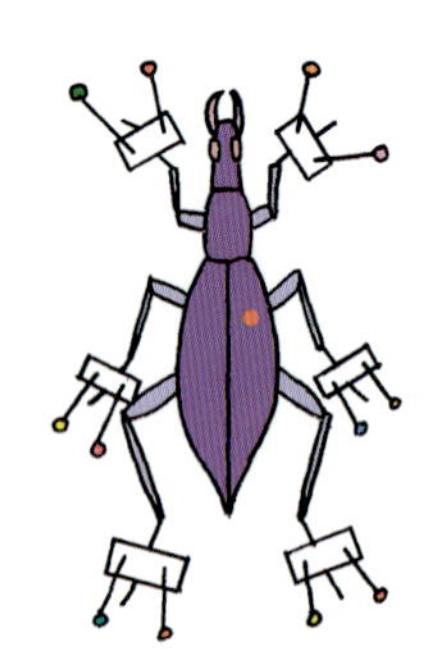

足や触角を小さく切った紙をまち針で止めて形を整える(足は，あまり広げすぎないようにする)

足を縮めた形

小さな甲虫

1cm 以下の甲虫は，真ん中に四角に切った綿を置いたタトウ紙(四角紙)に包んで乾燥させます．しばらくはピンセットなどで足などを整えます．

十分乾燥したら，台紙やプラスチック板に水糊や木工用ボンドなどを使って貼り付けます(後で必要になったときに水につけるとはがれる糊がいい)．足はきれいに揃えたほうがよいですが，小さすぎて揃えられないものはそのままでもかまいません．紙を使う場合は，名刺の紙などを切って使ってもいいです．

脱脂綿

タトウ紙(四角紙)

虫をあおむけにおく

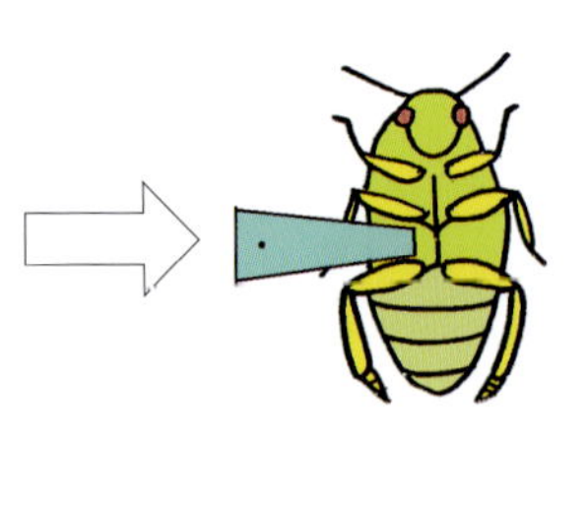

図のように台紙やプラスチック板を付ける

針を刺した台紙に付けた甲虫

簡単な標本づくり

永久保存やコンクール用の標本でなく，自分の勉強，楽しみのために，ちょっと標本にしておこうという時には，虫に針を刺して，または木工ボンドでくっつけて，タッパーや紙箱などに入れるだけでいいです．

注意事項は，①箱に入れる前に十分乾燥させること(後でカビが生えるから)，②そのとき，標本を他の虫(ゴキブリなど実にいろいろいる)に食べられないようにすること(大きな段ボール箱にナフタリンをいれておくなど)．

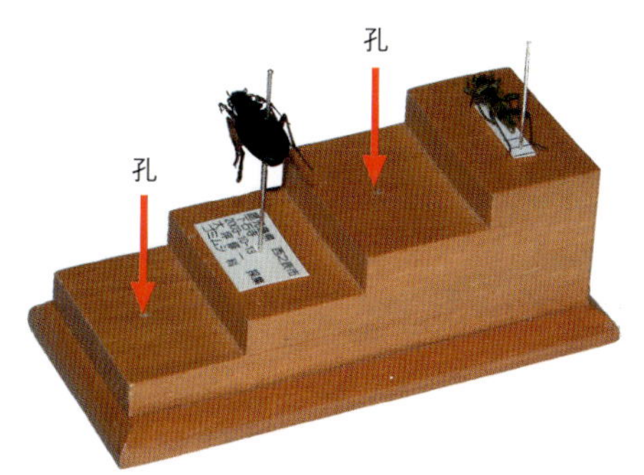

平均台に標本をおいて高さをそろえる

※乾燥した甲虫は，あらかじめ針を刺した台紙などに糊を塗ってから付けるとやりやすい
※台紙の高さを揃えるために平均台を使う．市販のものもあるが，発泡スチロール板などを切って(1段6mm)，ベニヤ板などに貼り付けてもよい

③トンボ類

トンボは死ぬと体色が変化しやすいので早く処理します．でも肉食のため腐りやすいので，採集したら三角紙に入れて生かしたままにしておき，フンを出させます．死んだら腐らないうちに，できるだけ早く標本を作ります．そのとき腹部が曲がったり折れたりしないように，エノコログサなどイネ科の草の茎を乾かしたものを差し込みます．種類に合わせて，いろいろな太さのものを準備しておくといいです(イトトンボにはチヂミザサなどの細いものを準備しておくとよい)．ビニールのほうきやテグスなどを切っても使えます．

三角紙に入れて飢え死にさせる

・体が柔らかいうちに，裏返して頭を押し下げて胸から入れる
・尾端の手前で止める
・尾端の形で種類を調べるため傷めないようにする

※芯は外から当てて長さを測り，切ってから入れる

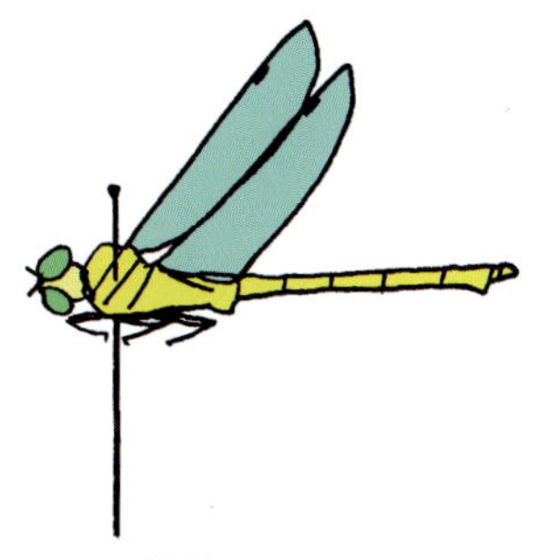
横刺しにした標本

横刺しの標本

トンボは胸や腹の横の模様で同定することが多いため，標本はチョウのように羽を広げてもよいが，羽をたたんだまま横刺しにすることが多い．この方が場所をとらない上に種名も調べやすい．このとき，針がトンボの体に入れた草の芯を通るようにすると，安定する．

④ハチやアブ

ハエやハチの仲間は，羽が小さく広げにくいので，そのままの状態で針を刺して乾燥することが多いです．羽を広げるときは展翅板を使います．

ハチは刺す種もいるので，捕虫網で採集したとき，手で直接つかんではいけません．まず殺虫管のふたをはずして捕虫網の中に入れ，ハチをビンの中に追い込みます．うまく入ったら，一度，網の上からふたをします．動かなくなったら網から取り出し，再度ふたを閉め直します．

微針に刺したもの

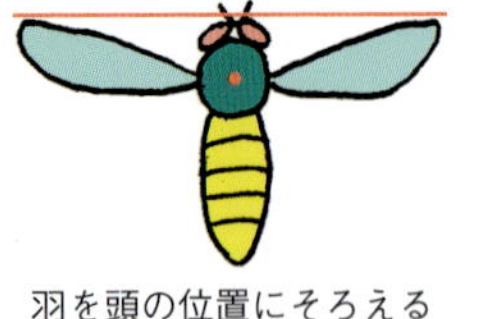

羽を頭の位置にそろえる（アブの仲間．羽2枚）

チョウの標本と同じようにする（ハチの仲間．羽4枚）

大型種は甲虫と同じように針を刺し，展足板を使って作るが，小さなものは図のように微針（17mm）を使う．小さく切ったポリフォームやコルク片などに微針で虫を刺し，それに昆虫針を刺す．このとき羽はそのままでよい．

展翅板を使って羽を広げた標本を作るときは，図のように羽の位置に気をつける

⑤バッタの仲間

バッタやキリギリスの仲間は腹部が大きくて死ぬと変色しやすいので，早く標本を作る必要があります．採集した虫はできるだけ生かしたまま持ち帰るか，殺虫管で殺しても長く入れておかないで早く出すようにします．とくに体が緑色をしているものは，長く入れておくと黄色く変色します．

※1cm 以下は小甲虫と同じように台紙等に貼る
※1～3cm は，そのまま背中から針を刺して乾かす

三角紙などの紙を使って「飴包み」にして持ち帰る

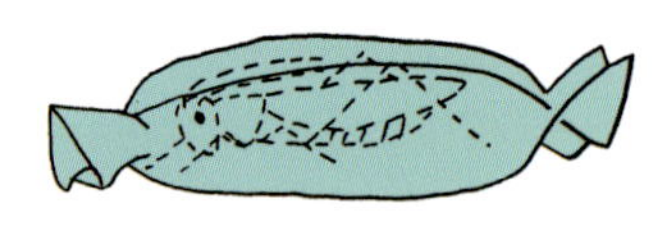

バッタ科やコオロギなど，体が平べったいものは，背中から針を刺す

キリギリスやショウリョウバッタなど，おなかの大きいものは内臓を取り除く

※頭と前胸との間にある柔らかい部分をピンセットで突いて穴を開け，中の内臓を引き出して取り除く．取り除いたあとはおなかがへこむので，綿を丸めたものを詰める．あとは，頭と前胸を付けておくと体液でくっつく．

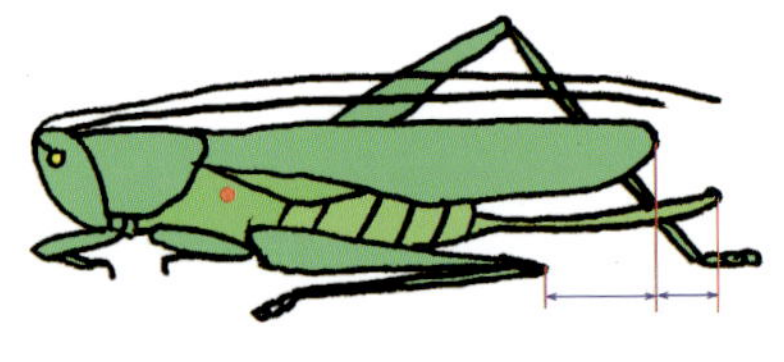

キリギリスのように体が縦に薄いものは，針を胸の横から刺した方がよい
※長い触角は体と平行に後方へ流す
※足の形に注意（片方は曲げ，片方は伸ばす）

⑥チョウ・ガ

チョウや大型のガは，採集したら，捕虫網の上から羽をたたんだ状態で胸を指で押さえて圧死（気絶）させます．動かなくなったら羽に触れないように胸を持って三角紙に入れ，三角ケースに入れて持ち帰ります．標本作りには，羽を広げて固定する展翅板を使います．

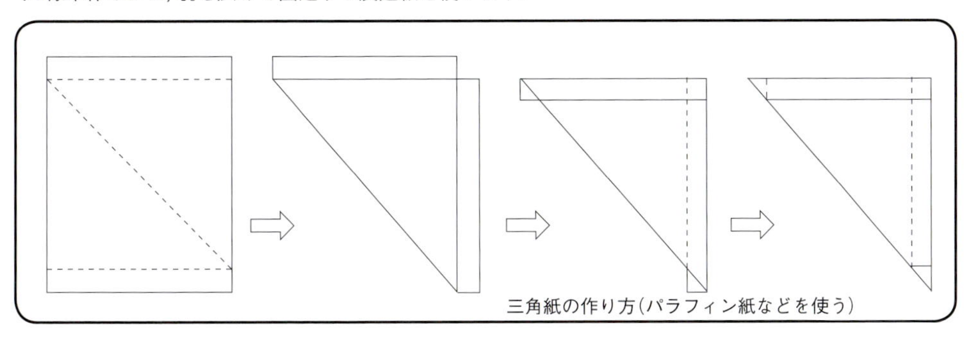
三角紙の作り方（パラフィン紙などを使う）

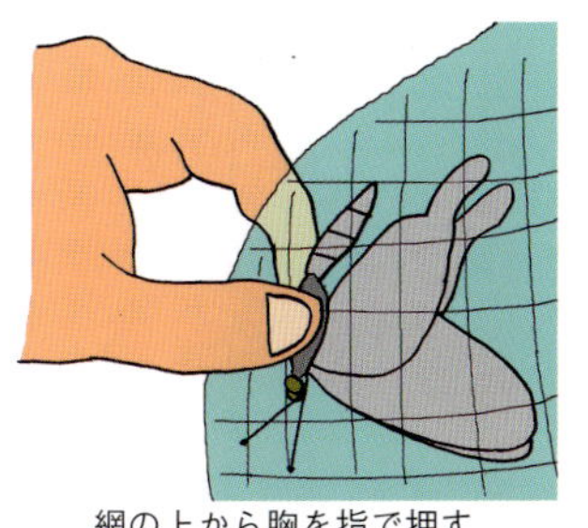
網の上から胸を指で押す

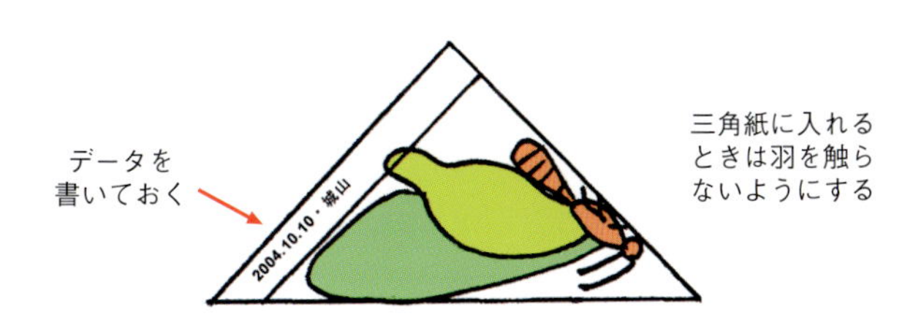
データを
書いておく
2004.10.10・城山
三角紙に入れる
ときは羽を触ら
ないようにする

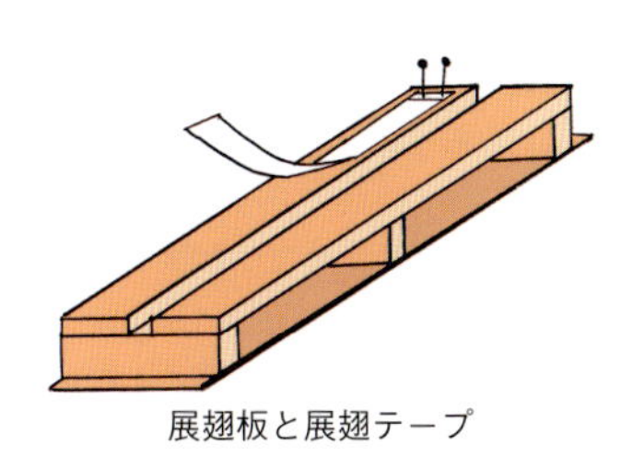
展翅板と展翅テープ

三角紙の使い方と保存の仕方

①触角を羽の間に隠すように包むと触角が折れない
②データを鉛筆で書いておく（鉛筆だとぬれても消えない）
③すぐに展翅ができないときは密閉容器（タッパーなど）に入れて冷凍庫に入れる（1ヵ月くらいはもつ）
④冷凍庫から出したときは常温に戻るまで，ふたは開けない（すぐに開けると結露する）

乾燥して固くなったものを標本にするとき

①密閉できる容器の底に，水で湿らせた脱脂綿や熱帯魚用の小石を敷き詰める
②三角紙のまま，その上に並べる
③2～3日くらい冷蔵庫に入れ，羽や触角がある程度動くようになったら出す（胸に熱湯を注射してもよい）．カビに注意
④羽を動かす筋肉を横から針で突いてこわす
⑤羽の付け根に，薄めた木工用ボンドをしみこませて展翅をする

展翅の仕方

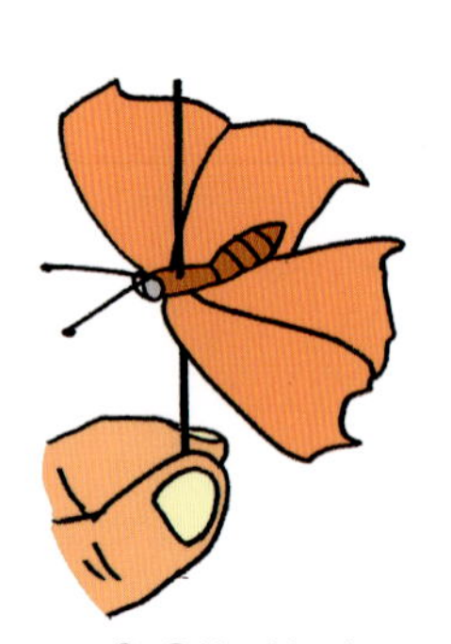

①, ②針の刺し方

③, ④展翅板への置き方

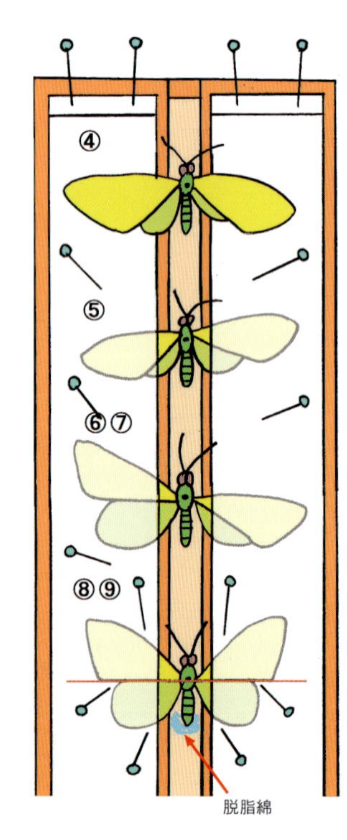

チョウやガの展翅の仕方

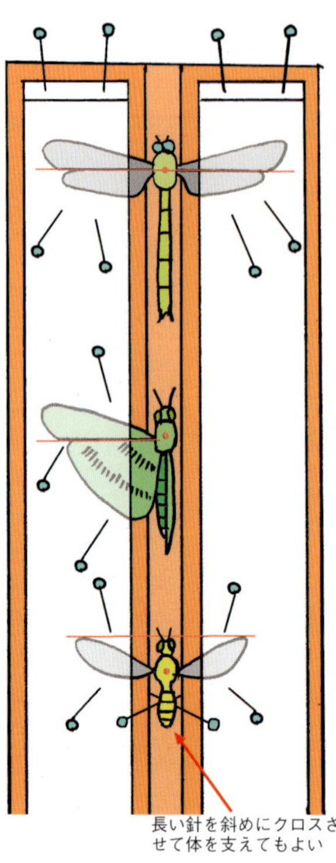

他の昆虫の展翅の仕方

①針を真っ直ぐに背中の中央に刺す
②針の半分より深くなるまで刺す
③虫を刺した針を展翅板の溝の真ん中に真っ直ぐ刺す
④羽を展翅板の高さにそろえるために, 背中をピンセットで押し下げる. 腹が下がるので脱脂綿などを敷いて支える(上がりすぎにも注意する)
⑤羽を展翅テープで押さえる
⑥テープのすき間から, まち針などで羽の脈を引っかけて動かし, 羽の位置を決める
⑦前羽の下の方が体に対して直角になるようにする
⑧後羽は, 前羽との重なりが前羽の半分より長くなるようにとめる
⑨触角もテープやまち針で固定する(細いテープを横に渡してもよい)
※羽に針を刺さないように気をつける

※展翅板は作ってもよいが, 市販のものが無難. メーカーによって高さが違うので, 大, 中, 小と同じメーカーのものをそろえた方がよい
※展翅板のサイズは1〜6号まである
例：1号→アゲハチョウ, 3号→タテハチョウ, 5〜6号→シジミチョウ
※チョウやガは展翅板からはずすと, わずかに羽が下がることがあるので, 最初から外側が上げてある傾斜型展翅板を使うときれいに仕上がる ※展翅テープは, 羽の先が出ないくらいの広い紙を使う方がよい. パラフィン紙など半透明な紙を利用すると透けて見えるのでよい

⑦乾燥の仕方

展翅板や展足板を使ってきれいに形を整えても，乾燥がしっかりできていなければ，標本箱の中に入れてからカビが生えたり，羽や足が下がってしまうことがあります．しっかり乾燥させましょう．

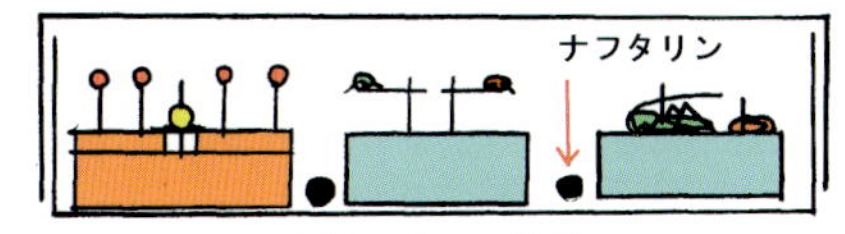

紙箱に入れて乾燥
※箱の中には，ナフタリンなどを入れておく

乾燥の期間は気温や湿度にもよりますが，夏の晴天が続いている頃なら2週間くらいを目安にするといいでしょう．腹部や大きな足などを針で軽くはじいてみて，固くなっていたら大丈夫です．

乾燥は，展翅板や展足板がゆっくり入る紙箱等に入れてふたをします．このとき密封してしまうと，乾燥せずカビが生えます．逆にすき間が多いと乾燥にはいいのですが，ゴキブリなどが食べてしまうことがあります．アリやゴキブリがいないようであれば，ふたをしない方が乾燥しやすいです．

急いで乾燥させる必要のあるときは，加熱処理機（乾燥機など）を使うと半日から1日程度で乾燥させることができます．その場合はテープを使って羽をしっかり押さえておかないと，反ったりすることがあります．トンボやセミなどは加熱すると羽がギラギラ光ったり，体色の変化がひどくなることがあるので要注意．トンボは三角紙に入れたまま紙の空箱に入れて冷蔵庫に入れ低温乾燥させると，体色変化をある程度抑えることができます．

⑧標本ラベルの作り方と付け方

乾燥後は標本箱に入れますが，その前に標本1匹ずつにラベルを付けなければなりません．標本ラベルは画用紙程度の厚さの紙（ケント紙を使うとよい）で，1枚の大きさは縦1cm，横2cm 程度，ワープロなどがあれば，小さく印刷してそれを切るときれいです．標本ラベルには，科名，学名，和名，採集地，採集年月日，採集者などを書くが，①採集地，②採集年月日③採集者名の３つは必ず入れましょう．これらがないものは標本としての価値がなく，後で調べるときにも困ります．1枚の紙に入らないときは上下2段に分けて付けます．

ラベルの付け方

鹿児島県　西之表市
若宮
2004年8月3日
大 坪 奈 々　採集

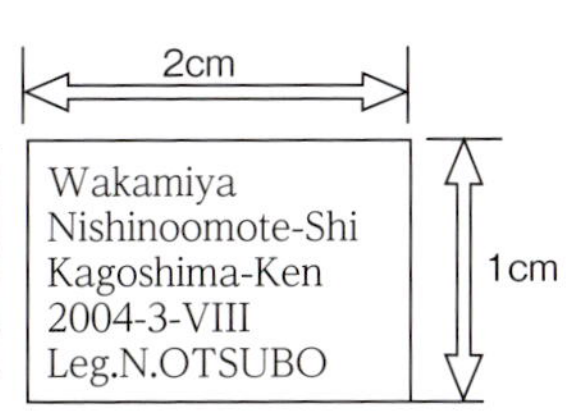

Gampsocleis
buwergeri　HAAN

キリギリス科
キリギリス

ラベルのサイズは目安です．標本の大きさに合わせて変えてもよい

ラベルの書き方の例

◎展翅板を手作りしよう

材料：発泡スチロール，発砲スチレーンボード（デコパネ），接着剤
　　※ホームセンターで取り扱っている
※発泡スチロールに直接おいて展翅をすることもできますが，羽などの動きが堅い種は使いにくいので，少し堅めのデコパネを貼って使うと良いでしょう．

A：展翅する蝶やガの大きさに合わせる。（5～12cm）
B：体がゆっくり入るくらいの大きさ。（5～20mm）
C：約25mm くらい。
　昆虫針を溝に刺して固定するときは，先端が下の発砲スチレーンボード（D）を突き抜ける直前で止めるよにすると羽の高さがそろったきれいな標本ができる。
※展翅板の長さは，材料の長さに合わすが，だいたい30cm くらいが使いやすい。
※上面の発砲スチレーンボードの変わりに，桐の板を使うと針が刺しやすい。

A B C D E D

D：デコパネ
E：発泡スチロール

昆虫を飼うときには，できるだけその昆虫が生活していた環境に近いものにしておくことが必要です．そのためには昆虫の生態や，幼虫，成虫の食べ物を知らなくてはなりません．もちろん生態や食べ物が分からずに，それを調べるための飼育に挑戦することもいいでしょう．そのほか，完全な標本を作るために，また，飼うこと自体を楽しむための飼育もあるでしょう．

(1)チョウやガの幼虫の飼い方

チョウやガの幼虫は比較的簡単に飼うことができます．種類にもよりますが，プラスチックケースなどの飼育容器と，幼虫が食べる餌（食草，食樹）を準備できれば飼えます．大事なのは，餌になる植物の確保とその植物を枯らさないようにすることです．そして幼虫が病気にならないように，フンの始末や餌の交換をしっかりやりましょう．また，幼虫が蛹になるための空間や場所も確保します．

野外の技に網をかぶせて飼う方法

◎袋がけによる飼い方

植物が，水差ししてもすぐに枯れてしまうようなときには，直接，木の枝などに風通しのよいネット（捕虫網と同じような布，洗濯用のネットも使える）をかけて使います．また，幼虫期や蛹期を調べる際に，自然に近い状態で飼うためにも便利です．袋のすき間から幼虫が逃げないように注意するのは当然ですが，枝や葉にクモなど幼虫を食べる動物がいないか，よく見てから飼いましょう．

◎シャーレを使った飼い方

比較的小さな幼虫（シジミチョウなど）を飼うときに使います．食草が枯れないように根元（茎の切り口）を水を含ませた綿などでくるみ，その上からアルミホイルで包みます．こうすると餌の植物が長持ちします．

シャーレなどを使っての飼い方

◎飼育ケースを使った飼い方

アゲハやタテハチョウ，ヤママユガなどの大きな幼虫を飼うときには，市販の飼育容器を使うと便利です．餌になる植物を空きビンなどに差しておくだけです．注意することは，ビンの口から幼虫が入って溺れてしまうことがあるので，口を綿などでふさいでおくことです．

飼育ケースによる飼育法

※餌をこまめに取り替えたり，フンを取り除いたりしないと，カビが生えて病気が発生することがあるので要注意．

※夏の室温が上がりすぎることにも注意．大事な幼虫は冷房のある部屋で飼いましょう．

◎卵の産ませかた

チョウの卵の産ませ方は, それほど難しくはありません. 特にアゲハやタテハチョウ科の仲間は簡単なので挑戦してください.

素焼きの鉢の下に水差しを置き, 鉢底の穴から食草を水に差して中に母チョウを放します. ふたはガラスか, 網でもかまいません. 大事なことは上から白熱灯などの照明を当てることです. こうすると日中と同じように明るくなり, 中の温度も上がります. 温度を20～30度くらいに保ってやると産卵をするようになります. 産卵の前には薄めた砂糖水などを与え, おなかを一杯にしておくことが大事です.

ビニール袋の中に食草を入れて, 同じようにして産卵させることもできます. このときは, 中の温度が上がりすぎないように気をつけましょう. また, 幼虫の袋がけ飼育と同じ方法で産卵させることもできます. いろいろ工夫をしてみましょう.

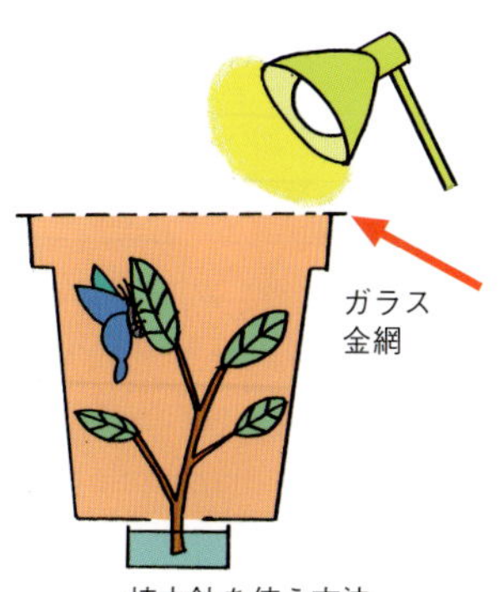

植木鉢を使う方法
（リシャール式採卵法）

◎羽化のさせ方

チョウやガの蛹が羽化するときには, 羽を伸ばすだけの十分な空間が必要です. 羽化したときに足で壁や棒などにつかまることが多いので, 羽化前には蛹のそばに, それらを準備しておきます. 幼虫が蛹になったときの状態を保っておく方がいいのですが, アゲハチョウなどは足が丈夫なので, そのまま床にころがしておいても大丈夫です. 羽化したら羽が完全に乾くまで数時間かかるので, 手で触れたり揺すったりしないことです.

ガの蛹は地中に潜るものが多いのですが, 幼虫が終齢になったら, 餌と共に湿り気を与えたクワガタ用のマット（木屑）を5cm ほどの深さに入れておくとうまく蛹化し羽化するようです. 羽化に際しては, 羽が伸びやすいようにぶら下がるものを与えることはチョウの場合と同じです.

ビニール袋を使った方法
（窓際などの明るいところに置く）

(2)カブトムシやクワガタムシの成虫や幼虫の飼い方

カブトムシやクワガタムシを飼った経験のある人は多いと思います. 飼育ケースは市販されている大きめのプラスチック容器（20×20×35cm 程度）を使っていいです. 容器の中に腐葉土か土を入れ, 成虫が止まることのできる木を入れます. 飼う成虫の数は少なくし, 普通の飼育ケースではオスメス1組くらいがよく, 違う種類を混ぜないようにしましょう. 容器は直射日光の当たらない所に置きます. 中の土が乾燥しないように, 時々霧吹きなどを使って湿らせます.

餌も市販のものでかまいません. 自分で与えるときはリンゴなどがいいです.（スイカは腐りやすい）

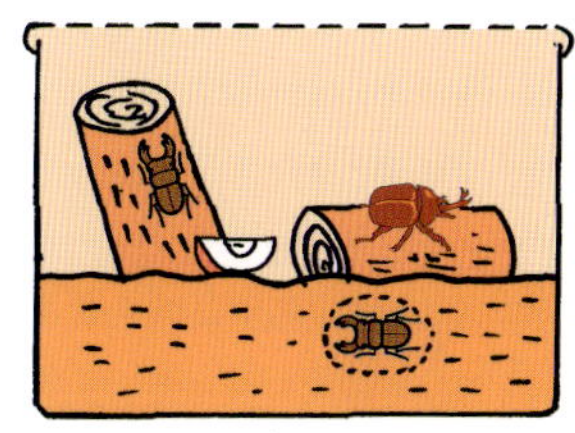
クワガタやカブトの成虫の飼い方

カブトムシは, 気づかないうちに卵を産むことがありますから, ふ化した幼虫を見つけたら腐葉土などを入れた容器に移し替えて飼います. 気をつけることは, 乾燥させないことと, あまりたくさん入れすぎないことです（1～2匹くらい）.

蛹になったら, 触らないようにして羽化するまで待ちます. 容器は, 温度変化のない涼しい所に置きましょう.

クワガタムシの場合は, 広葉樹の湿ったおがくずを容器の底に固く敷き詰めておきます. 成虫が卵を産むことがあります. 後は乾燥に気

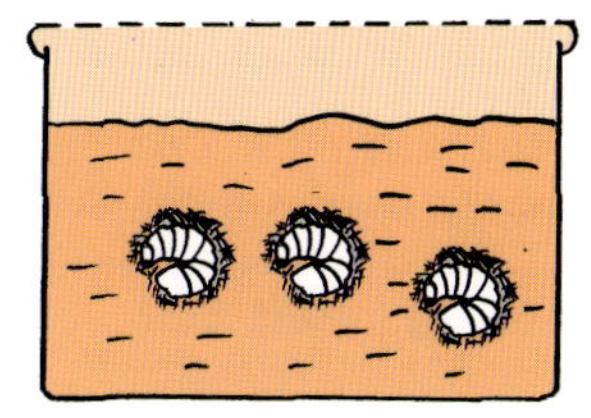
カブトの幼虫の飼い方

をつけて飼います. 野外で朽ち木などから幼虫を見つけたら, その朽ち木ごと持ち帰るか, 朽ち木と幼虫をビニール袋に入れて持ち帰り, コーヒーのビンなどに入れて飼うことができます. このときは1本のビンに1匹が適当です. 幼虫用の朽ち木などは専門店などで取り扱っているところもありますので, それらを使うのも1つの方法です. 自分で山から朽ち木をとってくるときは, クワガタムシ以外の別な虫の幼虫が混ざっていないか, よく注意しましょう.

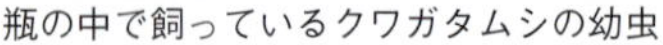

瓶の中で飼っているクワガタムシの幼虫

瓶の中で蛹になったクワガタムシ

(3)テントウムシの飼い方

テントウムシは, 草や木の新芽の周辺につくアリマキやアブラムシなどの近くにいます. 成虫の他に幼虫もいますから探してみましょう.

テントウムシの仲間にはアリマキなどを食べる肉食性のものと, 葉を食べる草食性のもの(テントウムシダマシ)がいます. 飼い方は, シャーレやプラスチックケースの底に紙を敷き, 成虫や幼虫と一緒にアリマキのついた枝を入れます. 枝が乾燥しないように切り口に水をしみこませた綿などを巻き, アルミホイルで包んで直射日光が当たらないようにします. 餌がなくなったら交換しましょう. また, 下の紙も汚れたら取り替えましょう. アブラムシが手に入らないときは, 小さく切ったリンゴを入れてやるとうまくいくことがあります.

テントウムシの飼い方

(4)ホタルの飼い方

最近では都会の近くでホタルを見つけることは, なかなか難しくなってきましたが, 自然の残っている山間部の川や, 水田の近くの用水路などにはまだまだいるようです. 鹿児島県内でよく見かけるホタルには, ゲンジボタルとヘイケボタルがいます. 飼いやすいのはヘイケボタルです.

飼うときは水槽の中に水を含ませた綿や水苔などを入れた皿を置き, 成虫が止まったりできる葉のついた枝などを差しておきます. 成虫は特に餌はいりません. 1つの容器の中に数匹のオスとメスを入れておくと, 交尾をして水苔などに卵を産んでくれます.

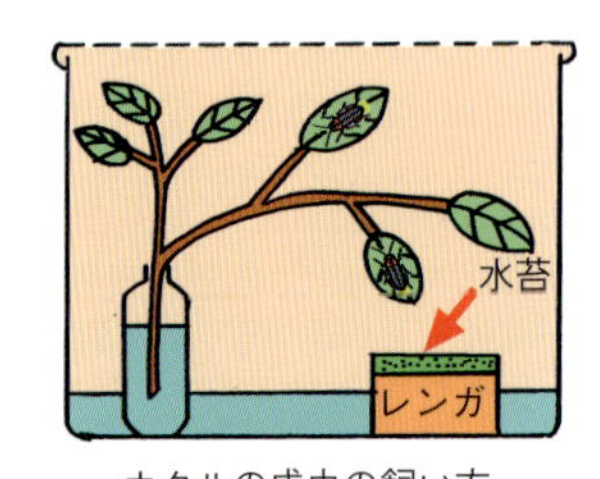

ホタルの成虫の飼い方

卵は水を数cmくらいの深さに張った水槽に, 水苔が浸からないように置き, ふ化した幼虫が自分で水に入れるようにします. 水中には幼虫の隠れる小石などを入れ, 空気ポンプで水中に空気を送ってやるといいです. 餌は生きたカワニナ, ヘイケボタルではモノアラガイ, タニシなどです. 翌年4～5月に蛹になるまでこれを食べるので, 不足しないように近くの川などで見つけておきます. 蛹になるための土の丘を作っておくと, その中で蛹になり1～2週間で成虫になります. ホタルを飼うには少し長い期間がかかりますが, 挑戦してみましょう.

(5)タマムシやカミキリムシの飼い方

タマムシやカミキリムシの幼虫は成虫になるまでの長い間, 材の中で過ごします. ですから簡単に見つけることはできません. 成虫を飼うには, 飼育ケースの中に, 幼虫のいた木などを鉢植えにするか水に差して入れておきます. 成虫のタマムシはエノキを入れます. カミキリムシは種類によって違いますので図鑑などで調べて入れます. これらの成虫は木をかじって餌にしますが, そんなにたくさんは食べません. リンゴなどを入れておくのもいいでしょう.

タマムシやカミキリムシの飼い方

(6)スズムシやコオロギの飼い方

スズムシやコオロギは, 昔からよく飼われてきた昆虫です. 飼育容器の底に数cm ほどの土を入れ, その上に割れた鉢や木の板, 石など, 隠れるところや止まるところを作りましょう. 餌は, リンゴや野菜くず, 煮干しや削り節などを入れます. 土は乾燥しないように霧吹きで湿らせます. オスとメスを同じくらい入れますが, あまり多く入れないようにしましょう.(30×20×20cm のケースに3～4組くらいがよい)

スズムシやコオロギの飼い方

(7)バッタ類やキリギリスの飼い方

バッタの仲間はたいてい草むらや荒れ地にいます. そこで飼育ケースの中も同じような環境を作ってあげましょう. ケースの中に砂を敷き, 鉢植えにしたイネ科の草を入れます(ススキやエノコログサ, オオバコなど). 成虫を一度にたくさん入れるとすぐに餌がなくなるので, 餌の量にあわせて飼いましょう. 餌がなくなったら交換しますが, トノサマバッタやツチイナゴなどは大食いですから, ススキなどを水差しにしたものを入れてもかまいません.

キリギリスの仲間を飼うときは, いっしょに煮干しや削り節など動物性の食物を忘れないようにしましょう.

バッタやキリギリスの飼い方

(8)カマキリの飼い方

カマキリの卵(卵のう)が, 木の枝や葉の裏に付いているのを見つけたことがあるでしょう. この卵のうからはたくさんの幼虫がふ化します. 幼虫を飼うときは, 数匹程度を飼育ケースに入れて, 残りは野外に逃がしてやりましょう. 飼育ケースの中には止まり木を入れ, 餌になる小さなハエなどを入れます. ハエはショウジョウバエなどがいいです. 幼虫が大きくなったら, バッタやハエなどを口元に持っていきます. また, 毎日霧吹きで水をかけるようにします.

カマキリの飼い方

(9)水生昆虫の飼い方

トンボの成虫は飛びながら虫などを捕まえて食べるので, 飼うのは大変です. また, 狭い環境では暴れて羽が折れたりします. しかし, イトトンボの仲間は大型のトンボに比べて飼いやすいので, 近くに池があったら採集して飼ってみましょう. 池の周辺にある草むらなどにいますから, 網で捕まえます. 一つの容器にオスメス2組くらいがいいです. オスが多いとけんかをすることがあります. 成虫の餌はショウジョウバエなどを飼育して与えます.

水生昆虫(トンボ)の飼い方

ヤゴや水生昆虫を飼うときは, 水槽に水を入れ, 中に水草(水中にあるものと, 水中から葉などが出ているもの)などを入れておきます. また, 木の杭などを水面から突き出させておくと, ヤゴが羽化するときに登ったり, 他の水生昆虫が水面から出て止まったりするのに役立ちます.

ヤゴの餌は, 小さいうちはミジンコ, 少し大きくなったらイトミミズやボウフラを, ヤンマなどにはオタマジャクシやメダカなどを与えるといいです. タガメやミズカマキリなどは, オタマジャクシやメダカ, ヤゴなども食べます. 水は汚れないように気をつけましょう(餌のやりすぎに注意). 汚れたら汲み置きの水で交換します.

その他にミズスマシやガムシ, ミズカマキリ, タガメ, アメンボなども同じようにして飼うことができます. ミズスマシやガムシの幼虫は水中のボウフラなどを食べて育ちます. タガメの餌はミミズ, 小魚, オタマジャクシなどを与えるといいです. アメンボを飼うときは, 水面にショウジョウバエやカなどの小さい昆虫を落としてやると, 自分からやってきて体液を吸います.

(10)セミの幼虫の飼い方

セミの幼虫は何年もの間, 土の中で過ごします. そのために飼うのは大変なように思いますが, アロエなどの鉢植えを使って飼うことができます. 幼虫はアロエの根の汁を吸いながら土の中で成長していきます. 幼虫を野外から見つけてきたら, 鉢植えのアロエの根元を掘って軽く埋めておけば, 後は幼虫が自分で穴を掘りながら成長していきます. 気をつけることは, 幼虫の体が柔らかいので傷を付けないようにていねいに扱うことです.

種類によって年数が違いますが, ツクツクボウシなどは成虫になるまで2〜3年かかります. また, アブラゼミは7年ほどかかった例がありますが, 飼育の仕方によってはもっと短いかもしれません. もっとも, セミが野外(自然状態)で何年かかって成虫になるかは, 別な方法を工夫しないと分かりません.

成虫を捕まえたら, 木を網などで覆ってその中に放すとしばらくは飼うことができます. 木はセミがよく止まっているものを選びましょう.

アロエの鉢植えでセミの幼虫を飼う

(11)アリの飼い方

アリを飼うときは, 5〜6月頃に羽アリとなって空中に飛び出した女王アリを採集します. 羽を落とした女王アリは, 卵を産んで働きアリを増やしていきます. 女王アリが見つからないときは, 近くにあるアリの巣を掘って, 女王アリや働きアリを捕まえて飼育します. 他の巣のアリを一緒に入れるとけんかをするので注意しましょう.

容器は市販の水槽や口の広いビンを使い, 土を深めに入れて飼います. 中の様子が見えるように2枚のガラス板やアクリル板を数cm の間隔ではさんだものを作り, その間に土を入れてもいいでしょう. 明るいとうまく巣を作らない場合がありますから, 黒い紙などで覆うといいです. 観察するときは紙をとります.

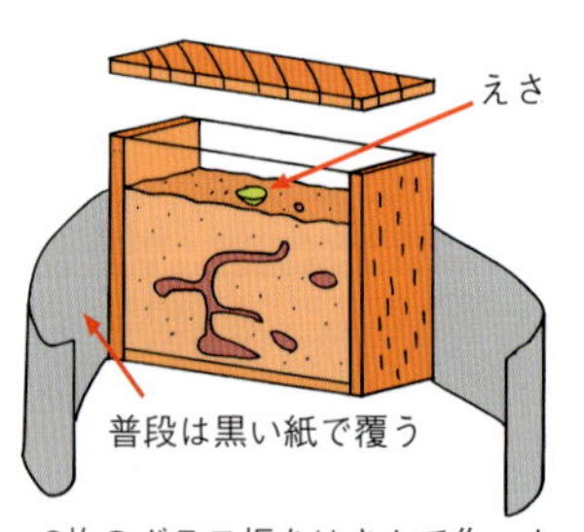

2枚のガラス板をはさんで作った
アリの飼育箱

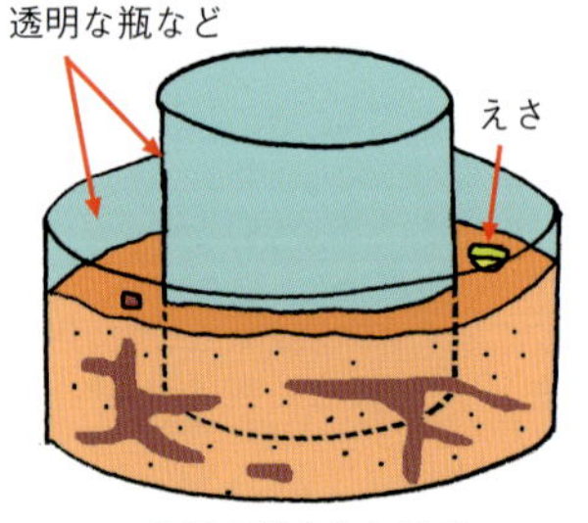

直径の違う入れ物を
2つ使って作ったアリの飼育容器

このほかにも, いろいな昆虫がいます. 種類によって飼いやすいものや飼いにくいものがあります. 成虫や幼虫の食べ物, 住んでいるところの環境を調べて工夫して飼ってみてください. そして飼育して分かったことを, 夏休みの宿題などで発表しましょう. もちろん, 失敗した記録も大事です.

主な参考文献

【昆虫全般】

九州大学農学部昆虫学教室, 1989. 日本産昆虫総目録(Ⅰ・Ⅱ・索引). 日本野生生物研究センター.

鹿児島県立博物館編, 1991. 鹿児島の路傍300種図鑑(県本土編) ; 1993, 同(離島編). 鹿児島県立博物館友の会.

石川良輔, 1996. 昆虫の誕生. 中公新書, 中央公論社.

日高敏隆監修, 1996. 日本動物大百科 第8巻 昆虫(Ⅰ) ; 1997. 同(Ⅱ) ; 1998. 同(Ⅲ). 平凡社.

鹿児島の自然を記録する会編, 2002. 川の生きもの図鑑. 南方新社.

東清二監修・屋富祖昌子ほか編, 2002. 琉球列島産昆虫目録, 増補改訂版. 沖縄生物学会.

鹿児島県編, 2004年版及び2016年版. 鹿児島県の絶滅のおそれのある野生動植物 動物編. 鹿児島県環境技術協会.

志村隆編, 2005. 日本産幼虫図鑑. 学習研究社.

【チョウ】

川副昭人・若林守男, 1976. 原色日本蝶類図鑑―全改定新版―. 保育社.

藤岡知夫, 1981. 改訂増補 日本産蝶類大図鑑. 講談社.

福田晴夫ほか, 1982. 原色日本蝶類生態図鑑(Ⅰ) ; 1983. 同(Ⅱ) ; 1984. 同(Ⅲ)・(Ⅳ). 保育社.

松香宏隆, 1994. カラーハンドブック地球博物館Ⅰ蝶.PHP 研究所.

矢田脩監修,2006. 新訂原色昆虫大図鑑I, 北隆館. ＜ガを含む＞

白水隆, 2006. 日本産蝶類標準図鑑. 学習研究社.

小岩屋敏, 2007. 世界のゼフィルス大図鑑. むし社.

【ガ】

六浦晃ほか, 1965. 原色日本蛾類幼虫図鑑(上) ; 1969, 同(下). 保育社.

井上寛ほか, 1982. 日本産蛾類大図鑑(Ⅰ・Ⅱ). 講談社.

岸田泰則(編), 2011, 日本産蛾類標準図鑑Ⅰ―Ⅳ. 学研教育出版, 東京.

神保宇嗣, 2016. List-MJ 日本産蛾類総目録(HP).

【トンボ】

浜田康・井上清, 1985. 日本産トンボ大図鑑(Ⅰ・Ⅱ). 講談社.

石田昇三ほか, 1988. 日本産トンボ幼虫・成虫検索図説. 東海大学出版会.

石田勝義, 1996. 日本産トンボ目幼虫検索図説. 北海道大学図書刊行会.

杉村光俊ほか, 1999. 原色日本トンボ幼虫・成虫大図鑑. 北海道大学図書刊行会.

尾園暁ほか, 2007. 沖縄のトンボ図鑑. いかだ社.

杉村光俊ほか, 2008. 中国・四国のトンボ図鑑. いかだ社.

【バッタ, カマキリ, ナナフシ】

大城安弘, 1986. 琉球列島の鳴く虫たち. 鳴き虫会.

宮武頼夫・加納康嗣編著, 1992. 検索入門 セミ・バッタ. 保育社.

岡田正哉, 1999. ナナフシのすべて. トンボ出版.

岡田正哉, 2001. 昆虫ハンターカマキリのすべて. トンボ出版.

日本直翅類学会編,2006. バッタ・コオロギ・キリギリス大図鑑. 北海道大学出版会.

【コウチュウ】

中根猛彦ほか, 1963. 原色昆虫大図鑑(Ⅱ). 北隆館.

中根猛彦監修, 1983. 学研生物図鑑昆虫Ⅱ. 学習研究社.

日本鞘翅目学会編, 1984. 日本産カミキリ大図鑑. 講談社.

上野俊一ほか編著, 1984～1985. 原色日本甲虫図鑑(Ⅰ)～(Ⅳ). 保育社.

林長閑監修, 1985. 生物大図鑑昆虫Ⅱ. 世界文化社.

水沼哲郎・永井信二, 1994. 世界のクワガタムシ大図鑑. むし社.

大林延夫・新里達也, 2007. 日本産カミキリムシ. 東海大学出版会.

川井信矢ほか, 2005. 日本産コガネムシ上科図説第1巻食糞群. 昆虫文献六本脚.

酒井香ほか, 2007. 日本産コガネムシ上科図説第2巻食葉群Ⅰ. 昆虫文献六本脚.

【その他の昆虫】

伊藤修四郎ほか編著, 1977. 原色日本昆虫図鑑(下). 保育社.

河合省三, 1980. 日本原色カイガラムシ図鑑. 全国農村教育協会.

石原保, 1983. 学研生物図鑑 昆虫Ⅲ. 学習研究社.

森津孫四郎, 1983. 日本原色アブラムシ図鑑, 全国農村教育協会.

朝比奈正二郎, 1991. 日本産ゴキブリ類. 中山書店

友国雅章監修・安永智秀ほか, 1993. 日本原色カメムシ図鑑. 全国農村教育協会.

湯川淳一・桝田長編著, 1996. 日本原色虫えい図鑑, 全国農村教育協会.

山根正氣ほか, 1999. 南西諸島産有剣ハチ・アリ類検索図説, 北海道大学図書刊行会.

谷田一三監修, 2000. 原色川虫図鑑. 全国農村教育協会.

安永智秀ほか, 2001. 日本原色カメムシ図鑑 第2巻. 全国農村教育協会.

小池啓一, 2002. 小学館の図鑑NEO(昆虫). 小学館.

森正人・北山昭, 2002. 改訂版図説日本のゲンゴロウ. 文一総合出版.

日本産アリ類データベースグループ, 2003. 日本産アリ類全種図鑑. 学習研究社.

河合禎次・谷田一三共著, 2005. 日本産水生昆虫 科・属・種への検索, 東海大学出版.

平嶋義宏・森本桂監修, 2008. 新訂原色日本昆虫圖鑑第Ⅲ巻. 北隆館.

【採集と標本】

馬場金太郎・平嶋義宏編, 2000. 新版昆虫採集学. 九州大学出版会.

＊これらの他, 鹿児島昆虫同好会会誌「SATSUMA」(1952年創刊 ; 最新号163号)には多数の記録, 報文があり, 県立図書館, 県立博物館, 大学図書館などで読むことができます.

和名索引

【ア】

アイヌコブスジコガネ…… 78
アオアカガネヨトウ …… 48
アオオビナガクチキ…… 86
アオカナブン…… 80
アオシャチホコ …… 40
アオスジアオリンガ …… 43
アオスジアゲハ…… 15
アオスジカミキリ…… 88
アオタテハモドキ…… 26
アオドウガネ…… 79
アオバアリガタハネカクシ…… 74
アオバシャチホコ …… 41
アオバセセリ…… 14
アオハナムグリ…… 82
アオバハゴロモ…… 98
アオハムシダマシ…… 86
アオヒゲナガゾウムシ…… 94
アオヒメハナムグリ…… 82
アオフトメイガ…… 32
アオマダラタマムシ…… 83
アオマツムシ…… 70
アオムネスジタマムシ…… 83
アオモンイトトンボ …… 51
アカアシオオクシコメツキ…… 84
アカアシクワガタ…… 76
アカイラガ…… 31
アカウラカギバ…… 35
アカエグリバ …… 45
アカガネサルハムシ…… 92
アカガネヨトウ …… 48
アカキリバ …… 45
アカクビナガハムシ…… 92
アカシジミ…… 19
アカジママドガ…… 32
アカスジアオリンガ …… 43
アカスジキヨトウ …… 48
アカスジシロコケガ …… 42
アカタテハ…… 27
アカテンクチバ …… 46
アカネエダシャク…… 39
アカハネオンブバッタ…… 68
アカバネツヤクチキムシ…… 86
アカハネムシ…… 86
アカバハネカクシ…… 74
アカハラゴマダラヒトリ …… 42
アカヒゲドクガ …… 41
アカボシゴマダラ…… 27
アカマエアオリンガ …… 43
アカマダラケシキスイ…… 84
アカマダラハナムグリ…… 82
アカモンコナミシャク …… 40
アゲハ…… 15
アゲハモドキ…… 35
アケビコノハ …… 45
アサギマダラ…… 23
アサケンモン …… 44
アサヒナカワトンボ …… 52
アザミウマ目…… 101
アシナガコガネ…… 79
アシブトクチバ …… 45
アシブトチズモンアオシャク…… 39
アシブトヒメハマキ…… 31
アシベニカギバ…… 35
アトジロエダシャク…… 38
アトモンチビカミキリ…… 90
アトモンマルケシカミキリ…… 92
アブラゼミ …… 97
アマミアオシャチホコ …… 40
アマミアオナミシャク …… 40
アマミウラナミシジミ…… 20
アマミキシタバ …… 45
アマミキヨトウ …… 48
アマミシカクワガタ…… 75
アマミハンミョウ…… 73
アマミマルバネクワガタ…… 77
アマミマルバネフタオ …… 35
アマミミヤマクワガタ…… 75
アミダテントウ…… 85
アミメオオエダシャク…… 38
アミメキシタバ …… 45
アミメケンモン …… 44
アミメマドガ…… 32
アメイロカミキリ…… 88
アメリカミズアブ…… 100
アヤムネスジタマムシ…… 83
アヤモンチビカミキリ…… 90
アリモドキゾウムシ…… 94
アワヨトウ …… 48
イエシロアリ…… 101
イエバエ…… 100
イカリゲシワアリ…… 100
イカリモンガ…… 35
イシガキシロテンハナムグリ…… 81
イシガケチョウ…… 27
イソカネタタキ…… 71
イチゴハムシ…… 92
イチジクキンウワバ …… 46
イチジクヒトリモドキ …… 43
イチモンジカメノコハムシ…… 93
イチモンジセセリ…… 14
イチモンジチョウ…… 24
イチモンジハムシ…… 92
イツホシマメゴモクムシ…… 73
イトヒゲナガゾウムシ…… 93
イナズマコブガ …… 43
イネヨトウ …… 48
イボタガ…… 33
イボバッタ…… 67
イラガ…… 31
イワカワシジミ…… 23
ウコンエダシャク…… 39
ウコンカギバ…… 35
ウスアオアヤシャク…… 39
ウスアオシャク…… 39
ウスアオモンコヤガ …… 46
ウスアカオトシブミ…… 93
ウスアカクロゴモクムシ…… 73
ウスアカムラサキマダラメイガ… 32
ウスアヤカミキリ…… 90
ウスイロアカフヤガ …… 49
ウスイロオオエダシャク…… 38
ウスイロオナガシジミ…… 19
ウスイロギンモンシャチホコ … 41
ウスイロコノマチョウ…… 30
ウスイロササキリ…… 69
ウスイロトラカミキリ…… 89
ウスオエダシャク…… 36
ウスキシャチホコ …… 41
ウスキシロチョウ…… 18
ウスキツバメエダシャク…… 39
ウスギヌカギバ…… 35
ウスクモエダシャク…… 38
ウスグロクチバ …… 46
ウスクロモクメヨトウ …… 48
ウスコモンマダラ…… 23
ウスタビガ…… 33
ウスバカゲロウ…… 96
ウスバカミキリ…… 87
ウスバキトンボ …… 62
ウスバミスジエダシャク…… 37
ウスベニトガリメイガ…… 32
ウスベニヒゲナガ…… 31
ウスベリケンモン …… 43
ウスムラサキクチバ …… 46
ウスモンオトシブミ…… 93
ウチスズメ…… 34
ウバタマムシ…… 83
ウメエダシャク…… 36
ウラキトガリエダシャク…… 36
ウラギンシジミ…… 23
ウラギンスジヒョウモン…… 25
ウラギンヒョウモン…… 26
ウラナミシジミ…… 20
ウラナミジャノメ…… 29
ウラナミシロチョウ…… 18
ウラベニエダシャク…… 39
ウリハムシ…… 93
ウンモンスズメ…… 34
ウンモンヒゲナガゾウムシ…… 93
エグリエダシャク…… 39
エグリヅマエダシャク…… 38
エグリデオキノコムシ…… 74
エグリトラカミキリ…… 89

エゾカタビロオサムシ…… 73
エゾギクキンウワバ …… 46
エゾシロシタバ …… 45
エゾミドリシジミ…… 20
エゾヨツメ…… 33
エダナナフシ…… 72
エビガラスズメ…… 34
エンマコオロギ…… 69
エンマムシ…… 74
オオアオシャチホコ …… 40
オオアオバヤガ …… 49
オオアオモリヒラタゴミムシ…… 73
オオアカマエアツバ …… 44
オオアトボシアオゴミムシ…… 74
オオアメンボ…… 96
オオアヤトガリバ…… 35
オオウラギンスジヒョウモン…… 25
オオウラギンヒョウモン…… 26
オオウンモンクチバ …… 45
オオエグリシャチホコ …… 41
オオエグリバ …… 45
オオカギバ…… 35
オオカバスジヤガ …… 49
オオカマキリ…… 72
オオキイロコガネ…… 79
オオキノメイガ…… 32
オオギンモンカギバ…… 35
オオクチキムシ…… 86
オオクロバエ…… 100
オオクロヤブカ…… 100
オオクワガタ…… 76
オオゴキブリ…… 101
オオコフキコガネ…… 78
オオゴマダラ…… 23
オオゴマダラエダシャク…… 36
オオシオカラトンボ …… 58
オオシマアオハナムグリ…… 81
オオシマオオトラフハナムグリ… 80
オオシマカラスヨトウ …… 47
オオシマゴマダラカミキリ…… 91
オオシラナミアツバ …… 44
オオシロアシヒメハマキ…… 31
オオシロテンクチバ …… 46
オオシロモンセセリ…… 15
オオシワアリ…… 100
オオスカシバ…… 34
オオスジコガネ…… 80
オオスズメバチ…… 99
オオスナハラゴミムシ…… 73
オオスミヒゲナガカミキリ…… 91
オオセンチコガネ…… 78
オオゾウムシ…… 94
オオタバコガ …… 47
オオチャイロハナムグリ…… 82
オオチャバネセセリ…… 14
オオツバメエダシャク…… 38
オオツヤハダコメツキ…… 84
オオテントウ…… 85
オオトビスジエダシャク…… 38
オオトモエ …… 46
オオネグロシャチホコ …… 40
オオノコバヨトウ …… 47
オオハイジロハマキ…… 31
オオハガタナミシャク …… 40
オオハキリバチ…… 99
オオハグルマエダシャク…… 36
オオバコヤガ …… 47
オオハサミムシ…… 96
オオハナアブ…… 100
オオハネカクシ…… 74
オオヒラタシデムシ…… 74
オオフタオビドロバチ…… 99
オオフタホシテントウ…… 85
オオフタモンウバタマコメツキ… 84
オオホシカメムシ…… 98
オオホシミミヨトウ …… 47
オオホソクビゴミムシ…… 74
オオマエキトビエダシャク…… 38
オオマエベニトガリバ…… 35
オオミズアオ…… 33
オオミズスマシ…… 95
オオミノガ…… 31
オオムラサキ…… 27
オオモモブトシデムシ…… 74
オオモモブトスカシバ…… 31
オオヤマトンボ …… 57
オオヨツスジハナカミキリ…… 88
オオヨツボシゴミムシ…… 73
オオルリオビクチバ …… 46
オガサワラクビキリギス…… 69
オガタマヒメハマキ…… 31
オキナワアシブトクチバ …… 45
オキナワオオアカキリバ …… 45
オキナワカギバ…… 35
オキナワカラスアゲハ…… 17
オキナワシロスジコガネ…… 78
オキナワビロードセセリ…… 14
オキナワルリチラシ…… 31
オジロアシナガゾウムシ…… 94
オジロシジミ…… 20
オスグロトモエ …… 46
オトシブミ…… 93
オナガアゲハ…… 16
オナガササキリ…… 69
オニクワガタ…… 77
オニヤンマ …… 54
オビガ…… 33
オビレカミキリ…… 90
オンブバッタ…… 68

【カ】

カイコ…… 33
カギバアオシャク…… 39
カキバトモエ …… 46
カギモンヤガ …… 49
カクムネベニボタル…… 84
カクモンヒトリ …… 42
カシノナガキクイムシ…… 94
カシワマイマイ …… 41
カタジロゴマフカミキリ…… 90
カタビロトゲハムシ…… 93
カツオゾウムシ…… 94
カドマルエンマコガネ…… 78
カトリヤンマ …… 56
カナブン…… 80
カネタタキ…… 71
カノコガ …… 43
カバイロフタオ…… 35
カバシタリンガ …… 43
カバスジヤガ …… 49
カバマダラ…… 24
カブトムシ…… 82
カブラヤガ …… 49
カマドコオロギ…… 70
カミナリハムシ…… 93
ガムシ…… 95
カメノコテントウ …… 85
カヤキリ…… 69
カヤコオロギ…… 70
カヤヒバリ…… 71
カラスアゲハ…… 17
カラスシジミ…… 20
カレハガ…… 33
カワゲラの一種（成虫）…… 101
カワゴケミズメイガ…… 32
カワムラトガリバ…… 35
キアゲハ…… 15
キアシナガバチ…… 99
キアシヌレチゴミムシ…… 73
キアシヒバリモドキ…… 71
キイトトンボ …… 51
キイロカミキリモドキ…… 87
キイロクチキムシ…… 86
キイロショウジョウバエ…… 100
キイロスズメ…… 34
キイロスズメバチ…… 99
キイロタマノミハムシ…… 93
キイロテントウ…… 85
キイロトラカミキリ…… 89
キイロヒトリモドキ …… 43
キエダシャク…… 38
キオビエダシャク…… 36
キオビゴマダラエダシャク…… 36
キオビミズメイガ…… 32
キガシラオオナミシャク …… 40
キシタバ …… 44
キシタミドリヤガ …… 49
キスジシロエダシャク…… 36
キスジシロフタオ…… 35
キスジツマキリヨトウ …… 47
キスジトラカミキリ…… 89

キタキチョウ……18
キタテハ……26
キチョウ……18
キトガリキリガ……48
キノカワガ……43
キバネセセリ……14
キバネニセハムシハナカミキリ……88
キバネホソコメツキ……84
キバラエダシャク……39
キハラゴマダラヒトリ……42
キバラノメイガ……32
キバラハイスヒロキバガ……31
キハラモンシロモドキ……43
キベリトウゴウカワゲラ……101
キベリネズミホソバ……42
キボシアシナガバチ……99
キボシカミキリ……91
キボシツツハムシ……92
キマエコノハ……45
キマダラオオナミシャク……40
キマダラカミキリ……88
キマダラコウモリ……31
キマダラセセリ……15
キマダラツバメエダシャク……38
キマワリ……86
キミャクヨトウ……47
キムネカミキリモドキ……87
キムネクマバチ……99
キモンカミキリ……92
キョウチクトウスズメ……34
キョウトアオハナムグリ……82
キリシマミドリシジミ……20
ギンイチモンジセセリ……15
キンイロキリガ……47
キンイロジョウカイ……84
ギンツバメ……36
ギンバネヒメシャク……39
ギンボシスズメ……34
キンモンガ……35
ギンモンカギバ……35
ギンモンスズメモドキ……40
ギンモントガリバ……35
ギンヤンマ……56
クサギカメムシ……98
クサキリ……69
クサヒバリ……71
クシヒゲキヒロズコガ……31
クシヒゲシャチホコ……41
クスアオシャク……39
クスサン……33
クズノチビタマムシ……84
クチキコオロギ……70
クチバスズメ……34
クツワムシ……68
クヌギカレハ……33
クビアカトラカミキリ……89
クビアカモリヒラタゴミムシ……73
クビキリギス……69
クビナガムシ……86
クビボソゴミムシ……74
クビワウスグロホソバ……42
クビワシャチホコ……41
クマコオロギ……70
クマスズムシ……70
クマゼミ……97
クモガタヒョウモン……25
クモヘリカメムシ……98
クリイロクチキムシ……86
クリイロコガネ……79
クリイロヒゲハナノミ……86
クリサキテントウ……85
クリシギゾウムシ……94
クルマスズメ……34
クルマバッタ……67
クロアゲハ……16
クロアナバチ……99
クロイトトンボ……51
クロイワツクツク……97
クロウリハムシ……93
クロオオアリ……100
クロオビシロフタオ……35
クロカナブン……80
クロカミキリ……87
クロキシタアツバ……44
クロクモエダシャク……37
クロクモヤガ……49
クロゲンゴロウ……95
クロコガネ……79
クロゴキブリ……101
クロコノマチョウ……30
クロシオハマキ……31
クロシジミ……23
クロシタアオイラガ……31
クロシタキヨトウ……47
クロシタシャチホコ……40
クロシデムシ……74
クロズエダシャク……38
クロスジアオナミシャク……40
クロスジギンヤンマ……56
クロスジノメイガ……32
クロスジユミモンクチバ……45
クロセセリ……15
クロタニガワカゲロウ……101
クロチャマダラキリガ……48
クロツバメシジミ……22
クロツマキシャチホコ……41
クロツヤコオロギ……69
クロツヤミノガ……31
クロテンキリガ……47
クロテンフユシャク……39
クロナガタマムシ……84
クロハグルマエダシャク……36
クロハナムグリ……82
クロヒカゲ……29
クロヒバリモドキ……71
クロフオオシロエダシャク……37
クロフシロエダシャク……37
クロヘリアトキリゴミムシ……74
クロホウジャク……34
クロボシセセリ……14
クロマダラソテツシジミ……21
クロマルカブトムシ……82
クロミスジシロエダシャク……36
クロメンガタスズメ……34
クロモンシタバ……45
クワカミキリ……91
クワコ……33
クワゴマダラヒトリ……43
ケシゲンゴロウ……95
ケブカチビナミシャク……40
ケブカトラカミキリ……90
ケラ……68
ゲンジボタル……95
ケンモンキリガ……47
コアオハナムグリ……82
ゴイシシジミ……23
コイチャコガネ……79
コウカアブ……100
コウスチャヤガ……49
コウセンポシロノメイガ……32
コオイムシ……96
コオニヤンマ……53
コガシラミズムシ……95
コガタキシタバ……44
コガタコオロギ……70
コガタスズメバチ……99
コガタノゲンゴロウ……95
コガネムシ……79
コカブトムシ……82
コカマキリ……72
コクゾウムシ……94
コクワガタ……76
コケシロアリモドキ……101
コゲチャサビカミキリ……90
コシアキトンボ……62
コシマゲンゴロウ……95
コジマヒゲナガコバネカミキリ……89
コジャノメ……29
コスズメ……34
コセアカアメンボ……96
コチャバネセセリ……14
コツバメ……22
コナガ……31
コノシメトンボ……61
コノハチョウ……27
コバネイナゴ……67
コバネカミキリ……87
コバネコロギス……71
コフキゾウムシ……94
コフキヒメイトトンボ……51
コフサヤガ……44

コブバネサビカミキリ…………… 90
ゴホンダイコクコガネ…………… 78
コマエアカシロヨトウ ………… 48
ゴマシオキシタバ ……………… 45
ゴマダラオトシブミ……………… 93
ゴマダラカミキリ………………… 91
ゴマダラチョウ…………………… 27
ゴマフボクトウ…………………… 31
ゴマフリドクガ ………………… 42
コマルノミハムシ………………… 93
コミスジ…………………………… 24
コムラサキ………………………… 27
コモクメヨトウ ………………… 48
コヤマトンボ …………………… 57
コヨツメアオシャク……………… 39
コロギス…………………………… 71

【サ】

サイカブトムシ…………………… 82
ザウテルオビハナノミ…………… 86
サカハチチョウ…………………… 24
サクラコガネ……………………… 80
ササキリ…………………………… 68
サツマウバタマムシ……………… 83
サツマゴキブリ………………… 101
サツマコフキコガネ……………… 78
サツマシジミ……………………… 21
サツマスズメ……………………… 34
サツマニシキ……………………… 31
サトアリツカコオロギ…………… 68
サトウラギンヒョウモン………… 26
サトキマダラヒカゲ……………… 30
サトクダマキモドキ……………… 69
サビアヤカミキリ………………… 90
サビキコリ………………………… 84
サラサエダシャク………………… 38
サンカククチバ ………………… 45
サンカクスジコガネ……………… 80
シータテハ………………………… 26
シオカラトンボ ………………… 58
シオヤアブ……………………… 100
シオヤトンボ …………………… 58
シタキドクガ …………………… 41
シバスズ…………………………… 71
シブイロカヤキリ………………… 69
シマアメンボ……………………… 96
シマゲンゴロウ…………………… 95
シマケンモン …………………… 44
シマトゲバカミキリ……………… 90
シミ目…………………………… 101
シモフリシロヒメシャク………… 39
シモフリスズメ…………………… 34
シャクドウクチバ ……………… 46
ジャコウアゲハ…………………… 15
シャチホコガ …………………… 40
ジャノメチョウ…………………… 29
ジュウシチホシハナムグリ……… 80
ジョウカイボン…………………… 84
ショウジョウトンボ …………… 59
ショウブヨトウ ………………… 48
ショウリョウバッタ……………… 67
ショウリョウバッタモドキ……… 67
シラホシカミキリ………………… 92
シラホシハナムグリ……………… 81
シルビアシジミ…………………… 22
シロアナアキゾウムシ…………… 94
シロオビアゲハ…………………… 16
シロオビドクガ ………………… 41
シロオビナカボソタマムシ……… 83
シロオビノメイガ………………… 32
シロコブゾウムシ………………… 94
シロシタコバネナミシャク……… 39
シロシタマイマイ ……………… 41
シロシタヨトウ ………………… 47
シロジュウシホシテントウ……… 85
シロスジアオヨトウ …………… 48
シロスジカミキリ………………… 91
シロスジツトガ…………………… 32
シロスジツマキリヨトウ ……… 47
シロスジドウボソカミキリ……… 90
シロスジトモエ ………………… 46
シロスジヒトリモドキ ………… 43
シロテンウスグロヨトウ ……… 49
シロテンエダシャク……………… 37
シロテンキノメイガ……………… 32
シロテンハナムグリ……………… 81
シロトラカミキリ………………… 90
シロナヨトウ …………………… 49
シロヒトリ ……………………… 43
シロフアオヨトウ ……………… 48
シロフコヤガ …………………… 46
シロホシキシタヨトウ ………… 48
シロモンオビヨトウ …………… 49
シロモンサビキコリ……………… 84
シロモンヤガ……………………… 49
シワナガキマワリ………………… 86
シンジュキノカワガ …………… 43
シンジュサン……………………… 33
スカシエダシャク………………… 36
スカシカギバ……………………… 35
スギタニキリガ ………………… 47
スギタニルリシジミ……………… 21
スギハマキ………………………… 31
スゲオオドクガ ………………… 41
スジアオゴミムシ………………… 74
スジキリヨトウ ………………… 49
スジグロカバマダラ……………… 24
スジグロキヨトウ ……………… 47
スジグロシロチョウ……………… 17
スジグロミズメイガ……………… 32
スジクワガタ……………………… 76
スジコガネ………………………… 80
スジシロキヨトウ ……………… 48
スジブトヒラタクワガタ………… 76
スジベニコケガ ………………… 42
スジボソコシブトハナバチ……… 99
スジモンヒトリ ………………… 42
スジモンフユシャク……………… 39
スズバチ…………………………… 99
スズムシ…………………………… 70
スネケブカヒロコバネカミキリ… 89
スミナガシ………………………… 29
セアカケブカサルハムシ………… 92
セアカヒラタゴミムシ…………… 73
セイヨウミツバチ………………… 99
セグロアシナガバチ……………… 99
セグロイナゴ……………………… 67
セスジカクマグソコガネ………… 78
セスジスズメ……………………… 34
セスジツユムシ…………………… 69
セスジユスリカ………………… 100
セダカコブヤハズカミキリ……… 90
セダカシャチホコ ……………… 41
セマダラコガネ…………………… 79
セマダラマグソコガネ…………… 78
セミスジコブヒゲカミキリ……… 91
センチコガネ……………………… 78
センノキカミキリ………………… 90
ソトウスグロアツバ …………… 44
ソトジロコブガ ………………… 43
ソトハガタアツバ ……………… 44

【タ】

タイコウチ………………………… 96
ダイコクコガネ…………………… 78
ダイミョウセセリ………………… 15
タイリクショウジョウトンボ … 59
タイワンアサギマダラ…………… 23
タイワンアヤシャク……………… 39
タイワンウチワヤンマ ………… 53
タイワンエンマコオロギ………… 69
タイワンキシタクチバ ………… 46
タイワンクツワムシ……………… 68
タイワンクロボシシジミ………… 22
タイワンツチイナゴ……………… 67
タイワンツバメシジミ…………… 21
タイワントビナナフシ…………… 72
タイワンモンキノメイガ………… 32
タカオシャチホコ ……………… 41
タカサゴシロカミキリ…………… 90
タガメ……………………………… 96
タケカレハ………………………… 33
タケノホソクロバ………………… 31
タケノメイガ……………………… 33
タケムラスジコガネ……………… 79
タッタカモクメシャチホコ …… 40
タテスジヒメジンガサハムシ…… 93
タテハモドキ……………………… 26
タマナヤガ ……………………… 49
タマムシ…………………………… 83
ダンダラテントウ………………… 85

タンボコオロギ……………………… 69
チビクワガタ…………………………… 77
チビゲンゴロウ………………………… 95
チビスカシノメイガ…………………… 33
チャイロチョッキリ…………………… 93
チャイロテントウ……………………… 85
チャイロヒメカミキリ………………… 88
チャイロヒメハナカミキリ…………… 88
チャオビヨトウ ……………………… 49
チャドクガ …………………………… 42
チャノウンモンエダシャク………… 37
チャノコカクモンハマキ…………… 31
チャバネアオカメムシ……………… 98
チャバネゴキブリ……………………101
チャバネセセリ………………………… 14
チャハマキ……………………………… 31
チャマダラエダシャク……………… 38
チャマダラキリガ …………………… 48
チャミノガ……………………………… 31
チャモンキイロノメイガ…………… 33
チョウセンカマキリ…………………… 72
チョウセンシロチョウ……………… 17
チョウセンベッコウヒラタシデムシ… 74
チョウトンボ ………………………… 62
ツガカレハ……………………………… 33
ツキガタマメコガネ………………… 79
ツキワクチバ ………………………… 46
ツクシカラスヨトウ ……………… 49
ツクツクボウシ ……………………… 97
ツゲノメイガ…………………………… 33
ツチイナゴ……………………………… 67
ツヅレサセコオロギ………………… 70
ツトガ…………………………………… 32
ツノトンボ………………………………101
ツバメシジミ…………………………… 21
ツマキシャチホコ …………………… 41
ツマキシロナミシャク……………… 39
ツマキチョウ…………………………… 19
ツマキホソバ ………………………… 42
ツマキリウスキエダシャク………… 39
ツマグロカマキリモドキ……………101
ツマグロキチョウ……………………… 18
ツマグロシロノメイガ……………… 33
ツマグロツツカッコウムシ………… 84
ツマグロヒメコメツキモドキ……… 86
ツマグロヒョウモン………………… 26
ツマジロエダシャク………………… 36
ツマジロシャチホコ ……………… 41
ツマベニチョウ………………………… 19
ツマムラサキマダラ………………… 24
ツヤアオカメムシ……………………… 98
ツヤケシハナカミキリ……………… 88
ツヤコガネ……………………………… 80
ツヤマルガタゴミムシ……………… 73
ツユムシ………………………………… 69
テイキチシャチホコ ……………… 40
テングアツバ ………………………… 44
テングチョウ…………………………… 24
テンスジキリガ ……………………… 48
ドウガネブイブイ……………………… 79
トガリシロオビサビカミキリ……… 90
トガリバホソコバネカミキリ……… 89
ドクガ ………………………………… 42
トゲナナフシ…………………………… 72
トゲヒシバッタ………………………… 68
トサカフトメイガ……………………… 32
トノサマバッタ………………………… 67
トビイロカミキリ……………………… 88
トビイロシワアリ……………………100
トビイロスズメ………………………… 34
トビイロトラガ ……………………… 49
トビカギバエダシャク……………… 36
トビサルハムシ………………………… 92
トビスジヒメナミシャク…………… 39
トビモンオオエダシャク…………… 38
トラハナムグリ………………………… 80
トラフシジミ…………………………… 23
トラフトンボ ………………………… 57
トンボエダシャク……………………… 36

【ナ】

ナカウスエダシャク………………… 37
ナカウスツマキリヨトウ ………… 47
ナカグロクチバ ……………………… 45
ナガゴマフカミキリ………………… 90
ナガサキアゲハ………………………… 15
ナカジロシタバ ……………………… 46
ナカジロナミシャク ……………… 40
ナカジロフトメイガ………………… 32
ナガチャコガネ………………………… 79
ナガニジゴミムシダマシ…………… 86
ナガバヒメハナカミキリ…………… 88
ナガヒョウタンゴミムシ…………… 73
ナカムラサキフトメイガ…………… 32
ナキイナゴ……………………………… 67
ナシケンモン ………………………… 44
ナタモンアシブトクチバ ………… 45
ナチアオシャチホコ ……………… 40
ナツアカネ …………………………… 61
ナツノツヅレサセコオロギ………… 70
ナナフシモドキ………………………… 72
ナナホシテントウ……………………… 85
ナミアメンボ…………………………… 96
ナミエシロチョウ……………………… 19
ナミガタシロナミシャク…………… 39
ナミコブガ …………………………… 43
ナミスジシロエダシャク…………… 36
ナミテントウ…………………………… 85
ナミハナアブ…………………………100
ナミハナムグリ………………………… 82
ナミハンミョウ………………………… 73
ナミルリモンハナバチ……………… 99
ナラノチャイロコガネ……………… 79
ナンカイカラスヨトウ …………… 47
ナンカイキイロエダシャク………… 38
ナンキシマアツバ ………………… 44
ナンキンキノカワガ ……………… 43
ニイジマトラカミキリ……………… 89
ニイニイゼミ ………………………… 97
ニジオビベニアツバ ……………… 44
ニシキキンウワバ ………………… 46
ニシキリギリス………………………… 68
ニジュウヤホシテントウ…………… 85
ニッコウエダシャク………………… 38
ニッポンヒゲナガハナバチ………… 99
ニホントビナナフシ………………… 72
ニホンホホビロコメツキモドキ…… 86
ニホンミツバチ………………………… 99
ニワハンミョウ………………………… 73
ニンフホソハナカミキリ…………… 88
ネキトンボ …………………………… 61
ネコノミ…………………………………101
ネジロコヤガ ………………………… 46
ネブトクワガタ………………………… 77
ノコギリカミキリ……………………… 87
ノコギリクワガタ……………………… 75
ノコメセダカヨトウ ……………… 49
ノシメトンボ ………………………… 61
ノミバッタ……………………………… 71
ノンネマイマイ ……………………… 41

【ハ】

ハイイロキシタヤガ ……………… 49
ハイイロゲンゴロウ………………… 95
ハイイロヒトリ ……………………… 42
バイバラシロシャチホコ ………… 40
ハガタキコケガ ……………………… 42
ハガタクチバ ………………………… 46
ハガタフタオ…………………………… 35
ハガタベニコケガ …………………… 42
ハグルマエダシャク………………… 36
ハグルマトモエ ……………………… 46
ハグルマノメイガ……………………… 32
ハグルマヤママユ……………………… 33
ハグロトンボ ………………………… 52
ハジマコトウ ………………………… 48
ハスオビエダシャク………………… 38
ハスオビトガリシャク……………… 39
ハスモンヨトウ ……………………… 48
ハネナガイナゴ………………………… 67
ハネナガヒシバッタ………………… 68
ハネナガブドウスズメ……………… 34
ハネナガモクメキリガ …………… 48
ハネビロトンボ ……………………… 62
ハマオモトヨトウ …………………… 49
ハマスズ………………………………… 71
ハマベアワフキ………………………… 98
ハマベハサミムシ……………………… 96
ハミスジエダシャク………………… 37
ハムシダマシ…………………………… 86
ハラオカメコオロギ………………… 70

ハラグロオオテントウ…… 85
ハラゲエダシャク…… 38
バラシロエダシャク …… 36
ハラヒシバッタ…… 68
ハラビロカマキリ…… 72
ハラビロトンボ …… 58
ハラボソトンボ …… 58
バラルリツツハムシ…… 92
ハルゼミ …… 97
ハングロキノメイガ…… 32
ヒオドシチョウ…… 29
ヒグラシ …… 97
ヒゲコガネ…… 78
ヒゲコメツキ…… 84
ヒゲナガカミキリ…… 91
ヒゲナガクロコガネ…… 79
ヒゲナガヒメカミキリ…… 89
ヒゲブトゴミムシダマシ…… 86
ヒサゴクサキリ…… 68
ヒサマツミドリシジミ…… 20
ヒトジラミ…… 101
ヒトスジシマカ…… 100
ヒトテンアカスジコケガ …… 42
ヒトテンヨトウ …… 49
ヒナカマキリ…… 72
ヒナバッタ…… 67
ヒナルリハナカミキリ…… 88
ヒメアカタテハ…… 27
ヒメアカネ …… 60
ヒメアカホシテントウ…… 85
ヒメアケビコノハ …… 45
ヒメアシナガコガネ…… 79
ヒメアメンボ…… 96
ヒメウラナミジャノメ…… 29
ヒメオオクワガタ…… 77
ヒメオサムシ…… 73
ヒメオビコヤガ …… 46
ヒメカクスナゴミムシダマシ…… 86
ヒメガムシ…… 95
ヒメカメノコテントウ…… 85
ヒメギス…… 68
ヒメキホソバ …… 42
ヒメキマダラセセリ…… 15
ヒメキマダラヒカゲ…… 29
ヒメキンイロジョウカイ…… 84
ヒメクダマキモドキ…… 69
ヒメクロオトシブミ…… 94
ヒメクロトラカミキリ…… 89
ヒメゲンゴロウ…… 95
ヒメコガネ…… 80
ヒメサビスジヨトウ …… 49
ヒメジャノメ…… 29
ヒメシルビアシジミ…… 22
ヒメシロシタバ …… 45
ヒメスギカミキリ…… 89
ヒメチャバネゴキブリ…… 101
ヒメツチハンミョウ…… 87
ヒメツバメアオシャク…… 39
ヒメトラガ …… 49
ヒメトラハナムグリ…… 80
ヒメトンボ …… 59
ヒメニシキキマワリモドキ…… 86
ヒメネジロコヤガ …… 46
ヒメハラナガツチバチ…… 99
ヒメハルゼミ …… 97
ヒメヒゲナガカミキリ…… 90
ヒメボタル…… 95
ヒメマルカツオブシムシ…… 84
ヒメミズカマキリ…… 96
ヒメヤママユ…… 33
ヒラズゲンセイ…… 87
ヒラタアオコガネ…… 80
ヒラタクワガタ…… 76
ヒラタハナムグリ…… 80
ビロウドカミキリ…… 91
ビロウドコガネ…… 79
ビロウドツリアブ…… 100
ビロードスズメ…… 34
ビロードナミシャク …… 40
ビロードハマキ…… 31
ヒロオビオオエダシャク…… 38
ヒロバウスアオエダシャク…… 37
ヒロバネカンタン…… 70
ヒロヘリアオイラガ…… 31
フェリエベニボシカミキリ…… 89
フクラスズメ …… 45
フサヤガ …… 44
フジミドリシジミ…… 20
フジロアツバ …… 44
フタイロウリハムシ…… 93
フタイロカミキリモドキ…… 87
フタオチョウ…… 29
フタオビキヨトウ …… 47
フタオビチビハナカミキリ…… 88
フタオビミドリトラカミキリ…… 89
フタスジカンショコガネ…… 79
フタスジハナカミキリ…… 88
フタスジヨトウ …… 47
フタテンオエダシャク…… 36
フタテンキヨトウ …… 47
フタトガリアオイガ …… 46
フタホシアトキリゴミムシ…… 74
フタホシシロエダシャク…… 36
フタモンアシナガバチ…… 99
フタモンクビナガゴミムシ…… 74
フタヤマエダシャク…… 37
フチトリアツバコガネ…… 78
ブドウスズメ…… 34
ブドウドクガ …… 42
フトスジエダシャク…… 37
フリッツエホウジャク…… 34
ヘイケボタル…… 95
ベーツヒラタカミキリ…… 87
ベッコウハゴロモ…… 98
ベニカミキリ…… 89
ベニシジミ…… 22
ベニスジヒメシャク…… 39
ベニスズメ…… 34
ベニトンボ …… 59
ベニヘリコケガ …… 42
ベニモンアゲハ…… 16
ベニモンコノハ …… 45
ベニモントラガ …… 49
ヘビトンボ…… 96
ヘリスジシャチホコ …… 40
ホオアカオサゾウムシ…… 94
ホオズキカメムシ…… 98
ホシササキリ…… 69
ホシヒトリモドキ …… 43
ホシベニカミキリ…… 90
ホシホウジャク…… 34
ホシミスジエダシャク…… 38
ホシムラサキアツバ …… 44
ホソカミキリ…… 87
ホソコハナムグリ…… 82
ホソバシャチホコ …… 40
ホソバスズメ…… 34
ホソバセセリ…… 14
ホソハナカミキリ…… 88
ホソバネグロシャチホコ …… 40
ホソバミツモンケンモン …… 44
ホソバミドリヨトウ …… 48
ホソヒョウタンゾウムシ…… 94
ホソヒラタアブ…… 100
ホソヘリカメムシ…… 98
ホタルガ…… 31
ホタルカミキリ…… 89
ホタルハムシ…… 93

【マ】

マイコアカネ …… 60
マイマイカブリ…… 73
マエアカスカシノメイガ…… 32
マエキオエダシャク…… 36
マエキカギバ…… 35
マエキシロエダシャク…… 36
マエキトガリアツバ …… 44
マエキヒメシャク…… 39
マエグロシラオビアカガネヨトウ 48
マエグロヒメフタオカゲロウ…… 101
マエグロホソバ …… 42
マエグロマイマイ …… 42
マエテンカバナミシャク …… 40
マダラアシゾウムシ…… 94
マダラカマドウマ…… 71
マダラクワガタ…… 77
マダラコオロギ…… 70
マダラスズ…… 71
マダラツマキリヨトウ …… 47
マダラニジュウシトリバ…… 32
マダラバッタ…… 67

マダラマドガ……32
マツオオエダシャク……37
マツカレハ……33
マツキリガ……47
マツノマダラカミキリ……91
マツノマダラメイガ……32
マツムシ……70
マツムシモドキ……70
マツモムシ……96
マドガ……32
マメクワガタ……77
マメコガネ……79
マメチャイロキヨトウ……48
マメノメイガ……33
マメハンミョウ……87
マユタテアカネ……60
マルカメムシ……98
マルシラホシアツバ……44
マルダイコクコガネ……78
マルタンヤンマ……55
マルバネキシタケンモン……43
マルムネジョウカイ……84
ミイデラゴミムシ……74
ミカドアゲハ……15
ミカドガガンボ……100
ミカンコエダシャク……39
ミズイロオナガシジミ……19
ミズカマキリ……96
ミスジツマキリエダシャク……38
ミツカドコオロギ……70
ミツギリゾウムシ……94
ミツモンキンウワバ……46
ミドリカミキリ……89
ミドリナカボソタマムシ……83
ミドリヒメコメツキ……84
ミドリヒョウモン……25
ミドリリンガ……43
ミノオマイマイ……42
ミミモンエダシャク……38
ミヤマカミキリ……88
ミヤマカラスアゲハ……17
ミヤマカワトンボ……53
ミヤマクロハナカミキリ……88
ミヤマクワガタ……75
ミヤマセセリ……14
ミヤマチャバネセセリ……14
ミヤマツバメエダシャク……38
ミヤマヒゲボソゾウムシ……94
ミルンヤンマ……55
ミンミンゼミ……97
ムクゲコノハ……45
ムシクソハムシ……92
ムジホソバ……42
ムツボシシロカミキリ……90
ムネアカセンチコガネ……78
ムラサキアオカミキリ……89
ムラサキシジミ……19
ムラサキツバメ……19
ムラサキツマキリアツバ……44
ムラサキツマキリヨトウ……47
メスアカムラサキ……27
メスグロヒョウモン……25
モクメヤガ……48
モノサシトンボ……52
モミジツマキリエダシャク……39
モモスズメ……34
モモノゴマダラノメイガ……32
モンウスギヌカギバ……35
モンキアゲハ……16
モンキクロノメイガ……33
モンキシロノメイガ……32
モンキタマムシ……83
モンキチョウ……18
モンクロシャチホコ……40
モンシロチョウ……17
モンシロツマキリエダシャク……38
モンシロドクガ……42
モンシロムラサキクチバ……45
モンシロモドキ……43
モントガリバ……35
モンムラサキクチバ……45

【ヤ】

ヤクシマギンツバメ……36
ヤクシマドクガ……41
ヤクシマフトスジエダシャク……37
ヤクシマルリシジミ……21
ヤスジシャチホコ……41
ヤツボシハナカミキリ……88
ヤツメカミキリ……92
ヤナギハムシ……92
ヤハズカミキリ……91
ヤブキリ……68
ヤブヤンマ……55
ヤホシゴミムシ……74
ヤマウラギンヒョウモン……26
ヤマガタアツバ……44
ヤマキマダラヒカゲ……30
ヤマサナエ……54
ヤマトアシナガバチ……99
ヤマトアブ……100
ヤマトエダシャク……36
ヤマトカギバ……35
ヤマトサビクワガタ……76
ヤマトシジミ……22
ヤマトシリアゲ……96
ヤマトシロアリ……101
ヤマトヒバリ……71
ヤマトフキバッタ……67
ヤマトマダラバッタ……67
ヤママユ……33
ヤンバルテナガコガネ……82
ユウマダラエダシャク……36
ヨコヅナサシガメ……98
ヨコヤマヒゲナガカミキリ……91
ヨツキボシカミキリ……92
ヨツスジトラカミキリ……89
ヨツスジハナカミキリ……88
ヨツボシオオキスイ……84
ヨツボシケシキスイ……84
ヨツボシゴミムシダマシ……86
ヨツボシホソバ……42
ヨツボシモンシデムシ……74
ヨツメノメイガ……32
ヨツモンカメノコハムシ……93
ヨツモンマエジロアオシャク……39
ヨトウガ……47
ヨモギエダシャク……37
ヨモギハムシ……92

【ラ】

ラミーカミキリ……92
リスアカネ……61
リュウキュウアカマエアツバ……44
リュウキュウアサギマダラ……23
リュウキュウオオスカシバ……34
リュウキュウオオハナムグリ……81
リュウキュウキノカワガ……43
リュウキュウコクワガタ……76
リュウキュウツヤハナムグリ……81
リュウキュウノコギリクワガタ……75
リュウキュウハグロトンボ……52
リュウキュウヒメジャノメ……29
リュウキュウフトスジエダシャク……37
リュウキュウベニイトトンボ……51
リュウキュウミスジ……24
リュウキュウムラサキ……28
リュウキュウルリボシカミキリ……92
リンゴカミキリ……92
リンゴツノエダシャク……37
リンゴドクガ……41
ルイスツノヒョウタンクワガタ……77
ルイスハンミョウ……73
ルーミスシジミ……19
ルリウラナミシジミ……21
ルリエンマムシ……74
ルリカミキリ……92
ルリクワガタ……77
ルリシジミ……21
ルリタテハ……27
ルリナカボソタマムシ……83
ルリバネウリハムシ……93
ルリボシカミキリ……89
ルリモンホソバ……42

【ワ】

ワモンゴキブリ……101

著者プロフィール

福田晴夫(ふくだ・はるお)
担当：基礎知識，用語解説；チョウ，セミ，その他の昆虫，採集と標本の作り方
生まれ：1933年　**職歴**：鹿児島県立高校(鹿屋農，加世田，出水，鹿児島中央，志布志)，鹿児島県立博物館，鹿児島大学非常勤講師　**所属会**：日本昆虫学会，日本応用動物昆虫学会，日本鱗翅学会，日本蝶類学会，日本セミの会，鹿児島昆虫同好会ほか，九州各県の同好会など
◎高校生時代からチョウの生活史調査を継続しています．虫たちに問いかけ，彼らの答えや言い分を察知して，どうなっているかを考えるのが楽しみです．この図鑑で虫たちと対話できる人が増えるのはうれしいですが，調べてそれを報告する人が増えたらもっとうれしいです．

山下秋厚(やました・しゅうこう)
担当：バッタ，カマキリ，ナナフシ
生まれ：1937年　**職歴**：鹿児島県内小学校(星原，花田，名山，川上，玉江，鹿児島大学附属，天城，宇宿，桜丘西)，鹿児島県教育庁大島教育事務局，鶴田町教育委員会，鹿児島県立博物館，鹿児島国際大学，いにしき幼稚園　**所属会**：鹿児島昆虫同好会
◎子供たちといっしょに，昆虫の種類や生き方の多様性を観察していきたいと思います．

福田輝彦(ふくだ・てるひこ)
担当：ガ
生まれ：1942年　**職歴**：鹿児島県内小学校(伊津部，伊敷，魚見，鹿児島大学附属，福平，広木，国分北，犬迫)　**所属会**：日本蛾類学会，日本鱗翅学会，鹿児島昆虫同好会
◎小学校3年生から始めた生き物の観察や採集が，もう60年以上つづいています．この楽しみを少しでもたくさんの子供たちに伝えたいと思います．豊かな自然を守るためには自然を知ることから，というのがわたしの信条です．

江平憲治(えひら・けんじ)
担当：トンボ
生まれ：1955年　**職歴**：鹿児島県内中学・高校(亀津中，宮之城中，古仁屋高，錦江湾高，伊集院高，開陽高)，県立博物館，鹿児島県教育庁文化財課　**現職**：開陽高校　**所属会**：日本蜻蛉学会，鹿児島昆虫同好会
◎鹿児島県には120種類のトンボが生息し，日本では最も種類が多いです．川や池，湿地などの水辺に図鑑を持って，トンボを探しに出かけてみませんか．きっと新たな出会いに感動するでしょう．

二町一成(にちょう・かずなり)
担当：チョウ，ハンミョウ
生まれ：1956年　**職歴**：鹿児島県立博物館学芸指導員を経て，現在，日本経済新聞販売店店長，㈲二町新聞舗 取締役会長，鹿児島県法人会連合会広報委員長　**所属会**：鹿児島昆虫同好会，日本昆虫学会，日本鱗翅学会，日本蝶類学会，日本蝶類科学学会，ほか各地昆虫同好会
◎昆虫好きの子どもたちのために，もっと安価な普及簡易版を作りたい．向原社長さんの話に著者一同すぐに賛同．残念ながら令和元年の夏には間に合いませんでしたが，どうか皆さんご家族でご活用下さい．そして現在進行形で，本編の図鑑も新増補版を急ピッチ作成中．もっと詳しく知りたい方は，ぜひ近刊の本編図鑑も手にとって下されば幸いです．

大坪修一(おおつぼ・しゅういち)
担当：採集と標本の作り方
生まれ：1956年　**職歴**：鹿児島県内小学校(東出水，羽月北，吉松，市比野，榕城，副田，東郷，育英小学校)　**所属会**：日本鱗翅学会，日本蝶類学会，鹿児島昆虫同好会，ほか各地昆虫同好会
◎昆虫に興味を持ったのは，中学校の宿題で出された昆虫採集がきっかけです．もっか，小学校の子どもたちと野山を駆け回りながら自然のすばらしさを一緒に感じています．この図鑑が身近な昆虫を探すきっかけになってくれたらうれしいです．

中峯浩司(なかみね・こうじ)
担当：コウチュウ(ハンミョウ類と水生甲虫類を除く)
生まれ：1964年　**職歴**：鹿児島県立高校(出水，沖永良部，頴娃，県立博物館，鹿児島玉龍)　**現職**：川内高校　**所属会**：日本蝶類学会，鹿児島昆虫同好会
◎ここ何十年も採れたことがないという虫たちに会いたくて，昔の記録を頼りに車を走らせることがよくあります．徒労に終わることがほとんどですが，本当にいなくなってしまう前に出会い，彼らの生き残る道や方法を探りたいと思っています．

塚田　拓(つかだ・たく)
担当：水生昆虫，その他の昆虫
生まれ：1968年　**職歴**：青年海外協力隊，鹿児島県環境技術協会　**現職**：虫央堂代表　**所属会**：日本昆虫学会，日本半翅類学会，鹿児島昆虫同好会
◎中学時代から始めた昆虫採集．当時博物館の学芸員だった福田晴夫先生との出会いがこの道への入口でした．今後は後継者育成に力を入れていきたい．

謝辞

◎本書作成にあたり，標本や写真の提供，種の同定，原稿のチェックなどで，全国各地の方々と鹿児島県環境技術協会のご協力を得た．また，鹿児島昆虫同好会の会員の皆さんからは，温かい激励を受けた．ここに深甚の謝意を表したい．(敬称略，50音順)
【チョウ】青木一宰，朝日純一，井上寿昭，岩﨑郁雄，上田恭一郎，植村好延，大西淳夫，大原賢二，長田恭宣，小原洋一，小原みね子，久保田義則，熊谷信晴，熊谷隆，栗元真一，斉藤光太郎，里中正紀，関康夫，高木秀了，高波雄介，高橋真弓，西山保典，橋本定雄，人見友幸，藤岡知夫，村上貴文，守山泰司，安山泰，矢田脩，山田守，沖縄ﾘｭｳｷｭｳﾑﾗｻｷ愛好会【ガ】佐藤力夫，中尾健一郎，林悦子，森田秀一，柳田慶浩【トンボ】今村久雄，上野修一，鵜飼貞行，大浜祥治，岡崎幹人，小溝克己，杉村光俊，田中直邦，中岡芳彦，新沼光太郎，浜田照代，浜田大輝，原隆，松比良邦彦，右田利彦，福原靖幸，柳澤尚志，渡辺泰邦【バッタ】市川顕彦，大城安弘【コウチュウ】青﨑幸夫，榎戸良裕，川口エリ子，北島裕紀，小溝克己，高木真人，津田勝男，中峯芳郎，中村京平，牧野信市，南雄二【その他の昆虫】祝輝男，影沢信彦，竹村薫，田畑郁夫，中上喜史，中島淳，林正美，前田芳之，松井英司，山田量崇，山根正氣【採集と標本】大坪博文

※本書は、『増補改訂版　昆虫の図鑑　採集と標本の作り方』（南方新社 2009）から、基本種と重要種1,166種を選んで掲載したものです。

昆虫の図鑑　路傍の基本1000種

発行日　2019年 12月1日　第 1 刷発行

著　者　福田晴夫・山下秋厚・福田輝彦・江平憲治
二町一成・大坪修一・中峯浩司・塚田　拓

装　丁　オーガニックデザイン

発行者　向原祥隆

発行所　株式会社　南方新社
〒892-0873　鹿児島市下田町292-1
電話　099-248-5455
振替　02070-3-27929
http://www.nanpou.com/
e-mail info@nanpou.com

印刷・製本　渕上印刷株式会社
乱丁・落丁はお取り替えします

Printed in Japan
ISBN978-4-86124-411-7 C0645